实验系列教材

化学国家级实验教学示范中心　实验教材

POLYMER CHEMISTRY EXPERIMENT

高分子化学实验

第3版

何卫东　金邦坤　编著

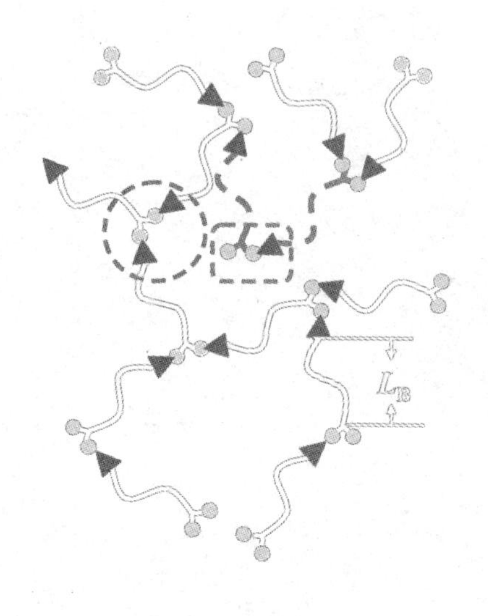

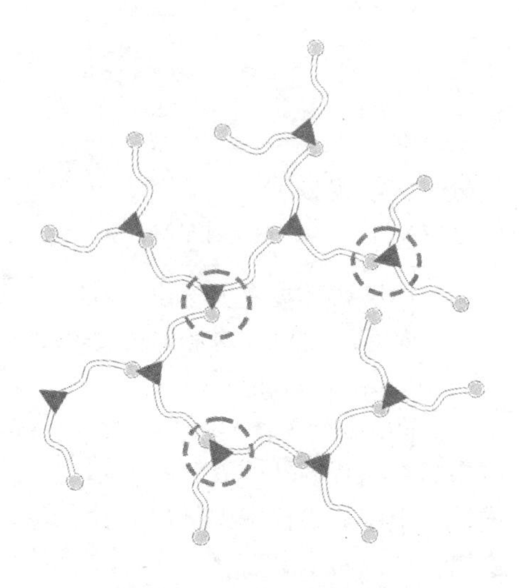

中国科学技术大学出版社

内 容 简 介

本书介绍了高分子化学实验的基本知识，如实验室基本常识、实验仪器的使用和维护、高分子化学实验的基本操作和基本技能、高分子化学实验课程的学习方法。实验部分共有54个实验，内容涉及逐步聚合、自由基聚合、离子聚合、开环聚合和高分子化学反应，主要是聚合物合成和高分子材料制备实验，并结合必要的结构分析和性能测定，其中综合性实验旨在拓展高分子化学实验教学思路、引导学生在实验教学过程中思考和探索。实验中给出了教学建议，以便不同学校根据具体情况安排相应的实验。附录中列出一些单体、聚合物和溶剂的物理常数，还包括其他常用的数据。

本书针对在高等院校高分子科学相关专业学习的各类学生，从事高分子材料和复合材料的科学研究和工程技术人员也可从中获得相当的裨益。

图书在版编目(CIP)数据

高分子化学实验/何卫东，金邦坤编著. —3版. —合肥：中国科学技术大学出版社，2021.8
ISBN 978-7-312-05279-8

Ⅰ.高… Ⅱ.①何… ②金… Ⅲ.高分子化学—化学实验—高等学校—教材 Ⅳ.O63-33

中国版本图书馆CIP数据核字(2021)第142800号

高分子化学实验
GAOFENZI HUAXUE SHIYAN

出版 中国科学技术大学出版社
安徽省合肥市金寨路96号，230026
http://press.ustc.edu.cn
https://zgkxjsdxcbs.tmall.com
印刷 安徽省瑞隆印务有限公司
发行 中国科学技术大学出版社
经销 全国新华书店
开本 787 mm×1092 mm 1/16
印张 13.25
字数 331千
版次 2003年1月第1版 2021年8月第3版
印次 2021年8月第5次印刷
定价 36.00元

第 3 版前言

《高分子化学实验》于 2001 年开始编写，2003 年由中国科学技术大学出版社出版，2012 年再版。十几年来，这本教材已被多所高校选为实验教学教材，受到同行的关注和肯定，一些高校还与我们进行交流，以这本教材中的实验项目作为参考，修订他们的高分子化学实验教学内容。本教材由中国科学技术大学出版社增印了多次。

自《高分子化学实验》出版以来，编者一直以审慎和求变的态度看待它。第 1 版编写时，主要参考了我校吴承佩教授等编写的《高分子化学实验》和复旦大学化学系高分子教研组编写的《高分子实验技术》这两本教材，教材的编排和格式都是传统的。在再版时，结合我校高分子化学实验的教学经验和我校教师的科研工作，根据学科发展和学生培养的更高要求，对编排和格式做了较大变动，"实验原理"更换为"实验预习"，除保留传统的原理部分外，特别对每个实验所涉及的实验操作和教学目的进行强调，"分析和思考"起到拓展学生知识面、促进学生灵活运用知识的作用。第 2 版新增"综合性实验"，实验项目是我校高分子化学实验教学采用过的，在提升我校学生的创新能力方面起到了重要作用。第 2 版也已经使用了 9 年，虽然作为作者之一的我未在高分子化学实验教学一线上工作，但是也一直与另一作者金邦坤博士密切交流和合作，探讨和实施高分子化学实验教学的改进工作。在第 3 版中，我们力求纠正原有错误，以发展的眼光更新了一些内容，编排和格式上也做了调整。

我国的高校在不断发展，高校实验教学改革也在不断深化，而培养学生的应用能力和创新能力是实验教学的重要任务。应用能力包含能够应用所学的基础理论知识理解实验操作要求、解释实验现象和分析实验结果，能够对已有的实验方案进行改进，能够熟练地应用各种实验工具、实验手段和科研方法；创新能力涉及知识内容、实验技能和实验方法，着重于利用基础理论知识和借鉴他人研究成果，进行实验内容和实验过程的自行设计和革新。为此，在巩固基础性实验的教学效果和加强综合性实验的教学力度的同时，以培养学生创新性能力为目标的探究性实验越来越受到重视并发挥着重要作用。

非常感谢近 20 年来我系各位老师对本教材提出的宝贵意见，特别感谢已经荣退的吴承佩和白如科两位老师的指导。非常感谢郭丽萍、吴强华和刘华蓉等实验课老师以及郑海庭、李丽英、占孚、贺晨等研究生助教对实验内容的建议。非常感谢自 2003 以来修读我校"高分子化学实验"课程的全体学生带给我们的思考，也感谢我校化学实验中心和我校出版社的鼓励和支持。

何卫东

2021 年 4 月于中国科大

前　言

随着高分子科学的发展，高分子材料已渗透到日常生活和工业的各个部门，高分子工业已成为国民经济的支柱产业，高分子合成手段和技术也有了迅猛的发展。高分子化学是一门实验科学，需要通过大量的合成反应实验去了解高分子合成的奥秘，因此高分子化学实验课程是有志从事高分子化学和相关领域研究的年轻学子必须学习的基础课。

国内外已经出版了许多高分子化学实验的教科书，其中有非常出色的，如吴承佩等编写的《高分子化学实验》和复旦大学化学系高分子教研组编写的《高分子实验技术》，具有广泛的适用性和新颖性。但是，今天的高分子科学发展令人目不暇接，新的聚合反应、聚合方法和新的高分子材料层出不穷，并且对高科研素质和科研技能的新高分子科学家的需求不断增长。为此，高分子化学实验材料应该进一步体现这种变化趋势，更加注重对学生实验技能和科研能力的培养。

我们在编写本书的过程中，参阅多种过去的教材，查阅了许多科研论文，选择了经典和具有代表意义的实验，增设了一些新的实验并对其进行了验证，力求使本教材具有以下特点：(1) 注重实验技能的培养和特殊实验操作的掌握，如常用实验仪器和辅助设备的使用，基本实验操作的练习，无水、无氧、低温和高真空等极端条件的实验技术的应用。(2) 实验内容的优化组合：使不同实验具有一定的连贯性，如在单体的精制实验中选择乙酸乙烯酯，在自由基聚合实验中进行乙酸乙烯酯的聚合，在高分子化学反应实验中进行聚乙酸乙烯酯的醇解和聚乙烯醇缩甲醛的制备，每一步实验辅以相应的分析测试，充分利用现有资源；此外所选用的试剂和设备皆能方便获得。(3) 教材内容的开放性：增加一些新的聚合反应、聚合方法和新材料制备的实验，添加了结构和性能测定的内容，不局限于实验过程和结果的重现；注重问题的提出，启迪学生思维，培养他们从事科研工作的兴趣和能力。

初接编写教材之时诚惶诚恐，深惧经验不足和水平有限难以完成当初的设想，幸有同系各位老师的指导和大力支持，使编者能够写完书稿，效果如何自有评说。非常感谢白如科老师和赵玉龙老师校阅全稿，非常感谢郭丽萍和方芹所做的实验核对工作，非常感谢中国科学技术大学高分子科学与工程系各位老师的无私帮助，非常感谢家人的默默奉献。

编　者

2001 年 10 月于中国科大

目　　录

第一章　高分子化学实验基础

在现代大学化学教学中，做实验是实现素质教育和人才培养必不可少的环节。相对于理论教学，实验教学的主要特点是直观性、实践性和综合性，它在加强学生的素质教育与创新能力的培养等方面有着重要的、不可替代的作用。

处于不断变革中的高校实验教学，其主要目标是培养学生的应用能力和创新能力。应用能力包含能够应用所学的基础理论知识理解实验操作要求的由来、解释实验现象和分析实验结果，能够熟练地应用各种实验工具、实验手段和科研方法；创新能力包含知识内容的创新、动手能力的创新和实验方法的创新，着重于利用基础理论知识和借鉴他人的研究成果，进行实验内容和实验过程的自行设计。因而，在巩固基础性实验的教学效果和加强综合性实验的教学力度的同时，以培养学生创新能力为目标的探究性实验理应受到重视并期待其发挥重要作用。在探究性实验教学中，学生根据自己将要从事的课题研究或所学专业的发展动态，结合基础知识和实验教学内容，提出实验内容和实验方案，经授课教师指导和验证后实施，不以实验是否达到预期目标作为评价标准。

高分子化学所涉及的化学反应基本源自有机化学反应，从所使用的化学试剂、溶剂、仪器和反应装置等到所涉及的实验操作、实验技巧和实验手段，高分子化学实验和有机化学实验存在着许多共同之处。学好了“有机化学实验”这门课程，真正掌握了有机化学的基本实验操作和实验手段，学会了一些有机实验的技巧，做高分子化学实验就会驾轻就熟。但是，高分子的特性使得高分子化学具有自身的一些特点，许多应用于高分子合成的方法和手段在有机化学实验中并不常见，一些化学反应在高分子化学中呈现出特殊性，同时高分子化合物的结构和组成分析也有其独特之处。因此，高分子化学实验有不同于有机化学实验之处，需要学生们在实验过程中领会和掌握。

本章分为三节：第一节介绍高分子化学实验的基本常识，包括实验室安全、化学试剂的存放和废弃试剂的处理、常见玻璃仪器及其清洗、废弃物品的处置、实验记录和文献查阅；第二节介绍高分子化学实验操作和实验技巧（侧重于特殊的聚合反应方法）、化学试剂的纯化（包括单体和引发剂的精制、溶剂的纯化及干燥和聚合物的提纯与分级）以及高分子的表征；第三节在叙述高分子化学实验课程的开设目的、学习方法和实验规则的同时，提出探究性实验教学应该注意的问题。

第一节 基本常识

一、实验室安全

圆满地完成一项高分子化学实验,并不仅仅在于顺利地获得预期产物并对其结构进行充分的表征,更为重要却往往被忽视的是防止自身受到伤害和避免安全事故的发生。在高分子化学实验中,经常会使用易燃溶剂,如苯、丙酮、乙醇和烷烃;易燃和易爆的试剂,如碱金属、金属有机化合物和过氧化物;有毒的试剂,如硝基苯、甲醇和多卤代烃;有腐蚀性的试剂,如浓硫酸、浓硝酸及溴等。化学试剂使用不当,可能引起火灾、爆炸、中毒和烧伤等事故。玻璃仪器、机械设备和电器设备使用不当也会引发事故。以下为高分子化学实验中常常遇到的几类安全事故。

1. 火灾

在高分子化学实验中常常使用许多易燃有机溶剂,有时还会使用碱金属和金属有机化合物,操作不当就可能引发火灾。实验室出现火灾的常见原因如下:

(1) 使用明火(如电炉、煤气)直接加热有机溶剂进行重结晶或溶液浓缩操作,而且不使用冷凝装置,导致溶剂溅出和大量挥发。因此,应尽可能使用水浴、油浴或加热套进行加热操作,避免使用明火;长时间加热溶剂时,应使用冷凝装置;浓缩有机溶液,不得在敞口容器中进行,使用旋转蒸发仪等装置,避免溶剂挥发、四处扩散。必须使用明火(如进行封管和玻璃加工)时,应使明火远离易燃的有机溶剂和药品。

(2) 在使用挥发性易燃溶剂时,其他实验人员在旁边使用明火。此时,需要协调自己和同伴的实验进度,避免交叉影响。

(3) 随意抛弃易燃、易氧化的化学品,如将回流干燥溶剂的金属钠连同残余溶剂倒入水池;随意混合易发生剧烈化学反应的两种物质,如将钠和卤代烃溶剂混合;长期不清理溶剂除水干燥装置,导致金属钠在容器中累积过多,与潮湿空气接触会引起钠的自燃。因此,必须熟记化学物质的化学特性,严格遵守废弃易燃品的正确处置方法,定期清理干燥溶剂的金属钠或氢化锂。

(4) 在无防爆装置的冰箱中使用低沸点溶剂进行结晶析出和聚合物沉淀的操作,而且容器敞口,导致冰箱内溶剂气体饱和,遇电火花而爆炸。因此,在必须进行低温重结晶和沉淀操作时,建议使用低温冷却槽等低温实验仪器,如需使用冰箱,则必须使用防爆冰箱,并在封闭的容器中存放待结晶或沉淀的溶液。

(5) 电器和电线因长期使用而老化,长时间通电使用导致过热着火。因此,需了解电器的工作特性,经常检查电器是否正常工作和线路是否老化,及时修理和更换。

(6) 每个实验室有规定的最大负载电流,每路电线也有限定电流负荷,超过时会使导线发热着火。导线不慎短路也容易引起事故。控制电流负荷超载的简便方法是按限定电流负荷使用保险丝或熔断片。更换保险丝时应按规定选用,不可用铜、铝等金属丝代替保险丝,以免烧坏仪器或引发火灾。

此外，实验室必备消防用具，包括灭火器、灭火毯、石棉布和干砂等，熟悉它们的放置地点和使用方法，并妥善保管，不要挪作他用。

如果出现了火灾，可以根据不同的情况采取相应对策：

(1) 容器中溶剂发生燃烧：移去或关闭明火，缓慢地将笔记本或文件夹等物件盖于容器之上，隔绝空气，使火焰自熄。

(2) 溶剂溅出并燃烧：移去或关闭明火，尽快移去临近的其他溶剂，使用石棉布盖于火焰上或者使用二氧化碳灭火器。

(3) 碱金属引起的火灾：移去临近的溶剂，使用石棉布。由于大多数有机溶剂的密度低于水，并且烃类溶剂与水不互溶，因此不要使用水灭火，以免火势随水四处蔓延。

(4) 火势过大：及时关闭电源、水源和隔离门，拨打 119，寻求消防人员帮助。

2. 爆炸

进行放热反应，有时会因反应失控而导致玻璃反应器炸裂，进而导致实验人员受到伤害；在进行减压操作时，玻璃仪器由于存在瑕疵也会发生炸裂。在进行封管聚合操作时，因不小心在液氮冷冻时充入惰性气体，升温时凝固的气体快速气化，会引起玻璃封管爆炸。在封闭容器中存放低沸点溶剂，温度升高可能引起低沸点物质骤然挥发，也会引起容器爆裂。在进行这些实验操作时，应特别注意采取相应的防护措施，尤其是注意对眼睛的保护，有机玻璃隔板、防护眼镜等防护用品应成为实验室的必备品。

高分子化学实验中常用到的易爆物有偶氮类引发剂和有机过氧化物，叠氮-炔的点击化学反应也越来越多地运用于高分子的合成中，而小分子的叠氮化合物在受热和震动时也会发生爆炸。因此，在进行这些物质的合成和纯化过程中，应避免高浓度和高温操作，尽可能在防护玻璃后进行操作。进行真空减压实验时，应仔细检查玻璃仪器是否存在缺陷，必要时在装置和人员之间放置保护屏。有些有机化合物遇氧化剂会发生猛烈爆炸或燃烧，操作时应特别小心。卤代烃和碱金属应分开存放，以免两者接触而反应。进行封管聚合操作时，反复的液氮冷却—真空—解冻操作能够满足基本的实验要求，充入惰性气体的步骤可以省略，这样可提高封管操作的安全性。

值得注意的是，在封闭的电器储物空间(如冰箱冷藏室)中长时间放置挥发性溶剂，因电器自动开关的启合产生电火花，会引起溶剂气体的爆炸。

3. 中毒

过多吸入常规有机溶剂会使人产生诸多不适，有些毒害性物质如苯胺、硝基苯和苯酚等可以很快通过皮肤和呼吸道被人体吸收，造成伤害。在不经意时，手会沾有毒害性物质，经口腔而进入人体。因此在使用有毒试剂时，应认真操作，妥善保管；残留物不得乱扔，必须做到有效的处理。在接触有毒和腐蚀性试剂时，必须戴橡胶等材质的防护手套，操作完毕后立即洗手，切勿让有毒试剂沾及五官和皮肤，特别是伤口。在进行产生有毒气体、腐蚀性气体的实验时，应在通风柜中操作，并尽可能在排到大气之前做适当处理，使用过的器具应及时处理和清洗；在使用有刺激性气味的液体试剂时，也应避免气味的散发，尽量在通风柜中进行实验操作，出现散落、泄漏时，应及时处理。若皮肤上溅有毒害性物质，应根据其性质，采取适当方法进行清洗。

在实验工作区域内不得吃喝东西，并养成工作完毕、离开实验室之前洗手的习惯。

4. 外伤

除玻璃仪器破裂会造成意外伤害外，将玻璃棒(管)或温度计插入胶塞、套入塑料管或将胶管(塑料管)套入冷凝管、三通管时也会引起玻璃的断裂，造成事故。因此，在进行操作时，应检查胶塞和胶管的孔径是否与玻璃仪器匹配，并将玻璃切口熔光，涂少许润滑剂后再缓缓旋转而入，切勿用力过猛。尖锐的废弃物，如破损的玻璃仪器、刀片和针头，不得随意弃置于垃圾筐，以免清洁人员受伤，建议设置收集尖锐废弃物的容器。

如果造成机械伤害，应取出伤口中的固体物，用清水洗涤后涂上药水，用绷带扎住伤口或贴上创可贴；大伤口则应先按住主血管以防大量出血，稍加处理后就医诊治。发生化学试剂灼伤皮肤和眼睛的事故时，应根据试剂的类型，在用大量清水冲洗后，再用弱酸或弱碱溶液洗涤。

5. 漏水事故

漏水事故的发生多是不够仔细导致的。最常见的漏水事故与冷凝有关，在长时间的冷凝操作中，水压的不稳定会导致胶管脱离冷凝管或者从下水口脱离到实验台面，因此需认真检查胶管是否套牢，必要时使用细铁丝或其他物品加固，胶管的下水端应该有足够的深入下水口的长度，同时留意不要将自来水的阀门开得过大。

为了及时处理意外事故，实验室应备有灭火器、石棉布、硫黄和急救箱等用具，实验人员应熟悉事故的处理方法。同时，需要严格遵守实验室安全规则，熟悉实验操作的安全规定，养成良好的实验习惯，在从事不熟悉和危险的实验时更应该事前做好充分准备、过程中心细胆大，防止因操作不当而造成实验事故。

二、化学试剂的存放和废弃试剂的处理

1. 化学试剂的存放

实验室所用试剂不得随意摆放、散失和遗弃。化学试剂应根据它们的化学性质分门别类，妥善存放在适当场所。如烯类单体和自由基引发剂应保存在阴凉处(如防爆冰箱)，光敏引发剂和其他光敏物质应保存在避光处，强还原剂和强氧化剂、卤代烃和碱金属应分开放置，离子型引发剂和其他吸水易分解的试剂应密封保存(充氮的保干器)，易燃溶剂的放置场所应远离热源。试剂取用后，应及时将试剂瓶归回原处，保持实验台面整洁有序。取用的试剂如有剩余、试剂瓶如有残留试剂，不得随意散失、遗弃，应根据其物理性质、化学性质做规范处理。

危险化学品的存放应遵循以下基本原则：最小需求量、最低危害度、最高警示度、最强责任制。特别警示：实验区域不存放大量的有机溶剂，相互禁忌的试剂不混放储存，危险试剂应有醒目标志，剧毒化学品应实行“双人收发、双人保管、双人使用、双把锁、双本账”的管理制度。

2. 废弃试剂的处理

在高分子化学实验中产生的废弃试剂大多来源于聚合物的纯化过程，如聚合物的沉淀、分级和抽提。废弃的化学试剂不可倒入下水道中，应分类加以收集，然后自己回收利用或交给相关部门处理。有机溶剂通常按含卤溶剂和非卤溶剂分类收集，非卤溶剂还可进一步分为烃类、醇类、酮类等。无机液体往往分为酸类和碱类废弃物，中性的盐可以经稀释后倒入下水道，但是含重金属的废液不属此类。无害的固体废弃物可以作为垃圾倒掉，如充分洗脱后的色

谱填料和干燥用的无机盐；有害的化学药品则封装、标记，交给相关部门处理。反应过程中产生的有害气体不能直接排放，应进行相应处置，以免污染工作环境，影响身体健康和他人工作。

在回流干燥溶剂过程中，往往会使用钠、镁和氢化钙。后两者反应活性较低，加入醇类使残余物缓慢反应完毕即可。钠的反应活性较高，加入无水乙醇使残余物转变成醇钠，但是不溶的产物会导致钠粒反应不完全，需加入更多的醇稀释后继续反应。经常需要使用无水溶剂时，这样处理钠会造成浪费，可以使用高沸点的二甲苯来回收。收集每次回流溶剂残留的钠，置于干燥的二甲苯中(每 20 g 钠约使用 100 mL 二甲苯)，在开口较大的烧瓶中以加热套加热使钠缓慢熔化。轻轻晃动烧瓶，分散的钠球逐渐聚集成较大的球，趁热将钠和二甲苯倒入一个干燥的烧杯中，冷却后取出钠块，保存于煤油中。切记：操作过程中要十分小心，不可接触水。

因点击化学在高分子合成中的广泛运用，高分子化学实验中使用叠氮化钠和制备有机叠氮化物很普遍，而叠氮化物化学性质很活泼，固体和高浓度溶液很容易在撞击、加热下发生爆炸。所以，取用叠氮化物应该特别小心，制备的叠氮化物尽可能以溶液形式保存。

除上述两方面外，及时整理实验室和实验台面并清洗玻璃仪器，合理放置实验设备，保持一个整洁舒适的工作环境，也是高质量完成实验所必需的。

三、实验仪器

化学反应的进行、溶液的配制、物质的纯化以及许多分析测试都是在玻璃仪器中进行的，另外还需要一些辅助设施，如金属器具和电学仪器等。

1. 玻璃仪器

玻璃仪器按接口的不同可以分为磨口玻璃仪器和普通玻璃仪器，现在磨口玻璃仪器已经被广泛使用，普通玻璃仪器的使用量非常少。普通玻璃仪器之间的连接是通过橡皮塞进行的，需要在橡皮塞上打出适当大小的孔，有时孔道不直或与橡皮塞不配套，给实验装置的搭置带来许多不便。磨口玻璃仪器的接口标准化，分为内磨接口和外磨接口，烧瓶的接口基本是内磨的，而回流冷凝管的下端为外磨接口。常用标准玻璃磨口有 10＃、12＃、14＃、19＃、24＃、29＃和 34＃等规格，其中 24＃磨口大小与 4＃橡皮塞相当。为了方便接口大小不同的玻璃仪器之间的连接，还可选用多种转换磨口。

使用磨口玻璃仪器，由于接口处已经细致打磨和聚合物溶液的渗入，有时内、外磨口间会发生粘连，难以分开不同的组件。为了防止出现这种情况，仪器使用完毕后应立即将装置拆开；若长时间使用，可以在磨口的上端位置均匀涂敷少量硅脂等润滑脂，可以防止磨口间的粘连；润滑脂的用量越少越好，以避免因润滑脂被溶剂溶解而导致的污染。在实验结束，倾出容器中液体之前，宜用吸水纸或脱脂棉蘸少量丙酮擦拭接口，防止容器中液体被污染。磨口仪器使用完后，必须立即洗净、干燥，存放时在磨面之间夹上纸条，以免粘连。

磨口仪器因接口粘连而无法分开时，切不可强行拧动，以免仪器破裂乃至引起外伤。根据不同情况，采取适当方法，可以打开粘连的磨口仪器。如果是油脂类物质粘连磨口，可用电吹风或微火缓慢加热，使油脂融化，然后用木器轻敲接口处来分开磨口。因磨口长期不使用而使接口黏结，可以将整套仪器泡在水中，或者在接口处滴加渗透性强的液体，待液体渗透到磨口面，有可能打开接口。如果磨口仪器接口是因残留的高分子溶液而黏结，可以缓慢加热使接口处高分子软化，或者在接口处滴加高分子的良溶剂，待磨口面发生变化后，也有可能打开接口；通过上述措施无法达到目的时，可将磨口仪器置于马弗炉中于 400 ℃加热一段时间，当然，此时的玻璃仪器中不应含任何化学物质。

大部分高分子化学反应是在搅拌、回流和通入惰性气体的条件下进行的，有时还需进行温度控制（使用温度计和控温设备）、加入液体反应物（使用滴液漏斗）和反应过程监测（装配取样装置），因此反应一般在多口反应瓶中进行。图 1.1 为几种常见的磨口反应烧瓶，高分子化学实验中多用三颈瓶和四颈瓶，容量大小根据反应液的体积决定，烧瓶的容量一般为反应液总体积的 1.5～3 倍。

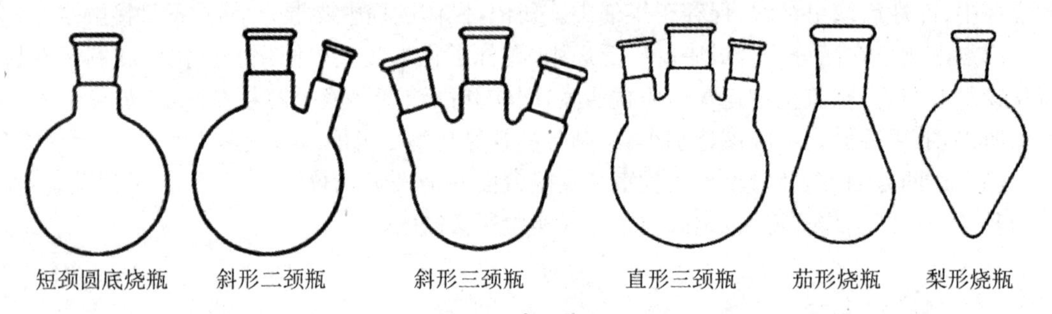

图 1.1 磨口烧瓶

除玻璃烧瓶外，用于高分子合成反应的玻璃仪器还有可拆卸的玻璃反应釜，它主要用于缩合聚合反应，可以很方便地清除粘在壁上的坚韧聚合物或者高黏度的聚合物，尤其适用于熔融缩聚反应，如聚酯、聚酰胺和不饱和树脂的合成。示意图见图 1.2，由反应器盖和开口反应瓶两个部分构成。为了保持聚合过程中的高真空度，可在两部分之间加密封垫，或者反应器盖和反应烧瓶结合部为磨口面，在磨口面涂敷真空脂，结合后用旋夹拧紧。

进行聚合反应动力学研究，特别是本体自由基聚合反应时，膨胀计是非常合适的反应器，如图 1.3 所示。它由反应容器和标有刻度的毛细管组成，好的膨胀计应具有操作方便、不易泄露和易于清洗的特点。通过标定，膨胀计可以直接测定聚合反应过程中体系的体积收缩，从而获得反应动力学方面的数据。

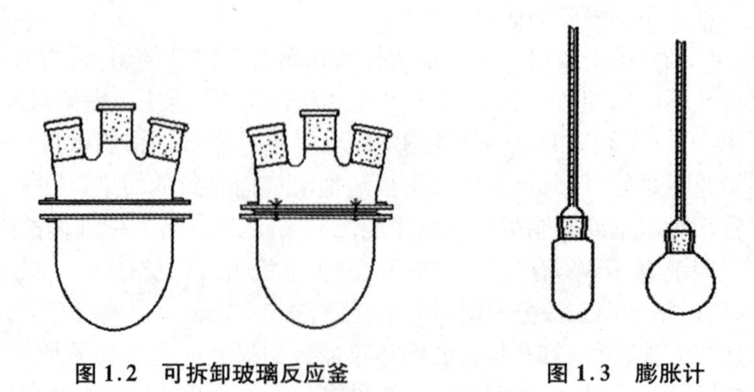

图 1.2 可拆卸玻璃反应釜 **图 1.3 膨胀计**

一些聚合反应和高分子合成反应需要在隔绝空气的条件下进行，如可控自由基聚合和点击化学反应，使用封管或聚合管比较方便，如图 1.4 所示。封管宜选用硬质、壁厚均一的玻璃管制作，下部为球形，可以盛放较多的样品，且有利于搅拌；上部应拉出细颈，以利于烧结密闭。本章第二节的"封管聚合"部分将详细介绍具体操作。烧熔密封封管适用于高温、高压下的聚合反应，带翻口橡皮塞的聚合管适用于温和条件下的聚合反应，单体、引发剂和溶剂的加入可以通过干燥的注射器进行。

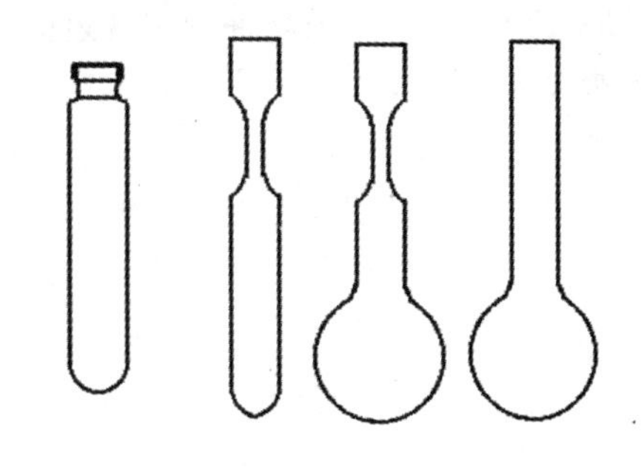

图 1.4　带橡皮塞的聚合管(左 1)和封管

除了上述反应器以外，高分子化学实验经常使用到冷凝管、蒸馏头、接液管和漏斗等玻璃仪器(图 1.5)，在有机化学实验中已经接触到这些仪器，在此不再赘述。离子型聚合反应对实验条件的要求很高，往往根据需要设计和制作特殊的玻璃反应装置，在后续章节中将叙述。

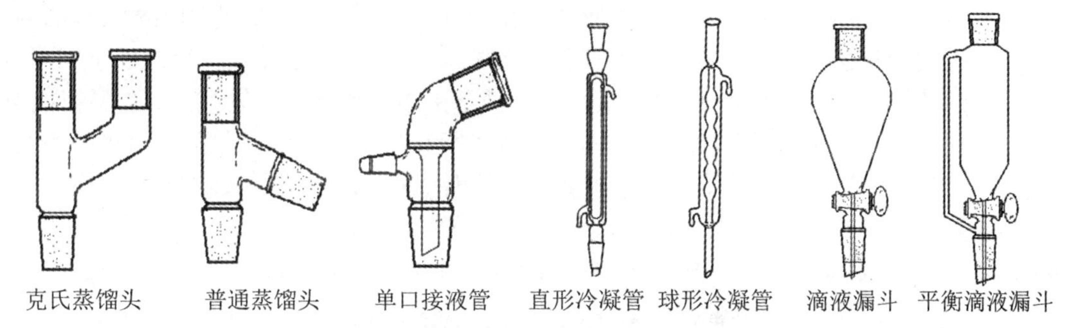

图 1.5　高分子化学实验常用玻璃仪器

2. 辅助器件

进行高分子化学实验时，需要用铁架台和铁夹等金属器具将玻璃仪器固定并适当连接，实验过程中经常需要进行加热、温度控制和搅拌，应选择合适的加热、控温和搅拌设备。液体单体的精制往往需要在真空状态下进行，需要使用不同类型的减压设备，如真空油泵和水泵。许多聚合反应在无氧条件下进行，需要氮气钢瓶和管道等通气设施，在以下章节中将陆续介绍。

3. 玻璃仪器的清洗和干燥

玻璃仪器的清洗和干燥是避免引入杂质的关键。清洗玻璃仪器最常用的方法是使用毛刷和清洁剂，清除玻璃表面(主要是内表面)的污物，然后用清水反复冲洗，直至容器内壁不挂水珠，烘干后可供一般实验使用。盛放过聚合物的容器往往难以清洗，搁置时间过长则清洗更加困难，因而要养成实验完毕立即清洗的习惯。除去容器中残留聚合物的最常用方法是使用少量溶剂来清洗，建议使用回收的溶剂或废溶剂。带酯键的聚合物(如聚酯、聚甲基丙烯酸甲酯)和环氧树脂残留于容器中，将容器浸泡于乙醇-氢氧化钠洗液之中，可起到很好的清除效果。含少量交联聚合物固体而不易清洗的容器，如膨胀计和容量瓶，可用铬酸洗液来洗涤，热的洗液效果会更好，但是要注意安全。总之，应根据残留物的性质，选择适当的方法使其溶解或分解而达到除去的效果。对于离子型聚合反应所使用的玻璃仪器，要求更加严格，在使用上述方法清洗后，还需用蒸馏水或三蒸水反复清洗，以尽量避免杂质的引入。

洗净后的仪器可以晾干或烘干,干燥玻璃仪器的仪器有烘箱和气流干燥器。临时急用时,可以加入少量乙醇或丙酮冲刷水洗过的器皿,加速烘干过程,电吹风更能加快烘干过程。有条件的实验室可以使用压缩空气快速吹干玻璃仪器。对于离子型聚合反应,实验装置需绝对干燥,往往在仪器搭置完毕后、加入试剂和溶剂之前,在真空条件下用火焰或电吹风加热容器壁,充分除去吸附于玻璃仪器内表面的水汽。

四、文献查阅

如果需进一步了解高分子化学实验相关的基本常识,可以参阅各类化学实验手册,如郑燕龙和潘子昂编的《实验室玻璃仪器手册》(化学工业出版社,2007)对各类玻璃仪器都作了详细介绍。夏玉宇主编的《化学实验手册》(化学工业出版社,2004)介绍的内容更加广泛,涵盖各类实验室仪器设备、实验室安全和化学试剂等内容。日本化学同人编辑部主编的《化学实验安全手册》早已被译成中文,并于1980年由广西人民出版社出版。除此之外,在国内外大学的网站上往往能查阅到化学实验手册,它们对化学实验各方面的问题,特别是实验室的安全问题,作了较为细致的规范。中国科学技术大学化学实验教学中心还开设实验安全教育的慕课课程。

互联网的发展和高校教学资源的共享,使得在进行高分子化学实验教学时,有更多的教学资料、教学理念、教学经验和教学实例可供参考。值得注意的是,在进行文献调研时,应该充分利用所在院校的图书馆资源,特别是互联网的文献资源,大量专业著作和学术期刊可以在互联网上浏览和下载,表1.1列举了国内外一些著名的与高分子学科相关的数据库的网址。

表1.1 重要的文献检索和查阅数据库

数据库名称	网址和备注
中国知网(CNKI)	http://www.cnki.net/ 文献类型包括学术期刊、博士学位论文、优秀硕士学位论文、工具书、重要会议论文、专著、专利和科技成果,还可与德国 Springer 公司期刊库等外文资源统一检索。
CNKI 中国期刊全文数据库	http://gb.oversea.cnki.net/ 以学术、技术、政策指导、高等科普及教育类期刊为主,内容覆盖自然科学、工程技术、农业、哲学、医学、人文社会科学等各个领域。收录中国大陆出版的期刊10320种,全文文献总量6000余万篇,其中学术期刊8439种,核心期刊1978种,核心期刊收录率为99%。内容全,更新快;检索方式灵活多样,支持二次检索;展示文献引文网络,提供知识元链接,系统反映某项研究的背景和依据、发展动态。
万方数据知识服务平台(WANFANG DATA)	http://csi1.cqvip.com/ 集纳了涉及各个学科的期刊、学位、会议等类型的学术论文,收录自1998年以来国内出版的各类期刊6000余种,其中核心期刊2500余种,论文总数量达1000余万篇,每年约增加200万篇,每周两次更新。具备“论文相似性检测”和“学术统计分析”功能。
中文科技期刊数据库/维普资讯	http://www.cqvip.com/ 收录1989年以来8000余种中文期刊的830余万篇文献,按照《中国图书馆图书分类法》进行分类,所有文献被分为7个专辑:自然科学、工程技术、农业科学、医药卫生、经济管理、教育科学和图书情报。缺综合检索文献的功能。

续表

数据库名称	网址和备注
中国科学引文数据库（CSCD）	http://sciencechina.cn/ 创建于1989年，1999年起作为中国科学文献计量评价系列数据库（ASPT）的A辑，由中国科学院文献情报中心与中国学术期刊电子杂志社联合主办，并由清华同方光盘电子出版社正式出版，是我国最大、最权威的科学引文索引数据库，为我国科学文献计量和引文分析研究提供了强大的工具。CSCD收录了国内数学、物理、化学、天文学、地学、生物学、农林科学、医药卫生、工程技术、环境科学和管理科学等领域的中英文科技核心期刊和优秀期刊，其中核心库来源期刊有650种。
超星数字化图书馆	http://www.ssreader.com.cn/pdg.html/ 内容包括各个学科专业的图书共计6万种，可网上浏览。
WEB OF SCIENCE	http://apps.webofknowledge.com/ 学术论文检索数据库，有下载原文的链接。
SCOPUS	https://www.scopus.com/ 学术论文检索数据库，有下载原文的链接。
SCIFINDER	https://sso.cas.org/ 学术论文检索数据库，有下载原文的链接。
ACS JOURNAL	https://pubs.acs.org/ 美国化学会的期刊。
RSC JOURNAL	https://pubs.rsc.org/en/journals 英国皇家化学会的期刊。
SPRINGER LINK	https://link.springer.com/ Springer出版社的期刊。
ELSEVIER SCIENCE-DIRECT	https://www.sciencedirect.com/ 荷兰Elsevier Science出版社的期刊。
WILEY ONLINE LIBRARY	https://onlinelibrary.wiley.com/ Wiley出版社的图书和期刊。
TAYLOR & FRANCIS ONLINE	https://www.tandfonline.com/ Taylor & Francis出版社的期刊。
PQDT学位论文	http://www.pqdt.cn.com/ ProQuest博硕士论文数据库是在PQDT学位文摘的基础上，由国内高校共同选购组建的一个全文库，目前可以使用的论文已经达到88万篇。PQDT-B学位论文文摘库主要收录了来自欧美国家的2000余所知名大学的优秀博硕士论文，内容涵盖理、工、农、医等各个学科领域，是目前世界最大和使用最广的学位论文文摘索引文库。（1997年以来的大部分论文可以看到前24页的论文原文。）

表 1.2 列出了与高分子相关的主要学术期刊，它们是进行高分子科学研究的重要参考文献，也是进行自主创新实验教学的重要参考资料。

表 1.2 重要的国内外高分子学术期刊(2019)

刊名全称	中科院分区	JCR 分区	影响因子
MACROMOLECULES	化学-Ⅱ	Q1	5.914
BIOMACROMOLECULES	化学-Ⅱ	Q1	5.739
MACROMOLECULAR RAPID COMMUNICATIONS	工程技术-Ⅱ	Q1	4.441
INTERNATIONAL JOURNAL OF BIOLOGICAL MACROMOLECULES	生物-Ⅱ	Q1	3.909
MACROMOLECULAR BIOSCIENCE	生物-Ⅲ	Q1	3.392
MACROMOLECULAR MATERIALS AND ENGINEERING	工程技术-Ⅱ	Q2	2.690
MACROMOLECULAR CHEMISTRY AND PHYSICS	化学-Ⅲ	Q2	2.492
MACROMOLECULAR RESEARCH	工程技术-Ⅳ	Q2	1.767
MACROMOLECULAR THEORY AND SIMULATIONS	工程技术-Ⅳ	Q3	1.646
MACROMOLECULAR REACTION ENGINEERING	工程技术-Ⅳ	Q3	1.567
PROGRESS IN POLYMER SCIENCE	化学-Ⅰ	Q1	24.558
POLYMER REVIEWS	工程技术-Ⅰ	Q1	6.690
CARBOHYDRATE POLYMERS	工程技术-Ⅱ	Q2	5.158
POLYMER CHEMISTRY	化学-Ⅱ	Q1	4.927
POLYMER	化学-Ⅲ	Q1	3.483
EUROPEAN POLYMER JOURNAL	化学-Ⅲ	Q1	3.741
POLYMER DEGRADATION AND STABILITY	化学-Ⅲ	Q1	3.193
EXPRESS POLYMER LETTERS	化学-Ⅲ	Q1	3.064
REACTIVE & FUNCTIONAL POLYMERS	工程技术-Ⅱ	Q2	2.975
POLYMERS	工程技术-Ⅱ	Q1	2.935
PLASMA PROCESSES AND POLYMERS	物理-Ⅱ	Q1	2.700
ADVANCES IN POLYMER SCIENCE	化学-Ⅲ	Q2	2.677
JOURNAL OF POLYMER SCIENCE PART A-POLYMER CHEMISTRY	化学-Ⅲ	Q2	2.588
JOURNAL OF POLYMER SCIENCE PART B-POLYMER PHYSICS	工程技术-Ⅱ	Q2	2.499
POLYMER INTERNATIONAL	化学-Ⅲ	Q2	2.352
POLYMER TESTING	工程技术-Ⅲ	Q2	2.245

续表

刊名全称	中科院分区	JCR 分区	影响因子
POLYMER JOURNAL	化学-Ⅳ	Q2	2.170
POLYMERS FOR ADVANCED TECHNOLOGIES	工程技术-Ⅲ	Q2	2.137
INTERNATIONAL JOURNAL OF POLYMERIC MATERIALS AND POLYMERIC BIOMATERIALS	工程技术-Ⅲ	Q2	2.127
ADVANCES IN POLYMER TECHNOLOGY	工程技术-Ⅳ	Q2	2.073
CHINESE JOURNAL OF POLYMER SCIENCE	化学-Ⅳ	Q2	2.016
BIOPOLYMERS	生物-Ⅳ	Q3	1.990
JOURNAL OF POLYMERS AND THE ENVIRONMENT	工程技术-Ⅲ	Q2	1.971
COLLOID AND POLYMER SCIENCE	化学-Ⅳ	Q2	1.967
POLYMER COMPOSITES	工程技术-Ⅲ	Q2	1.934
JOURNAL OF BIOMATERIALS SCIENCE-POLYMER EDITION	工程技术-Ⅲ	Q2	1.911
JOURNAL OF APPLIED POLYMER SCIENCE	化学-Ⅳ	Q2	1.901
JOURNAL OF INORGANIC AND ORGANOMETALLIC POLYMERS AND MATERIALS	化学-Ⅳ	Q2	1.754
INTERNATIONAL JOURNAL OF POLYMER SCIENCE	化学-Ⅳ	Q2	1.718
POLYMER-PLASTICS TECHNOLOGY AND ENGINEERING	工程技术-Ⅳ	Q3	1.655
JOURNAL OF BIOACTIVE AND COMPATIBLE POLYMERS	工程技术-Ⅳ	Q3	1.598
POLYMER BULLETIN	化学-Ⅳ	Q3	1.589
POLYMER ENGINEERING AND SCIENCE	工程技术-Ⅳ	Q3	1.551
高分子学报	化学-Ⅳ	Q4	0.656
功能高分子学报	中文核心期刊		
高分子材料科学与工程	中文核心期刊		
离子交换与吸附	中文核心期刊		
高分子通报	中文核心期刊		
塑料	中文核心期刊		
塑料工业	中文核心期刊		
热固性树脂	中文核心期刊		
聚氨酯工业	中文核心期刊		
合成橡胶工业	中文核心期刊		

表1.2中得到期刊是高分子学科的专门期刊，实际上许多高质量的高分子学术论文还发表在其他期刊上，包括 *Journal of The American Chemistry Society*、*Angewandte Chemie (International Edition)*、*Advanced Materials*、*Advanced Functional Materials*、*Chemistry of Materials*、*Journal of Materials Chemistry*、*Acta Materialia*、*Acta Biomaterialia*、*Biomaterials*、*Journal of Membrane Science*、*Soft Matter*、*Current Opinion in Colloid and Interface Science*、*Chemical Communications*、*Langmuir*、《中国科学：化学》以及美国化学会、英国皇家化学会的新期刊，*Chemical Reviews*、*Chemical Society Reviews* 和《化学进展》等综述性期刊上经常有高分子领域的综述论文。

第二节 基本操作

进行高分子化学实验，首先应根据反应的类型和试剂的用量选择类型恰当和容量合适的反应容器，并配齐其他所需玻璃仪器。其次，高分子化学实验常常在加热、搅拌和惰性气氛的条件下进行，因此需要选用适当的加热和搅拌的仪器、气体通入装置。最后，使用辅助器具搭置好实验装置，将不同仪器合理、稳固地连接起来。单体和溶剂的精制离不开蒸馏操作，有时还需要减压蒸馏，真空泵及其配件不可或缺。在实验过程中，一些专门仪器和设备可以使实验事半功倍。

一个完整的高分子化学实验涉及多个实验操作，高质量地完成这些实验操作，除了细致认真以外，还需要在不断的实验过程中，积累实验经验，掌握实验技巧。以下介绍高分子化学实验中常见的基本实验操作和实验技巧；在第二章、第三章中，结合具体的实验内容，也会介绍相关的实验技巧和安全事项。

一、聚合反应的温度控制

温度对聚合反应的影响，除了和有机化学实验一样表现在聚合反应速率和产物收率方面以外，还表现在聚合物的分子量及其分布上，因此准确控制聚合反应的温度十分必要。熔融缩聚反应往往需要近200 ℃的高温，使用电加热套或者电加热块比较合适；自由基聚合大多在低于100 ℃的温度下进行，宜使用电加热器配合油浴进行加热；在25～80 ℃的反应，可使用水浴加热方式；室温(25 ℃)以下的反应，可使用冰盐浴或采用适当的冷却剂冷却，也可借助低温反应器。反应温度的准确控制是必需的，这需要借助温控电子设备，并使用精确的温度计来校正反应容器中的温度。切记：不要过分相信电子仪器的显示温度。

(一) 加热方式

1. 水浴加热

当实验需要的温度在80 ℃以下时，使用水浴对反应体系进行加热和温度控制最为合适，水浴加热具有方便、清洁和安全等优点。加热时，将容器浸于水中，利用加热圈来加热水介质，间接加热反应体系。加热圈由电阻丝贯穿于硬质玻璃管中，并根据浴槽的形状加工制成，也可使用金属管材。长时间使用水浴，会因水分的大量蒸发而导致水的散失，需要及时补充；过夜反应时可在水面上盖一层液体石蜡。简便的水浴（油浴）加热装置如图1.6所示。某些电磁搅拌器的台板具有加热功能，可省去加热圈的使用，但是需要注意长时间加热的安全性，有些电磁搅拌器的加热质量不高，如温度控制差和加热丝容易烧断，应慎重使用。电热搅拌水浴锅，集加热和电磁搅拌于一体，便于使用并提高了实验安全性，它的温度控制元件一般采取膨胀式触电控制方法，也可使用感温探头的电子继电器。

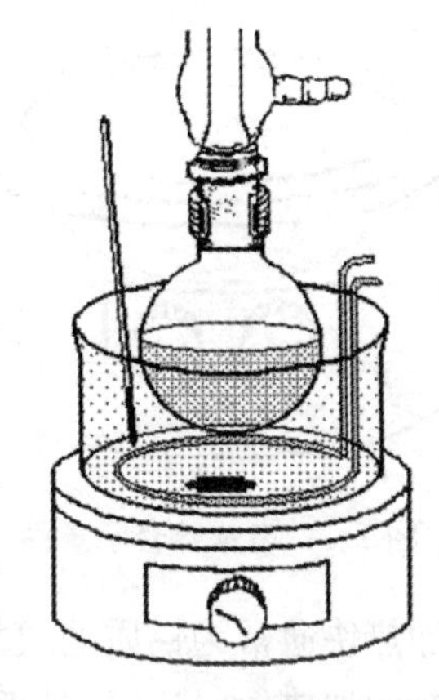

图1.6　水浴（油浴）加热示意图

值得注意的是，许多加热仪器会有温度标识面板，但是指示温度和水浴中的实际温度存在差距，切不可轻信仪器所标识的温度，应将温度计或测温探头插入反应体系中，以获得真实的温度。没有温度标识的加热仪器，只能使用温度计确认温度控制旋钮的旋转位置与实际温度之间的对应关系。

对于温度控制要求高的实验，可以直接使用超级恒温水槽，在水槽中进行反应，但需考虑搅拌问题，还可通过它对外输送恒温水来达到所需温度，其温度可控制在0.5℃范围内。由于水管等的热量散失，反应器的温度低于超级恒温水槽的设定温度，需要进行校正。

2．油浴加热

水浴不能适用于温度较高的场合，此时需要使用不同的油作为加热介质，采用加热圈等浸入式加热器间接加热，也可使用电热板（包括带加热功能的电磁搅拌器），但是开始加热时加热功率不能过高，以免玻璃质浴锅发生破裂。

油浴加热不存在加热介质的挥发问题，但是玻璃仪器的清洗稍为困难，操作不当还会污染实验台面及其他设施。完成实验后，将浸于油浴的玻璃仪器悬于油之上，待玻璃仪器外表面的油基本滴完，用卷纸擦拭。采用油浴加热，特别需要注意加热介质的热稳定性和可燃性，最高加热温度不能超过其限制。表1.3列举了一些常用加热介质的性质。

切记：不可长时间、高温加热！固定好感温探头，使其始终保持在加热介质中。

表1.3　常见加热介质的性质

加热介质	沸点或最高使用温度（℃）	评述
水	100	洁净、透明，易挥发
甘油	140～150	洁净、透明，难挥发
植物油	170～180	难清洗，难挥发，高温有油烟
硅油	250	耐高温，透明，价格合适
泵油	250	回收泵油多含杂质，不透明

3．电加热套

电加热套是一种外热式加热器，电热元件封闭于玻璃等绝缘层内，并制成内凹的半球状，非常适用于圆底烧瓶的加热，外部为铝质的外壳，如图1.7所示。大多数电加热套具备加热功率调节的功能，简易的加热套没有功率调节元件，使用时需连接在较大功率调压器或继电器等调压装置上，以进行温度的有效控制。某些电加热套将加热和电磁搅拌功能融为一体，使用更加方便。电加热套具有安全、方便和不易损坏玻璃仪器的特点，由于玻璃仪器与电加热套紧密接触，保温性能好。根据烧瓶的大小，可以选用不同规格的电加热套。电加热套的最高使用温度可达 450 ℃。

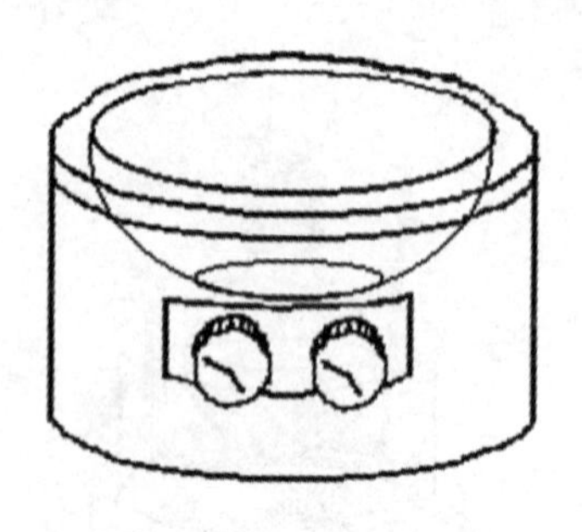

图 1.7 电加热套示意图

4. 加热板和加热块

加热板实际上是封闭式的电炉，功率可调。与普通电炉不同，其电炉丝被封闭于绝缘材料内，使用安全和方便。但是，加热板对平底容器才能进行有效加热，与各种浴锅配合使用后，可用于反应、回流和蒸馏等场合。

加热块通常为铝质的块材，按照需要加工出圆柱孔或内凹半球洞，分别适用于聚合管和圆底烧瓶的加热，加热元件外缠于铝块或置于铝块中，并与控温元件相连。为了能准确控制温度，需要进行温度的校正。某些需要在高温下进行的封管聚合存在爆裂的隐患，使用加热块较为安全。

（二）冷却

离子聚合往往需要在低于室温的条件下进行，因此冷却是离子聚合常常需要采取的实验操作。例如甲基丙烯酸甲酯阴离子聚合为避免副反应的发生，聚合温度在 -60 ℃以下。环氧乙烷的聚合反应在低温下进行，可以减少环低聚合体的生成，并提高聚合物收率。

若反应温度需要控制在 0 ℃附近，多采用冰水混合物作为冷却介质。若要使反应体系温度保持在 0 ℃以下，则采用碎冰和无机盐的混合物作为制冷剂；如要维持在更低的温度，则必须使用更为有效的制冷剂（干冰和液氮），干冰和乙醇、乙醚等混合，温度可降至 -70 ℃，通常使用温度在 -50～-40 ℃。液氮与乙醇、丙酮混合使用，冷却温度可稳定在有机溶剂的凝固点附近。表 1.4 列出不同制冷剂的配制方法和使用温度范围。配制冰盐冷浴时，应使用碎冰和颗粒状盐，并按比例混合。干冰和液氮作为制冷剂时，应置于浅口保温瓶等隔热容器中，以防止制冷剂的过度损耗。

表 1.4 常用制冷剂

制冷剂	冷却最低温度(℃)
冰-水	0
冰 100 份 + 氯化钠 33 份	-21
冰 100 份 + 氯化钙(含结晶水)100 份	-31
冰 100 份 + 碳酸钾 33 份	-46
干冰 + 有机溶剂	高于有机溶剂的凝固点
液氮 + 有机溶剂	接近有机溶剂的凝固点

超级恒温槽可以提供低温环境，并能准确控制温度，也可以通过恒温槽输送冷却液来控制

反应温度。使用合适的液体介质,低温恒温槽可提供 -20 ℃甚至更低的温度环境,是低温反应的常用设备。

(三)温度的测定和调节

酒精温度计和水银温度计是最常用的测温仪器,它们的量程受其凝固点和沸点的限制,前者可在 -60~100 ℃内使用,后者可测定的最低温度为 -38 ℃,最高使用温度在 300 ℃左右。低温的测定可使用以有机溶剂制成的温度计,甲苯的温度计可达 -90 ℃,正戊烷为 -130 ℃。为观察方便,在溶剂中加入少量有机染料,这种温度计由于有机溶剂传热较差和黏度较大,需要较长的平衡时间。

普通的加热设备没有控温元件,但是有方法实现温度的粗略控制,例如,用明火加热(不建议使用)时采取调节煤气灯的火焰强弱,用电加热圈加热时串联变压器,用加热板加热时调节加热旋钮。在这些情况下,都需要使用温度计进行温度校正。

温度控制器如控温仪和触点温度计兼有测温和控温两种功能,能够非常有效和准确地控制反应温度。如图 1.8 所示,控温仪的温敏探头置于加热介质中,它产生的电信号输入到控温仪中,并与所设置的温度信号相比较。电加热元件通过与控温仪串联而连接到电源上,电加热元件、控温仪和调压器的连接方式如图 1.8 所示。当加热介质未达到设定温度时,控温仪的继电器处于闭合状态,电加热元件继续通电加热;加热介质的温度高于设定温度时,继电器断开,电加热元件不再工作。触点温度计需与一台继电器连用,工作原理同上,皆是利用继电器控制电加热元件的工作状态达到控制和调节温度的目的。

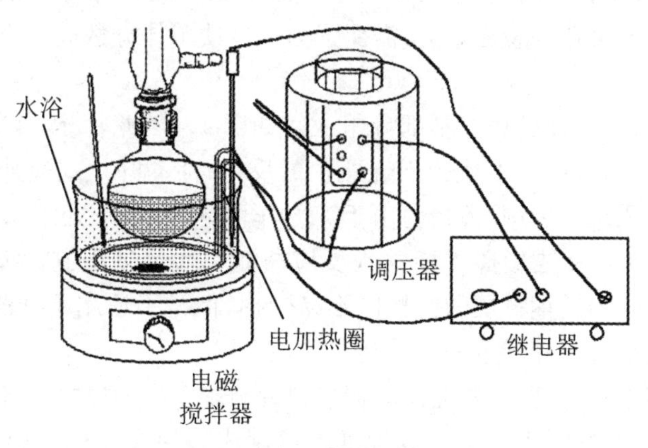

图 1.8 加热和控温装置的连接

要获得良好的恒温系统,除了使用控温设备外,选择适当的电加热元件的功率、电加热介质和调节体系的散热情况也是必需的。

二、搅拌

高分子化学实验中经常接触到的化学物质是高分子。高分子化合物,无论处于溶液状态还是熔体状态,都具有高黏度特性,如果要保持高分子化学实验过程中混合的均匀性和反应的均匀性，搅拌显得尤为重要。搅拌不仅可以使反应组分混合均匀，还有利于体系的散热，避免发生局部过热而暴聚，搅拌方式通常为磁力搅拌和机械搅拌。

1. 磁力搅拌器

磁力搅拌器中的小型马达能带动一块磁铁转动，将一颗磁子放入容器中，磁场的变化使磁子发生转动，从而起到搅拌效果。磁子内含磁铁，外部包裹着聚四氟乙烯，防止磁铁被腐蚀、氧化和污染反应溶液。磁子的外形有棒状、锥状和椭球状，前者仅适用于平底容器，后两种可用于圆底反应器，如图 1.9 所示。根据容器的大小，选择合适大小的磁子，并可以通过调节磁力搅拌器的搅拌速度来控制反应体系的搅拌情况。磁力搅拌器适用于黏度较小或量较少的反应体系。

图 1.9 不同的磁子

进行封管聚合时，因管径较小而难以找到合适的磁子，可以使用磁化铁丝和玻璃管自制磁子。根据封管容器的大小截取一小段铁丝，将常规玻璃管拉制成管径合适的细管，将铁丝装入其中，再烧熔玻璃细管的两端。

2. 机械搅拌器

当反应体系的黏度较大时，如进行自由基本体聚合和熔融缩聚反应时，磁力搅拌器不能带动磁子转动，反应体系量较多时，磁子无法使整个体系充分混合均匀，在这些情况下需要使用机械搅拌器。进行乳液聚合和悬浮聚合，需要强力搅拌使单体分散成微小液滴，这也离不开机械搅拌器。

机械搅拌器由马达、搅拌棒和控制部分组成。如图 1.10 所示，锚形搅拌棒(图 1.10(a))具有良好的搅拌效果，但是往往不适用于烧瓶中的反应；活动叶片式搅拌棒(图 1.10(c)和图 1.10(d))可方便地放入反应瓶中，搅拌时由于离心作用，叶片自动处于水平状态，提高了搅拌效率。蛇形(图 1.10(b))和锚形搅拌棒受到反应瓶瓶口大小的限制。搅拌棒通常用玻璃制成，但是易折断和损坏；不锈钢材质的搅拌棒不易受损，但是不适用于强酸、强碱环境，因此外层包覆聚四氟乙烯的金属搅拌棒越来越受到欢迎。

为了使搅拌棒能平稳转动，需要在反应器接口处装配适当的搅拌导管，它同时起到密封作用。由橡皮塞制成的导管(图 1.10(e))和标准磨口制成的导管(图 1.10(f))可用于密封条件要求不高的场合，使用时将一小段恰好与搅拌棒紧配的橡皮管套在导管或玻璃管和搅拌棒上。要在高真空条件下进行搅拌操作，就需要精密磨砂的搅拌导管，可将普通注射器截去上、下部分，剩下的针筒部分套入橡皮塞中，推管部分套入搅拌棒，并用橡皮管套住。使用时，在磨砂部分滴加少量润滑剂，可起到良好的转动和密封效果，如图 1.10(g)所示。用聚四氟乙烯制成的搅拌导管(图 11.10(h))成为主流，它由两部分组成。A 的外径正好与反应器瓶口配合，内孔孔径稍大于搅拌棒外径，上半截还有内螺纹；B 为中空的外螺丝状部件。使用时，将适当的橡皮垫圈置于 A 的大孔中，装配好搅拌棒，将两个部分旋紧即可。

机械搅拌器一般有调速装置，有的还有转速指示，但是真实的转速往往由于电压的不稳定而难以确定，这时可用市售的光电转速计来测定，只需将一小块反光铝箔贴在搅拌棒上，将光电转速计的测量夹具置于铝箔平行位置，直接从转速计显示屏上读数即可。

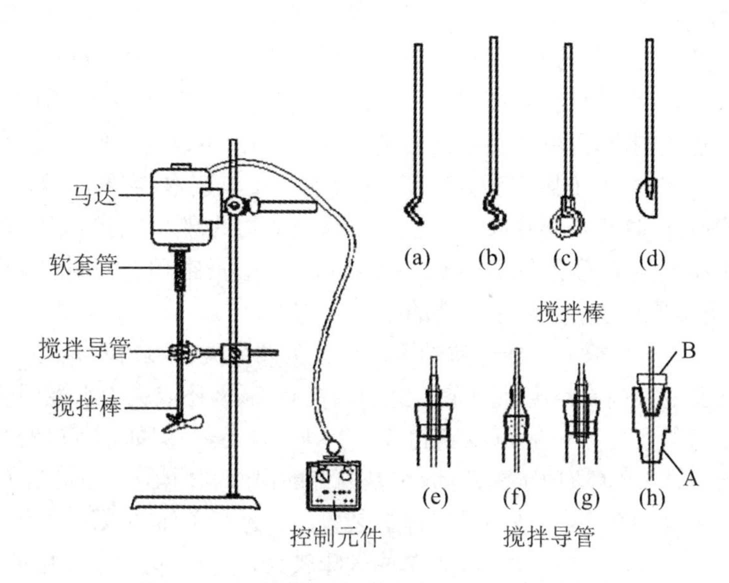

图 1.10　机械搅拌装置、搅拌棒和搅拌导管

安装搅拌器时，首先要保证电机的转轴绝对与水平垂直，再将配好导管的搅拌棒置于转轴下端的搅拌棒夹具中，拧紧夹具的旋钮。调节反应器的位置，使搅拌棒与瓶口垂直，并处在瓶口中心，再将搅拌导管套入瓶口中。将搅拌器开到低档，根据搅拌情况，小心调节反应装置位置至搅拌棒平稳转动，然后才可装配其他玻璃仪器，如冷凝管和温度计等。装入温度计和氮气导管时，应该关闭搅拌，仔细观察温度计和氮气导管是否与搅拌棒有接触，再调节它们的高度。

3. 超声分散设备

超声波具有高效空化、混合能力，在纳米分散体系的制备、乳液和微乳液的配制、细胞破碎和物质混合等领域得到运用。在超声分散设备中，超声波清洗器可用于常规用途，如微乳液和细乳液的配制，将待配制混合液置于超声波清洗器容器中进行超声处理即可；超声波分散仪以及超声波细胞破碎仪通过超声探头发出超声波，使用时将超声探头插入到待混合的液体中。值得注意的是，超声波是能量较高的辐射，音频极高，除注意安全防护外，还应该注意超声波会促进反应的发生、提高混合体系的温度。

三、蒸馏

蒸馏是液体分离和纯化最常用的方法。高分子化学实验中经常会用到蒸馏的场合是单体的精制、溶剂的纯化和干燥以及聚合物溶液的浓缩，根据待蒸馏物的沸点和实验的需要，可使用不同的蒸馏方法。

1. 普通蒸馏

在有机化学实验中，我们已经接触到普通蒸馏，它适合于沸点不高和加热不会发生化学反应的化合物。蒸馏装置由烧瓶、蒸馏头、温度计、冷凝管、接液管和收集瓶组成。为了防止液体暴沸，需要加入少量沸石，磁力搅拌也可以起到相同效果。在烯烃单体的纯化时，为避免单体的热聚合，应尽量不采取普通蒸馏，即便其沸点较低。

2. 减压蒸馏

实验室常用的烯类单体沸点比较高，如苯乙烯为 145 ℃，甲基丙烯酸甲酯为 100.5 ℃，丙烯酸丁酯为 145 ℃，这些单体在较高温度下容易发生热聚合，因此不宜进行常规蒸馏。高沸点溶剂的常压蒸馏也很困难，降低压力会使溶剂的沸点下降，可以在较低的温度下得到溶剂的馏分。在缩聚反应过程中，为了提高反应程度、加快聚合反应速率，需要将反应产生的小分子产物从反应体系中脱除，这也需要在减压下进行。待蒸馏物的沸点不同，减压蒸馏所需的真空度也各异。使用中将真空划分为低真空（1～100 kPa）、中真空（1～1000 Pa）和高真空（小于 1 Pa）。真空的获得是通过真空泵来实现的。

(1) 真空泵。真空泵根据工作介质的不同可分为两大类：水泵和油泵。

水泵所能达到的最高真空度除与泵本身的结构有关外，还取决于水温（此时水的蒸气压为水泵所能达到的最低压力），一般可以获得 1～2 kPa 的真空，例如，30 ℃时可达到 4.2 kPa，10 ℃时可提升至 1.5 kPa，适用于苯乙烯、甲基丙烯酸甲酯和丙烯酸丁酯的减压蒸馏。水泵结构简单，使用方便，维护容易，一般不需要保护装置。在进行单体的减压蒸馏时，要留意水箱的温度和是否散发单体气味，如温度较高和单体气味较大，应及时更换水箱中的水。为了维持水泵良好的工作状态和延长它的使用寿命，最好每使用一次就更换水箱中的水。

真空油泵是一种比较精密的设备，它的工作介质是特制的高沸点、低挥发的泵油，它的效能取决于油泵的机械结构和泵油的质量。固体杂质和腐蚀性气体进入泵体都可能损伤泵的内部、降低真空泵内部构件的密合性，低沸点的液体与真空泵油混合后，使工作介质的蒸气压升高，从而降低了真空泵的最高真空度。因此真空油泵使用时需要净化、干燥等保护装置，以除去进入泵中低沸点溶剂、酸碱性气体和固体微粒。首次使用三相电机驱动的油泵，应检查电机的转动方向是否正确，及时更换电线的相位，避免因反转而导致喷油，然后加入适当量的泵油。除了上述保护措施外，还应该定期更换泵油，必要时使用石油醚清洗泵体，晾干后再加入新的泵油。油泵可以达到很高的真空度，适用于高沸点液体的蒸馏和特殊的聚合反应。

(2) 减压蒸馏系统。减压蒸馏系统（图 1.11）由蒸馏装置、真空泵和保护检测装置三个部分组成。蒸馏装置（图 1.11(a)）在大多数情况下使用克氏蒸馏头，直口处插入一个毛细管鼓泡装置，也可以使用普通蒸馏头并配上多口瓶，毛细管由支口插入液面以下。鼓泡装置可以提供沸腾的气化中心，防止液体暴沸。对于阴离子聚合等使用的单体，要求绝对无水，因此不能使用鼓泡装置，变通的做法是加入沸石和提高磁力搅拌速率来预防。在进行减压蒸馏操作时，应该缓慢提高体系的真空度，达到要求后再进行加热。注意：不宜在较高的温度下进行减压，以免液体发生暴沸；真空度达到要求后，不宜过度提高加热功率，以免气体来不及冷凝而被带入真空泵，一则会损伤真空油泵，二则会使实验室弥漫气体气味。减压蒸馏时使用带抽气口和防护滴管的真空接液管，可以防止液体直接泄漏到真空泵中。

真空泵是减压蒸馏的核心部分，根据待蒸馏化合物的沸点和化合物的用途，选用适当的真空泵。如苯乙烯的精制，使用真空水泵和真空油泵皆可以完成减压蒸馏，但是前者得到的精制苯乙烯仅适用于自由基聚合，用于离子型聚合的单体则需真空油泵。

真空泵和蒸馏系统之间常常串联上保护装置，以防止低沸点物质和腐蚀性气体进入真空泵，还可以避免在减压蒸馏系统恢复常压时外界湿气的进入。以液氮充分冷却的冷阱(图 1.11(b))能使低沸点、易挥发的馏分凝固，从而十分有效地防止它们进入真空泵，但是当出现液体暴沸时，会使冷阱堵塞，影响到减压蒸馏的正常进行。在冷阱与蒸馏系统之间置三通活塞，调节真空度和抽气量，可以避免液体暴沸，这种简单的保护设施可适用于普通单体和溶剂的减压蒸馏。较为复杂的保护系统由多个串联的吸收塔组成(图 1.11(c))，从真空泵开始，依次填装干燥剂、苛性碱和固体石蜡，为使用方便，常将它们与真空泵固定于小车上。系统的真空度可由真空计来测定。

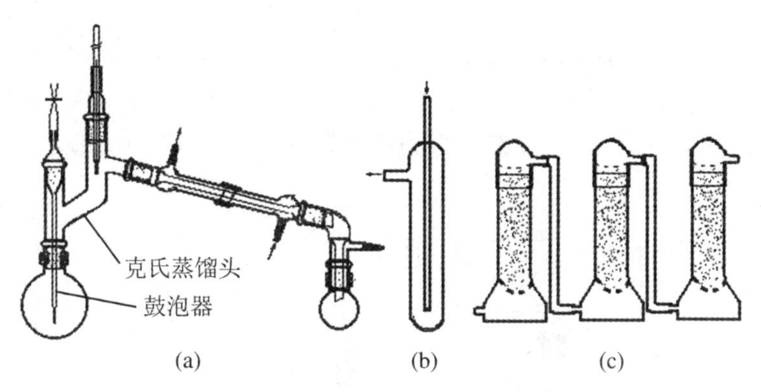

图 1.11　减压蒸馏装置和保护系统

(3) 真空计。常见的真空计有封闭式水银压力计和麦氏真空计，真空计皆可串联在系统上，如图 1.12 所示。封闭式真空计可测量 0.1～27 kPa 的压力，测量时调节三通活塞即可，平时为避免空气和其他气体的渗入而将活塞关闭。麦氏真空计可测定 0.1～100 Pa 的压力，使用时将测量部分由水平位置旋转至垂直方向，调节三通活塞与待测系统相通，即可读数。测量完毕后，恢复水平位置，关闭活塞。真空水泵通常配有压力计，但是其测量精度不高，同时因水汽的侵蚀会使压力计工作失常，因此不要过度依赖其读数。

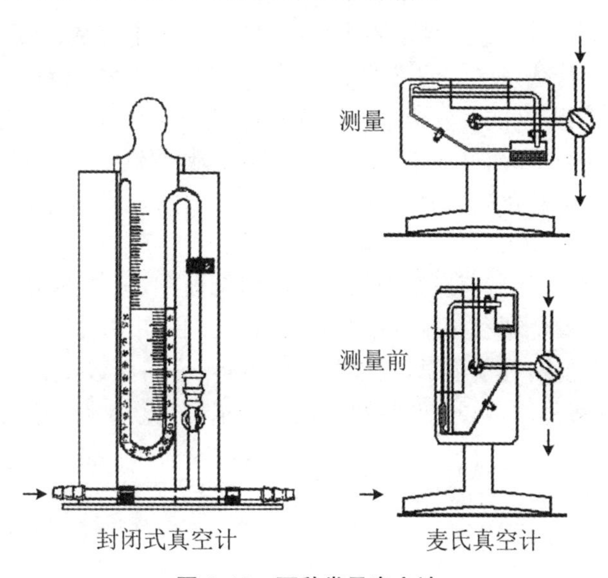

图 1.12　两种常见真空计

(4) 减压蒸馏的实验操作。首先搭置好蒸馏装置,并与保护系统和真空油泵相连,中间串联一调节装置(如三通活塞)。三通活塞置于全通位置,启动真空油泵,调节三通活塞,使系统逐渐与空气隔绝;继续调节活塞,使蒸馏系统与真空泵缓缓相通,同时注意液体是否有暴沸迹象。当系统达到合适的真空度时,开始对需要蒸馏的液体进行加热,温度保持到馏分成滴蒸出。蒸馏完毕,调节三通活塞,使体系与大气相通,然后才断开真空泵电源,拆除蒸馏装置。要获得无水的蒸馏物,需用干燥惰性气体通入体系,使之恢复常压,并在干燥惰性气流下撤离接收瓶,迅速密封。

3. 水蒸气蒸馏

在高分子化学实验中,很少使用水蒸气蒸馏,仅仅在聚甲基丙烯酸甲酯的裂解和提纯中使用。与常规蒸馏不同的是它需要一个水蒸气发生装置,并以水蒸气作为热源,待蒸馏物与水蒸气形成共沸气体,并经冷凝、静置分层后得到待蒸馏物。图 1.13 为简易水蒸气发生和蒸馏装置。

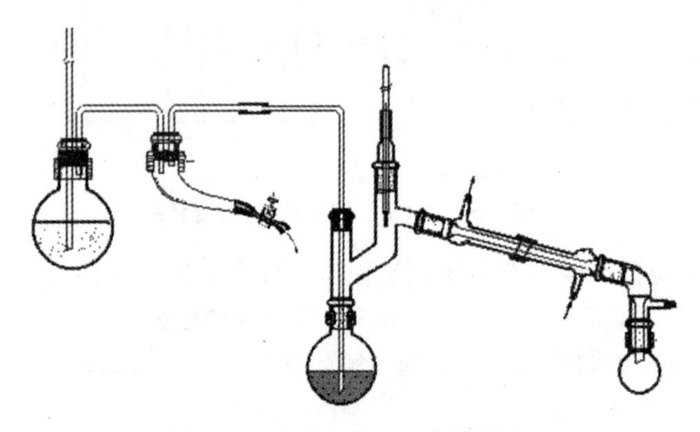

图 1.13 水蒸气发生和蒸馏装置

4. 旋转蒸发

旋转蒸发浓缩溶液具有快速方便的特点,在旋转蒸发仪上完成。旋转蒸发仪由三个部分组成,如图 1.14 所示。待蒸发的溶液盛放于梨形烧瓶中,在马达的带动下烧瓶旋转,在瓶壁上形成薄薄的液膜,提高了溶剂的挥发速率。溶剂的蒸气经冷却凝结,形成液体流入接受瓶中。冷凝部分可用常规的回流冷凝管(图 1.14),也可以用特制的锥形冷凝器。为了起到良好的冷凝效果,常用冰水作为冷凝介质。为了进一步提高溶剂的挥发速率,通常使用水泵来降低压强。

进行旋转蒸发时,首先将待蒸发溶液加入到梨形烧瓶中,液体的量不宜过多,为烧瓶体积的三分之一即可。将梨形烧瓶和接收瓶接到旋转蒸发仪上,并用烧瓶夹固定。打开冷凝水,启动旋转马达,转速不宜过快;开动水泵,缓缓关闭活塞,观察待蒸馏液体的蒸发情况,合适时才彻底关闭活塞,进行旋转蒸发。必要时将梨形烧瓶用水浴进行加热,提高蒸发速率;待蒸发稳定后可适当调高转速。

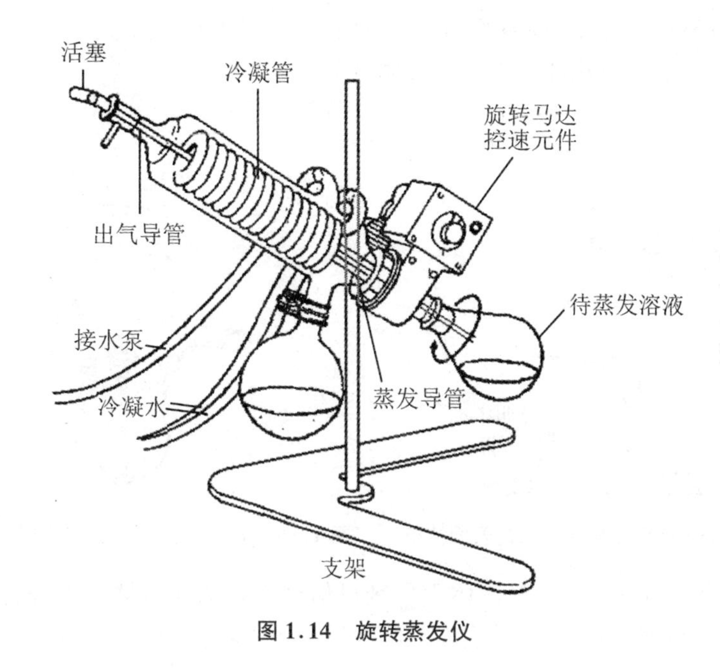

图 1.14 旋转蒸发仪

四、化学试剂的称量和转移

固体试剂基本上采用称量法，可在不同类型的天平上进行，如托盘天平、机械分析天平和电子分析天平。机械分析天平是高精密仪器，使用时应严格遵守使用规则，使用过程复杂，平时还要妥善维护，因此已不被使用。电子分析天平的出现使高精度称量变得十分简单和容易，使用时应该注意它的最大负荷和避免试剂撒落到托盘上。称量时，应借助适当的称量器具，如称量瓶、合适的小烧杯和洁净的硫酸纸。除了称量法以外，液体试剂可直接采用量体积法，需要用到量筒、注射器和移液管等不同精度的量具。气体量的确定较为困难，往往采用流量乘以通气时间来计算，对于储存在小型储气瓶中的气体也可以采用称量法。

进行聚合反应，不同试剂需要转移到反应装置中。一般应遵循先固体后液体的原则，这样可以避免固体粘在反应瓶的壁上，还可以利用液体冲洗烧瓶壁上的固体，使固体完全混入反应液中。为了防止固体试剂散失，可以利用滤纸、硫酸纸等制成小漏斗，通过小漏斗缓慢加入固体。在许多场合下液体试剂需要连续加入，这需要借助恒压滴液漏斗等装置，严格的试剂加入速度可通过恒流进样泵来实现，流量可在几微升每分钟至几毫升每分钟内调节。气体的转移则较为简单，为了利于反应，通气管口应位于反应液面以下。

在高分子化学实验中，会接触到许多对空气、湿气等非常敏感的引发剂，如碱金属、有机锂化合物和某些离子聚合的引发剂（萘-钠、三氟磺酸等）。在进行离子型聚合和基团转移聚合时，需要将绝对无水试剂转移到反应装置。这些化学试剂的量取和转移需要采取特殊的措施，以下列举几例。

（1）碱金属（锂、钠和钾）。取一只洁净的烧杯，盛放适量的甲苯或石油醚，将粗称量的碱金属放入溶剂中。借助镊子和小刀，在溶剂中将金属表面的氧化层刮去，采用减量法快速称量，将碱金属转移到反应器中，少量附着于表面上的溶剂可在干燥氮气流下除去(图 1.15)。还可以采用图 1.16 所示方法加入固体或液体试剂。

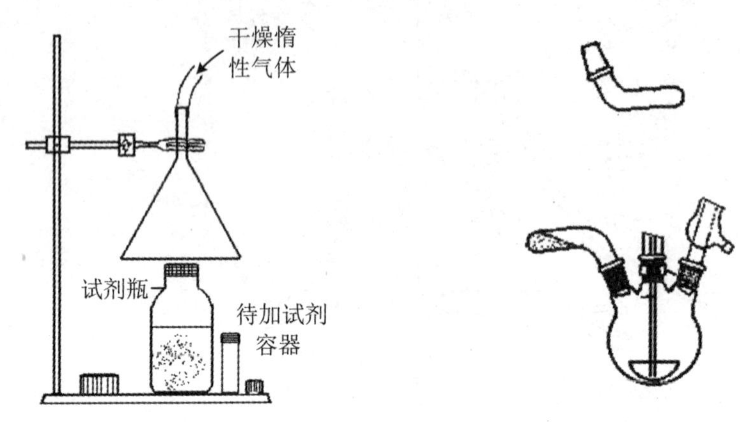

图1.15 干燥惰性气流下除去表面溶剂　　图 1.16 固体加料管及使用取用固体试剂

(2) 离子聚合的引发剂。少量液体引发剂可借助干燥的注射器加入，固体引发剂可事先溶解于适当溶剂中再加入，较多量的引发剂溶液可采用内转移法(图 1.17)。

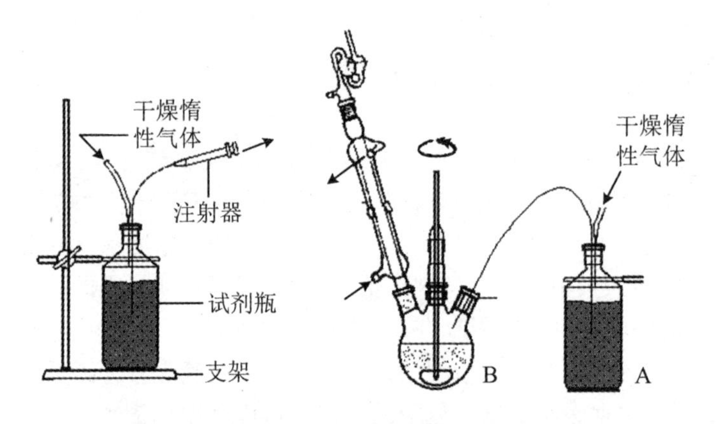

图 1.17 注射器法和内转移法转移敏感性液体

(3) 无水溶剂。绝对无水的溶剂最好是采用内转移法进行，示意图如图 1.17 所示。一根双尖中空的弹性钢针经橡皮塞将储存溶剂的容器 A 和反应容器 B 连接在一起，容器 A 另有一出口与氮气管道相通，通氮加压即可将定量溶剂压入反应容器 B 中。溶剂加入完毕，将针头抽出。在高真空线上，通过调节不同容器的冷却温度，可以实现液体试剂的内转移。

五、分离和纯化

在高分子化学实验中，试剂的纯度对反应有很大影响。在缩合聚合反应中，单体的纯度会影响到官能团的摩尔比，从而使聚合物的分子量偏离设定值。在离子型聚合中，单体和溶剂中少量杂质的存在，不仅会影响聚合反应速率，改变聚合物的分子量，甚至会导致聚合反应不能进行。在自由基聚合中，单体往往含有少量阻聚剂，使得反应存在诱导期或聚合速率下降，影响到动力学常数的准确测定。因此，在进行高分子化学实验之前，有必要对所用试剂进行纯化。

高分子的合成可采用本体法、溶液法、悬浮法和乳液法，在高分子化学实验和研究中，本体法的使用较为常见。除本体法可以获得较为纯净的聚合物之外，其他方法所获得的产物还含有大量的反应介质、分散剂或乳化剂等，要想得到纯净的聚合物，必须将产物中小分子杂质除去。在合成嵌段或接枝共聚物时，除了预期的产物外，还会有均聚产物生成，有时聚合物原料没有完全发生共聚反应而残留在产物之中，此时需要进行聚合物的分离和纯化。相比聚合物和小分子混合体系而言，共混物中聚合物之间的分离较为复杂，也难以进行。

以下分别介绍高分子化学实验中常见的分离和纯化。

（一）单体的精制

在高分子化学实验中，单体的精制主要是对烯类单体而言的，也包括某些其他类型的单体。单体的杂质的来源多种多样，如生产过程中引入的副产物（苯乙烯中的乙苯和二乙烯苯）和销售时加入的阻聚剂（烯类单体中加入的对苯二酚和对叔丁基苯酚）；单体在储运过程中与氧接触形成的氧化或还原产物（二烯单体中的过氧化物，苯乙烯中的苯乙醛）以及少量聚合物。

固体单体常用的纯化方法为结晶（已二胺和己二酸的66盐用乙醇重结晶、双酚A用甲苯重结晶、丙烯酰胺可用氯仿重结晶）和升华，液体单体可采用减压蒸馏、在惰性气氛下分馏的方法进行纯化，也可以用制备色谱分离纯化单体。单体中的杂质可采用下列措施加以除去：

（1）酸性杂质（包括阻聚剂对苯二酚等）用稀NaOH溶液洗涤除去，碱性杂质（包括阻聚剂苯胺）可用稀盐酸洗涤除去。

（2）单体的脱水干燥，一般情况下可用普通干燥剂，如无水$CaCl_2$、无水Na_2SO_4和变色硅胶。严格要求时，需要使用CaH_2来除水；进一步的除水，需要加入1,1-二苯基乙烯阴离子（仅适用于苯乙烯）或$AlEt_3$（适用于甲基丙烯酸甲酯等），待液体呈一定颜色后，再蒸馏出单体。

（3）芳香族杂质可用硝化试剂除去，杂环化合物可用硫酸洗涤除去，注意苯乙烯绝对不能用浓硫酸洗涤。

（4）采用减压蒸馏法除去单体中的难挥发杂质。

离子型聚合对单体的要求十分严格，在进行正常的纯化过程后，需要彻底除水和其他杂质。例如，进行（甲基）丙烯酸酯的阴离子聚合，最后还需要在$AlEt_3$存在下进行减压蒸馏，或在高真空线上进行内转移。

1. 苯乙烯的精制

苯乙烯为无色的透明液体，常压沸点为145℃，密度为0.906 g/cm^3（20℃），折光率为1.5468(20℃)，不溶于水，可溶于大多数有机溶剂，不同压力下苯乙烯的沸点如表1.5所示。苯乙烯中所含阻聚剂常为酚类化合物。

表1.5　苯乙烯的沸点与压力关系

沸点(℃)	18	30.8	44.6	59.8	69.5	82.1	101.4
压力(kPa)	0.67	1.66	2.67	5.33	8.00	13.3	26.7

苯乙烯的精制过程如下：

(1) 在 250 mL 的分液漏斗中加入 100 mL 苯乙烯，用 20 mL 的 5% NaOH 溶液洗涤多次至水层为无色，此时单体略显黄色。

(2) 用 20 mL 蒸馏水继续洗涤苯乙烯，直至水层呈中性，加入适量干燥剂（如无水 Na_2SO_4、无水 $MgSO_4$ 和无水 $CaCl_2$ 等），放置数小时。

(3) 初步干燥的苯乙烯经过滤除去干燥剂后，直接进行减压蒸馏，收集到的苯乙烯可用于自由基聚合等要求不高的场合。过滤后，加入无水 CaH_2，密闭搅拌 4 h，再进行减压蒸馏，收集到的单体可用于离子聚合。

2. 甲基丙烯酸甲酯

甲基丙烯酸甲酯为无色透明液体，常压沸点为 100 ℃，密度为 0.936 g/cm^3(20 ℃)，折光率为 1.4138(20 ℃)，微溶于水，可溶于大多数有机溶剂，不同压力下甲基丙烯酸甲酯的沸点如表 1.6 所示。对苯二酚为其常用的阻聚剂。

表 1.6 不同压力下甲基丙烯酸甲酯的沸点

沸点(℃)	30	40	50	60	70	80	90
压力(kPa)	7.67	10.80	16.53	25.2	37.2	52.93	72.93

它的纯化方法同苯乙烯，但是由于单体的极性，采用 CaH_2 干燥难以除尽极少量的水。用于阴离子聚合的单体还需要加入 $AlEt_3$，当液体略显黄色时，才表明单体中的水完全除去，此时可进行减压蒸馏，收集单体。

这种方法也适用于其他(甲基)丙烯酸酯类单体。

3. 丙烯腈

丙烯腈为无色透明液体，常压沸点为 77.3 ℃，密度为 0.866 g/cm^3(20 ℃)，折光率为 1.3915(20 ℃)，常温下在水中溶解度为 7.3%。由于它在水中的溶解度较大，故不宜采用碱洗法除去其中的阻聚剂，以免造成单体的损失。

丙烯腈精制方法如下：丙烯腈先进行常规蒸馏，收集 76～78 ℃的馏分，以除去阻聚剂；馏分用无水 $CaCl_2$ 干燥 3 h，过滤，单体中加入少许 $KMnO_4$ 溶液，进行分馏，收集 77～77.5 ℃的馏分。若仅要求除去丙烯腈单体中的阻聚剂，则可用色谱柱法，使待精制的丙烯腈单体以 1～2 mL/min的速率通过装有强碱性阴离子交换树脂的色谱柱，收集单体，加入少量 $FeCl_3$ 进行蒸馏。

其他水溶性较大的单体，如(甲基)丙烯酸羟乙酯、(甲基)丙烯酸缩水甘油酯和 N,N-二甲基丙烯酰胺等，也可采用过色谱柱法除去单体中的酚类阻聚剂。(甲基)丙烯酸只能采取减压蒸馏的方法进行精制。

4. 丙烯酰胺

丙烯酰胺为固体，易溶于水，不能通过蒸馏的方法进行精制，可采用重结晶的方法进行纯化。具体步骤如下：将 55 g 丙烯酰胺溶解于 40 ℃的 20 mL 蒸馏水，置于冰箱中深度冷却，有丙烯酰胺晶体析出，迅速用布氏漏斗过滤。自然晾干后，再于 20～30 ℃下真空干燥 24 h。如要提高单体的结晶收率，可在重结晶母液中加入 6 g 硫酸铵，充分搅拌后置于冰箱中，又有丙烯酰胺晶体析出。使用氯仿进行丙烯酰胺的重结晶，收率较高。以氯仿作为溶剂进行丙烯酰胺的重结晶，可以获得较高的收率，晶体外形较好，详细步骤见实验“冷冻聚合制备高分子量聚合物”。

其他固体单体皆可采用重结晶的方法进行精制。

5. 乙酸乙烯酯

乙酸乙烯酯为无色透明液体，常压沸点为 73 ℃，密度为 0.943 g/cm^3（20 ℃），折光率为 1.3958（20 ℃）。乙酸乙烯酯的精制方法如下：60 mL 乙酸乙烯酯加入到 100 mL 的分液漏斗中，用 12 mL 饱和 $NaHSO_3$ 溶液充分洗涤三次，再用 20 mL 蒸馏水洗涤一次；用 12 mL 10% 的 Na_2CO_3 溶液洗涤两次，最后用蒸馏水洗至中性。单体用无水 Na_2SO_4 等干燥剂干燥数小时，过滤，蒸馏。

6. 乙烯基吡啶

乙烯基吡啶为无色透明液体，因易被氧化而呈褐色甚至褐红色。密度为 0.972 g/cm^3（20 ℃），折光率为 1.55（20 ℃）。采用过色谱柱的方法除去阻聚剂，填料为强碱性阴离子交换树脂。对于 2-乙烯基吡啶收集 14.66 kPa 压力下 48～50 ℃的馏分；对于 4-乙烯基吡啶收集 12.0 kPa 压力下 62～65 ℃的馏分。纯化好的乙烯基吡啶密闭避光保存。

7. 环氧丙烷

环氧丙烷中加入适量 CaH_2，在隔绝空气的条件下电磁搅拌 2～3 h，在 CaH_2 存在下进行蒸馏，即可得到无水的环氧丙烷，可用于阳离子聚合。若环氧丙烷存放了较长时间，需要重新精制。

8. 66 盐的制备和精制

合成尼龙-66 的单体为己二酸和己二胺，分别具有酸性和碱性，两者可以形成摩尔比为 1∶1的盐，称为 66 盐，熔点为 196 ℃。将 5.8 g 己二酸（0.04 mol）和 4.8 g 己二胺（0.042 mol）分别溶解于 30 mL95%的乙醇中。在搅拌条件下，将两溶液混合，混合过程中溶液温度升高，并有晶体析出。继续搅拌 20 min，充分冷却后，过滤，并用乙醇洗涤 2～3 次，自然晾干或在 60 ℃真空干燥。

9. 甲苯二异氰酸酯

甲苯二异氰酸酯是合成聚氨酯的主要原料，它为无色透明液体，往往因含有杂质而呈淡黄色，在潮湿的环境中，异氰酸酯基容易水解生成氨基，最终会导致单体交联而失效。使用前，二异氰酸酯类单体在隔绝空气的条件下进行蒸馏，如使用真空水泵进行减压蒸馏，宜在水泵和蒸馏装置之间串联干燥柱，防止水汽的侵入。对于其他对湿气敏感的单体，如（甲基）丙烯酰氯，在进行减压蒸馏纯化时，也需注意这个问题。

单体减压蒸馏后需恢复常压，如果直接与大气相通，体系的负压会使空气迅速进入，使单体吸潮并溶有氧气，因此需要设计和制作一些特殊的装置（图 1.18），防止空气直接进入接收瓶。使用时，将磨口 A 与接液管相接，磨口 B 连接在接收瓶上，旋开活塞，接收馏分。蒸馏完毕旋紧活塞，拆离后，连接在双排管装置上，在干燥惰性气流下打开活塞。

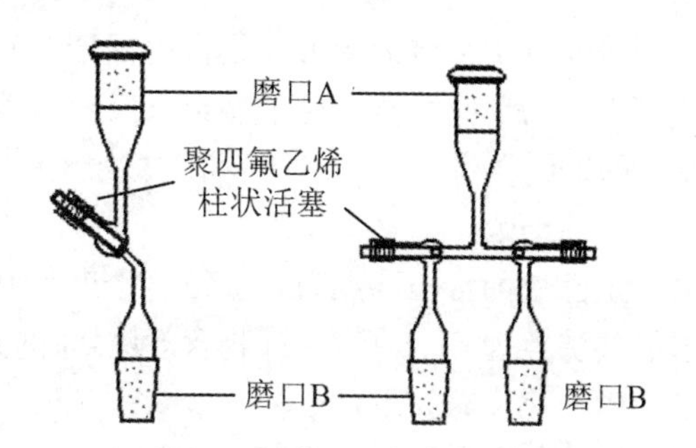

图 1.18　带聚四氟乙烯活塞的二通和三通

聚四氟乙烯活塞上的橡胶 O 形环起到密封效果。

（二）引发剂的精制

引发剂的精制是针对自由基聚合的引发剂而言的，离子聚合和基团转移聚合等的引发剂往往现制现用，使用之前一般需要进行浓度的标定，在有关实验中将对此做详细介绍。

1. 偶氮二异丁腈(AIBN)

将 5 g 偶氮二异丁腈加入到 50 mL 乙醇中，加热至 50 ℃，搅拌，使引发剂溶解，立即进行热过滤，除去不溶物。滤液置于冰箱中深度冷却(切记：溶液需装入带塞容器，置于防爆冰箱中)，偶氮二异丁腈晶体析出。用布氏漏斗过滤，晶体置于真空容器中，于室温减压除去溶剂，精制好的引发剂放置在冰箱中密闭保存。

2. 过氧化苯甲酰(BPO)

过氧化苯甲酰的精制可采取混合溶剂重结晶法，即在室温下选用溶解度较大的溶剂，于室温溶解 BPO 并达饱和，然后加入溶解度小的溶剂，使 BPO 结晶。由于丙酮和乙醚对 BPO 的诱导分解作用较强，因此不宜作为 BPO 重结晶混合溶剂。具体操作如下：将 12 g BPO 于室温溶解在尽量少的氯仿中，过滤除去不溶物。滤液倒入 150 mL 甲醇中，置于冰箱中深度冷却(切记：溶液需装入带塞容器，置于防爆冰箱中)，白色针状 BPO 晶体析出。用布氏漏斗过滤，晶体用少量甲醇洗涤。置于真空容器中，于室温减压除去溶剂，精制好的引发剂放置在冰箱中密闭保存。

3. 过硫酸钾

于 40 ℃配制过硫酸钾的饱和水溶液，再加入少许蒸馏水后过滤除去不溶物，将溶液置于冰箱中深度冷却，析出过硫酸钾晶体。过滤，用少量蒸馏水洗涤，用 $BaCl_2$ 溶液检测滤液中是否还有 SO_4^{2-} 存在，如有需要再次重结晶。所得晶体于室温在真空容器中减压干燥，密闭保存于冰箱中。

4. 三氟化硼乙醚($BF_3 \cdot Et_2O$)

$BF_3 \cdot Et_2O$ 是阳离子聚合常用的引发剂，长时间放置呈黄色，使用前应在隔绝湿气的条件下进行蒸馏，馏分密闭保存。

（三）溶剂的精制和干燥

普通分析纯溶剂皆可满足自由基聚合和逐步聚合反应的需要，乳液聚合和悬浮聚合可用蒸馏水作为反应介质。离子型聚合反应对溶剂的要求很高，必须精制和干燥溶剂，做到完全无水、无杂质。

1. 正己烷

正己烷的常压沸点为 68.7 ℃，密度为 0.6578 g/cm^3(20 ℃)，折光率为 1.3723(20 ℃)，与水的共沸点为 61.6 ℃，共沸物含 94.4%的正己烷。正己烷常含有烯烃和高沸点的杂质。正己烷的纯化步骤如下：

(1) 在分液漏斗中，用 5%体积的浓硫酸洗涤正己烷，可除去烯烃杂质。用蒸馏水洗涤至中性，除去硫酸。用无水 Na_2SO_4 干燥，过滤除去无机盐。

(2) 如要除去正己烷中的芳烃，可将上述初精制的正己烷通过碱性氧化铝色谱柱，氧化铝用量为 200 g/L。

(3) 初步干燥的正己烷中加入钠丝或钠块，以二苯甲酮作为指示剂，回流至深蓝色。

其他烷烃类溶剂也可采取相同的方法进行精制。

2. 苯和甲苯

苯的常压沸点为 80.1 ℃，密度为 0.8790 g/cm^3(20 ℃)，折光率为 1.5011(20 ℃)，苯中常含有噻吩(沸点为 80.1 ℃)，采用蒸馏的方法难以除去。苯的纯化步骤如下：

(1) 利用噻吩比苯容易磺化的特点，用苯体积的 10%的浓硫酸反复洗涤，至酸层呈无色或微黄色。取 3 mL 苯，与 10 mL 靛红-浓硫酸溶液(1 g/L)混合，静置片刻后，若溶液呈浅蓝绿色，则表明噻吩仍然没有除净。

(2) 无噻吩的苯层用 10%碳酸钠溶液洗涤一次，再用蒸馏水洗涤至中性，然后用无水 $CaCl_2$ 干燥。

(3) 初步干燥的苯中加入钠丝或钠块，以二苯甲酮作为指示剂，回流至深蓝色。

甲苯的常压沸点为 110.6 ℃，密度为 0.8669 g/cm^3(20 ℃)，折光率为 1.4969(20 ℃)，常含有甲基噻吩(沸点为 112.51 ℃)。它的纯化方法同苯。

3. 四氢呋喃

四氢呋喃的常压沸点为 66 ℃，密度为 0.8892 g/cm^3(20 ℃)，折光率为 1.4071(20 ℃)，储存时间长易产生过氧化物。取 0.5 mL 四氢呋喃，加入 1 mL 10%的碘化钾溶液和 0.5 mL 稀盐酸，混合均匀后，再加入几滴淀粉溶液，振摇 1 min，溶液若显色，表明溶剂中含有四氢呋喃的过氧化物。它的纯化过程如下：

(1) 四氢呋喃用固体 KOH 浸泡数天，过滤，进行初步干燥。

(2) 向四氢呋喃中加入新制的 $CuCl_2$，回流数小时后，除去其中的过氧化物，蒸馏出溶剂。

(3) 加入钠丝或钠块，以二苯甲酮作为指示剂，回流至深蓝色。

4. 二氧六环

二氧六环的常压沸点为 101.5 ℃，密度为 1.0336 g/cm^3(20 ℃)，折光率为 1.4224(20 ℃)，长时间存放也会产生过氧化物，商品溶剂中还含有二乙醇缩醛。它的纯化如下：二氧六环与 10%质量浓度的浓盐酸回流 3 h，同时慢慢通入氮气，以除去生成的乙醛；加入 KOH 直至不再溶解为止，分离出水层。然后用粒状 KOH 初步干燥 1 天，常压蒸出。初步除水的二氧六环中再加入钠丝或钠块，以二苯甲酮作为指示剂，回流至深蓝色。

5. 乙酸乙酯

乙酸乙酯的常压沸点为 77 ℃，密度为 0.8946 g/cm^3(20 ℃)，折光率为 1.3724(20 ℃)，最常见的杂质为水、乙醇和乙酸。它的纯化方法如下：在分液漏斗中，先用 5%的碳酸钠溶液洗涤，再用饱和氯化钙溶液洗涤，分出酯层，用无水硫酸钙或无水硫酸镁干燥，进一步用活化的 4Å 分子筛干燥。

6. N,N-二甲基甲酰胺

N,N-二甲基甲酰胺的常压沸点为 153 ℃，密度为 0.9437 g/cm^3(20 ℃)，折光率为 1.4297(20 ℃)，与水互溶，150 ℃时缓慢分解，生成二甲胺和一氧化碳。在碱性试剂存在下，室温即可发生分解反应。因此不能用碱性物质作为干燥剂。它的纯化方法如下：溶剂用无水 $CaSO_4$ 初步干燥后，减压蒸馏，如此纯化的溶剂可供大多数实验使用。若溶剂含有大量水，可将 250 mL 溶剂和 30 g 苯混合，于 140 ℃蒸馏出水和苯。纯化好的溶剂应该避光保存。

溶剂的彻底干燥需要在隔绝潮湿空气的条件下进行;处理好的溶剂因存放时间较长,会吸收湿气,因此最好使用刚刚处理好的溶剂。图1.19的回流干燥装置可方便提供新制的溶剂,认真观察示意图,分析出它们的工作原理和使用方法。

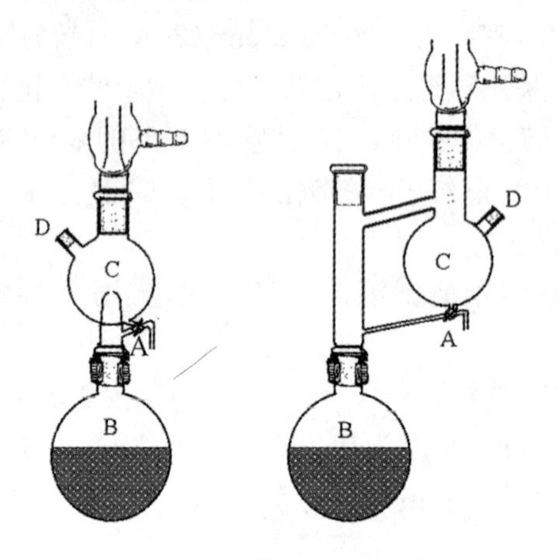

图1.19 溶剂的回流干燥装置

(四)气体的干燥和通入

在高分子化学实验中,气体往往起到的是保护作用,例如空气中的氧气对自由基聚合有一定的阻聚作用。阴离子聚合体系如果接触到空气,就会与其中的氧气、二氧化碳和水汽反应而使聚合终止。常用的保护气体为氮气和氩气等惰性气体,它们分别储存在黑色和银灰色的钢瓶中。

使用的场合不同,对惰性气体纯度要求也不一样。自由基聚合反应中使用普通氮气即可,对于阴离子聚合则需要使用纯度为99.99%的高纯氮和高纯氩,为了保证聚合反应的顺利进行,在气体进入反应系统之前,还要通过净化干燥装置,进一步除去气体的水汽、氧气等活泼性气体。工业纯氮气中的水分可用分子筛、氯化钙等除去。氮气中少量的氧气可使用不同的除氧剂,如固体的还原铜和富氧分子筛,在常压下即可使用。BTS催化剂是一种高效除氧剂触媒,由还原剂和还原催化剂组成,能快速将氧气还原成水,使用一段时间后,需在管式马福炉中通氢气使其还原,然后可重复使用。分子筛使用之前,也需要高温通氮干燥。液体除氧剂有铜氨溶液、连二亚硫酸钠碱性溶液和焦性没食子酸的碱性溶液,使用时气体会带出大量水汽,因此气体还需通过干燥装置除水。因此,不同的气体干燥纯化装置应该合理地串联在气体通路上。

图1.20(a)为简单的气体干燥装置,液体干燥剂(浓硫酸)置于中间洗气瓶中,两边洗气瓶起到防止液体倒吸的作用。图1.20(b)所示的气体干燥纯化装置中两个吸收柱依次填装BTS催化剂和活化分子筛,可以分别除去气体中的氧气和水汽。气体通入反应装置之前需要经过一个缓冲装置,如图1.20(a)所示,缓冲装置也可以使用抽滤瓶和大的烧瓶等。气体导管应置于反应液液面以下,如果气体仅仅起到保护作用,可以在通入气体一段时间后,将导管置于液面以上,这样可避免因意外而发生的液体倒吸现象。观察计泡器(图1.21),可以了解气流的大小,它的内部装有挥发性小的液体(液体石蜡、硅油和植物油),因此它还起到液封的作用,使体系与外界隔开。

图 1.21(a)为普通的计泡器，使用时易发生液体倒吸现象；图 1.21(b)为改进的计泡器，内通气管被吹成球形，能够储存较多的液体，从而避免液体倒吸入通气管道，进而污染反应体系；图 1.21(c)的计泡器有一个玻璃栓子，体系呈负压时栓子与通气管上端密合，防止液体回流。

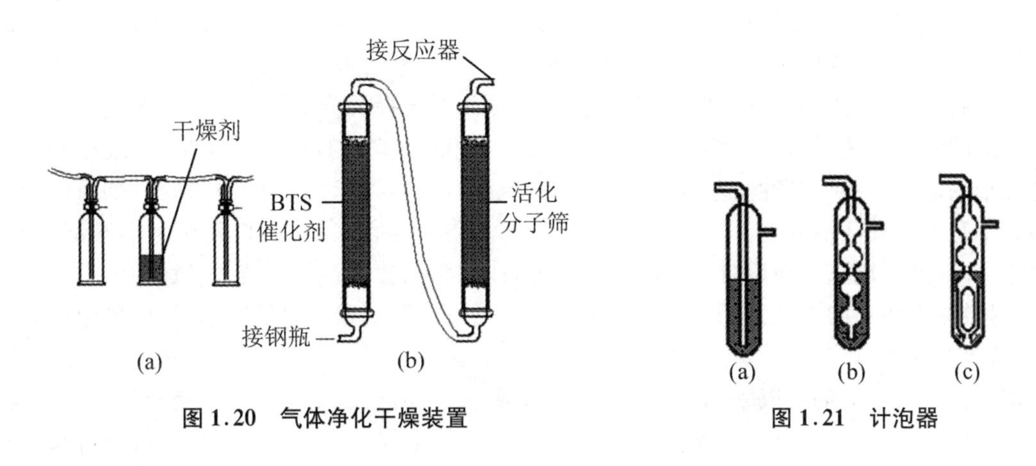

图 1.20　气体净化干燥装置

图 1.21　计泡器

(五) 聚合物的分离和纯化

聚合物具有较高的分子量，分子量和其他结构参数存在多分散性，因此聚合物的纯化与小分子的纯化有所不同，如聚合物无法采取蒸馏的方法纯化。聚合物的纯化是指除去其中的杂质，对于不同的聚合物而言，杂质可以是引发剂及其分解产物，可以是单体分解及其他副反应的产物，可以是聚合过程中的各种添加剂(如乳化剂、分散剂和溶剂)，可以是化学组成相同的异构聚合物(如有规立构聚合物和无规立构聚合物，嵌段共聚物和无规共聚物)，可以是原料聚合物(如接枝共聚物中的均聚物)。根据所需除去的杂质，选择相应的纯化方法，以下为聚合物常用的纯化方法。

1. 溶解沉淀法

这是纯化聚合物最原始的方法，也是应用最为广泛的方法。将聚合物溶解于适量良溶剂 A 中，然后将聚合物溶液加入到聚合物的沉淀剂 B 中，而溶剂 A 和溶剂 B 是互溶的，使聚合物缓慢地沉淀出来，这就是溶解沉淀法。本书附录二列出常见聚合物的良溶剂和沉淀剂，更多的信息可参见 *Handbook of Polymer*。

对于一个自制的全新聚合物，沉淀剂乃至溶剂是未知的，可以根据自制聚合物的结构，参阅文献中结构相似聚合物的溶解性质，从非极性到极性排序，选择几个溶剂测试它们对聚合物的溶解能力。一般情况下，聚合产物是溶液时，选择容量小的样品瓶作为容器，加入尽量少的不同溶剂，用滴管滴加几滴聚合产物溶液，观察液体是否变浑浊，然后振摇使混合液均匀，静置片刻，观察样品瓶瓶底固体的沉积情况。滴加聚合物溶液于溶剂时浑浊度越高，静置沉淀后混合液中固体沉积量越多、沉积物粘连程度越小，所选溶剂越是好的沉淀剂。

聚合物溶液的浓度、聚合物溶液滴加到沉淀剂的速率、滴加时的搅拌情况以及沉淀温度等对纯化效果、所分离出聚合物的外观影响很大。聚合物浓度越大、聚合物溶液滴加速率越快、搅拌效果越差，沉淀物越易呈橡胶状，容易包裹较多杂质，纯化效果差；反之，纯化效果变好，但是聚合物呈微细粉状,收集变得困难。沉淀剂的用量一般是溶剂体积的5～10倍,聚合物溶液的滴加速率以溶液液滴在沉淀剂中能够及时破解为宜。

注意:聚合物的溶解性质有很强的分子量依赖性,分子量越小,聚合物沉淀剂的选择越困难。例如,乙醚被认为是聚苯乙烯的不良溶剂,但是当聚苯乙烯的分子量≤10000时,可以溶解于乙醚中。聚合物的溶解性质也有温度依赖性,高分子物理对这个问题已有描述,温敏性的水溶性聚合物(如聚异丙基丙烯酰胺)也有这种性质。因此,在探究性高分子化学实验和学位论文的科研工作中,进行聚合物的沉淀纯化时,必须认真选择沉淀条件。

沉淀的收集往往采取过滤的方法完成。在无机化学实验和有机化学实验中,过滤的操作已有详细的说明。在探究性实验和论文实验的过程中,会遇到产物量很少的情况,如何保证足够的收率是值得关注的问题。当沉淀操作完成后,静置混合液,待沉淀沉积于容器底部,小心倾出澄清液,然后用滴管汲取带有沉淀的浑浊液,在减压抽滤的条件下缓缓滴在抽滤漏斗的滤纸上,尽量使固体集中在滤纸的中央。在沉淀无法通过静置沉积于容器底部时,可采用离心的方法,富集沉淀物。

聚合物残留的溶剂可以采用真空干燥的方法除去。切记:真空干燥箱不是样品存放器具,样品干燥后需取出,如需真空干燥保存,可以置于真空保干器中真空保存。切不可长时间在真空干燥箱中存放样品,以免他人使用仪器干燥其他样品而引起交叉污染。

2. 洗涤法

用聚合物不良溶剂反复洗涤高聚物,通过溶解而除去聚合物所含的杂质,这是最为简单的纯化方法。对颗粒很小的聚合物来说,因为其表面积大,洗涤效果较好;但是对颗粒大的聚合物而言,则难于除去颗粒内部的杂质,因此纯化效果不甚理想。该方法一般只作为沉淀纯化法的辅助,例如,沉淀混合液经抽滤过滤后,用不良溶剂进一步洗涤滤纸上的沉淀物。用离心法收集沉淀时,离心、倾出澄清液、加入不良溶剂、振荡混合均匀、再离心,反复上述操作,达到洗涤纯化效果。常用的不良溶剂有水和乙醇等价廉的溶剂。

3. 抽提法

这是纯化聚合物的重要方法,它是用溶剂萃取出聚合物中的可溶性部分(包括可溶性聚合物),达到分离和提纯的目的,是分离接枝共聚物和均聚物的常用方法。抽提法一般在索式抽提器中进行。

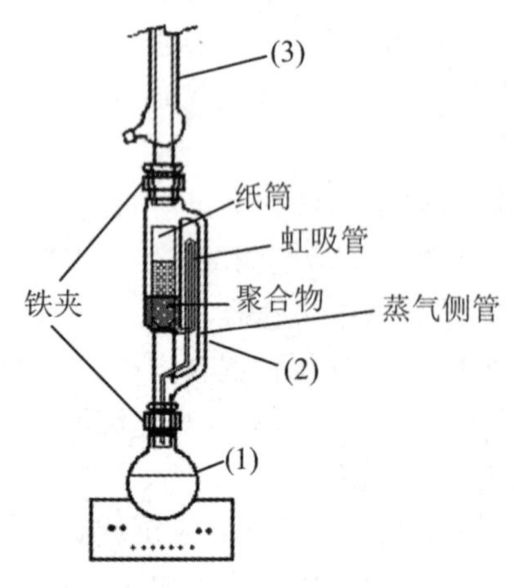

图1.22 索氏抽提器

索式抽提器如图1.22所示,由烧瓶(1)、带两个侧管的提取器(2)和冷凝管(3)组成,形成的溶剂蒸气经蒸气侧管而上升,虹吸管则是提取器中溶液往烧瓶中溢流的通道。将被萃取的聚合物用滤纸包裹结实,放在纸筒内,把它置于提取器(2)中,并使滤纸筒上端低于虹吸管的最高处。在烧瓶中装入适当的溶剂,最少量不得小于提取器容积的1.5倍。加热使溶剂沸腾,溶剂蒸气沿蒸气侧管上升至提取器中,并经冷凝管冷却凝聚。液态溶剂在提取器中汇集,润湿聚合物并溶解其中可溶性的组分。当提取器中的溶剂液面升高至虹吸管最高点时,提取器中的所有液体从提取器虹吸到烧瓶中,然后开始新一轮的溶解提取过程。保持一定的溶剂沸腾速度，使提取器每 15 min 被充满一次，经过一定时间聚合物中可溶性杂质就可以完全被抽提到烧瓶中，在抽提器中只留下纯净的不溶性的聚合物，可溶性部分残留在溶剂中。

抽提方法主要用于聚合物的分离，不溶性的聚合物以固体形式存在，可溶性聚合物保留在烧瓶的溶液中，除去溶剂并经纯化后即得到纯净的可溶性组分。

4. 聚合物胶乳的纯化（破乳及透析）

乳液聚合的产物——聚合物胶乳除了含聚合物以外，更多的是溶剂水和乳化剂，要想得到纯净的聚合物，首先必须将聚合物与水分离开，常采用的方法是破乳。破乳是向胶乳中加入电解质、有机溶剂或其他物质，破坏胶乳的稳定性，从而使聚合物凝聚。破乳以后，需要用大量的水洗涤，除去聚合物中残留的乳化剂。悬浮聚合所得到的聚合物颗粒较大，通过直接过滤即可获得较为纯净的产品，进一步纯化可采取溶解-沉淀法。在某些情况下，只需将聚合物胶乳中的乳化剂和无机盐等小分子化合物除去，这时可用半渗透膜制成的透析袋，将胶乳装入透析袋中，置于大量水中进行透析，定期更换水。

透析的方法也常常用于清除原子转移自由基聚合产物和叠氮-炔点击反应产物中难溶金属盐。上述两个反应都需要使用铜盐，产物因含不溶的铜盐而显蓝色。可将产物分散于水中，装入透析袋后，以含 EDTA 的水溶液进行透析，能够方便、有效地除去铜离子杂质。

使用不同截留分子量的透析袋，还可以除去聚合产物中的低聚体，这时需要使用聚合物的良溶剂作为透析介质，需留意透析袋在透析介质中是否被溶解。

5. 聚合物的干燥

聚合物的干燥是将聚合物中残留的溶剂（如水和有机溶剂）除去的过程。最普通的干燥方法是将样品置于红外灯下烘烤，但是会因温度过高导致样品被烤焦；另一种方法是将样品置于烘箱内烘干，但是所需时间较长。比较适合于聚合物干燥的方法是真空干燥。真空干燥可以利用真空烘箱进行，将聚合物样品置于真空烘箱密闭的干燥室内，加热到适当温度并减压，能够快速、有效地除去残留溶剂。为了防止聚合物粉末样品在恢复常压时被气流冲走和固体杂质飘落到聚合物样品中，可以在盛放聚合物的容器上加盖滤纸或铝箔，并用针扎一些小孔，以利于溶剂挥发。也可以利用图 1.23 的简易真空干燥装置，除去少量聚合物样品中的低沸点溶剂。冷冻干燥是在低温下进行的减压干燥，溶剂凝固，并通过升华的方式除去，该方法特别适用于有生物活性、热稳定性不好的聚合物样品。

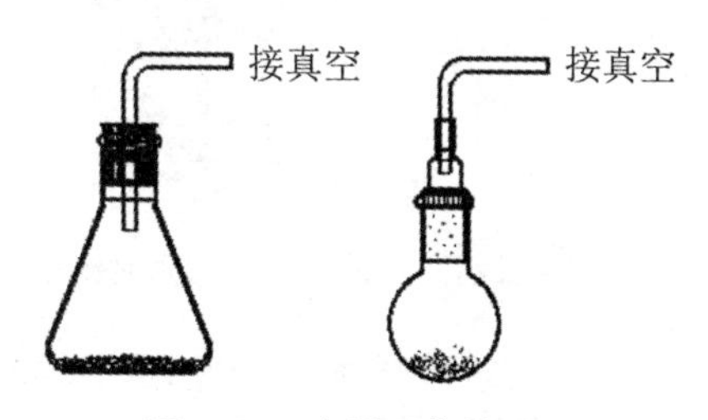

图 1.23　少量固体的干燥

6. 聚合物的分级

聚合物的分子量具有一定分布宽度，将不同分子量的级分分离出的过程称为聚合物的分级。聚合物的分级是了解聚合物分子量分布情况的重要方法，虽然凝胶渗透色谱可以快速、简洁地获得聚合物分子量分布，但是它只适用于可以合成出分子量单分散标准样品的聚合物，如聚苯乙烯、聚甲基丙烯酸甲酯、聚环氧乙烷等，因而要获取单分散聚合物和建立分子量测定标准曲线时，聚合物的分级是必不可少的。

聚合物的分级主要利用聚合物溶解度与其分子量相关的原理，通过温度控制、良溶剂/沉淀剂的比例来调节不同分子量聚合物的溶解度,实现它们的分离。例如,当温度恒定时,对于某一溶剂聚合物存在一临界分子量,低于该值聚合物能以分子状态分散在溶剂中(称为聚合物溶解),高于该值聚合物则以聚集体形式悬浮于溶剂中,这时可以通过温度的升降进行分级。此外,将多分散聚合物溶解于它的良溶剂中,维持固定的温度,缓慢向溶液中加入沉淀剂。沉淀剂加入初期分子量高的级分首先从溶液中凝聚出而形成沉淀,采用超速离心法将凝聚出的聚合物分离出,再向聚合物中加入沉淀剂,这样就可以依次得到分子量不同、单分散聚合物样品——级分。利用相同原理,可以维持聚合物的溶剂组成不变,依次降低溶液的温度,也可以对聚合物进行分级。于是,可以设计出溶解-沉淀分级法、溶解-降温分级法和溶解分级法。溶解分级可以在柱色谱中进行,用不同组成的聚合物溶剂-沉淀剂配制的混合溶剂逐步溶解聚合物样品,一般最初混合溶剂含较多的沉淀剂,则低分子量级分首先被分离出。

六、特殊的高分子化学实验操作

大部分聚合反应可以用通常的实验操作来完成,一般应用到的实验操作包括搅拌、加热、连续加料和通入惰性气体,图 1.24 为典型的包括加热、连续加料、机械搅拌和通气的实验装置图,它使用一个多口交换头,反应可同时进行多种操作,此时反应的温度控制只能通过调节加热介质的温度来实现。采用电磁搅拌,冷凝管可置于三颈瓶中间口,以提高实验装置的整体稳定性;如果尚不需要连续加料,可将平衡滴液漏斗的接口改接温度计,就可以对反应温度进行实时、准确监控。

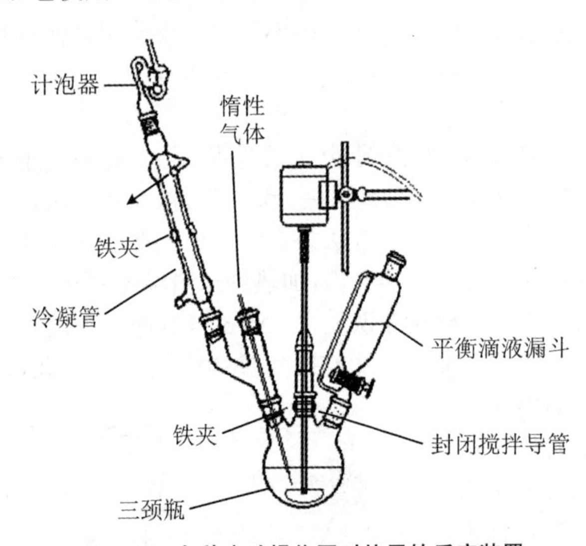

图 1.24 多种实验操作同时使用的反应装置

但是,某些聚合反应还需要使用其他的实验手段,如减压操作、高真空或无水无氧操作、封管聚合等。

1. 聚合反应中的动态减压

无论是聚酯还是聚酰胺的合成,往往在反应后期需要进行减压操作,以从高黏度的聚合体系中将小分子产物水排除,使反应平衡向聚合物方向移动,提高缩聚反应程度和增加分子量,这些缩聚反应的共同特征是:反应体系黏度大、反应温度高并需要较高的真空度。针对这些特点需要采取以下措施:

(1) 为了使反应均匀,需要强力机械搅拌,使用的搅拌棒要有一定的强度,以避免在高速转动过程中,叶片被损坏。

(2) 为了防止反应物质的氧化,高温下进行的聚合反应应该在惰性气氛或真空下进行。

(3) 为了防止单体的损失,减压操作应在反应后期进行;为了提高体系的密闭性,搅拌导管和活塞等处要严格密封。

典型的减压缩聚反应实验装置如图 1.25 所示。除缩合聚合外,在环氧树脂和酚醛树脂的合成过程中，需要除去甲醛水溶液带入的水，在反应后期也需除去大量的水。

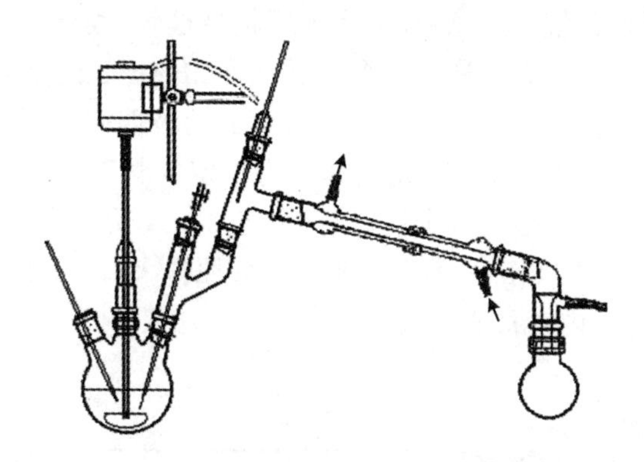

图 1.25　熔融缩聚反应中减压、搅拌操作

2. 封管聚合

封管聚合是在静态减压条件下进行的聚合反应，将单体置于封管中，减压后密封、聚合。由于封管聚合是在密闭体系中进行的，因此不适用于平衡常数低的熔融缩聚反应。尼龙-6 的合成、可控自由基聚合反应以及内酯等的开环聚合均可采用封管聚合的手段，叠氮-炔的点击反应也常常采用封管的方式进行。

不同类型的封管如图 1.26 所示，其中(a)为常用的封管，由普通硬质玻璃管制成，偏上部分事先拉成细颈，有利于聚合时在此处烧熔密封，该种封管的缺陷是容量小。(b)为改进后的封管，其底部吹制成球形，增加了聚合反应的容积，但是仍然需要烧熔密封。(c)带有磨口活塞，通过它可进行聚合前的加料准备工作，聚合时只要保证活塞的密闭性即可。这种装置可重复使用，较大的磁子也容易放入封管内。有细颈的封管在加料时会有许多麻烦，需要借助适当的工具，如图 1.26(d)所示的细颈漏斗。

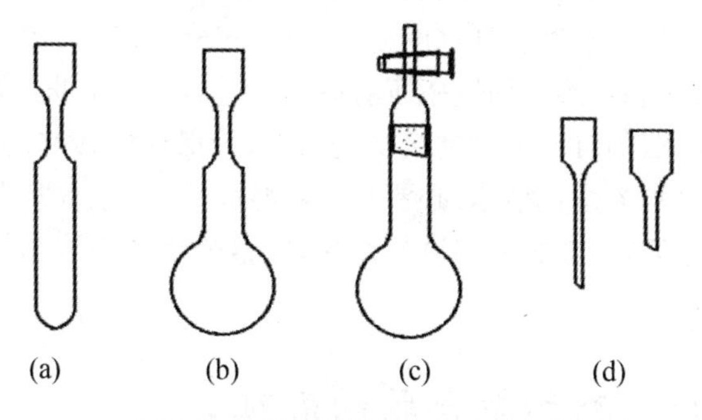

图 1.26　不同的封管和相应的加料漏斗

封管操作的流程如下：① 清洗并干燥聚合管；② 称取并加入固体试剂，然后加入液体试剂，为保证微量试剂(如引发剂)的准确加入，可将其溶于单体或合适的溶剂中，然后按比例加入；③ 冷冻—真空—熔融，反复多次，以除去体系中的氧气；④ 在真空条件下，使用酒精喷灯或煤气灯烧熔聚合管细颈处，完成聚合物的密封。这种操作可以满足可控自由基聚合的需要。

3. 双排管反应系统

若进行高真空或无水无氧聚合，可以设计和制作不同的实验装置来进行，双排管反应系统因方便、灵活而被广泛使用。

图 1.27 为双排管反应系统的示意图，主体为两根玻璃管，固定在铁架台上。它们分别与通气系统和真空系统相通，两者之间通过多个三通活塞相连。三通活塞的另外一个接口连接到反应瓶上，平时分别用一洁净干燥的烧瓶和一截弯曲的玻璃棒封闭出口。调节三通活塞的位置，可以使反应瓶处在动态减压、动态充气和压力恒定的状态。反应瓶可以设计成不同形状，如球形和圆柱形。反应瓶一般有两个接口，一个与双排管反应系统相连，可为磨口，也可以用真空橡胶管连接(图 1.27(a)，(b))；另一个则是反应原料入口，可用翻口橡皮塞和三通活塞密封，物料可采取注射器法、内转移法和双排管内转移法加入。

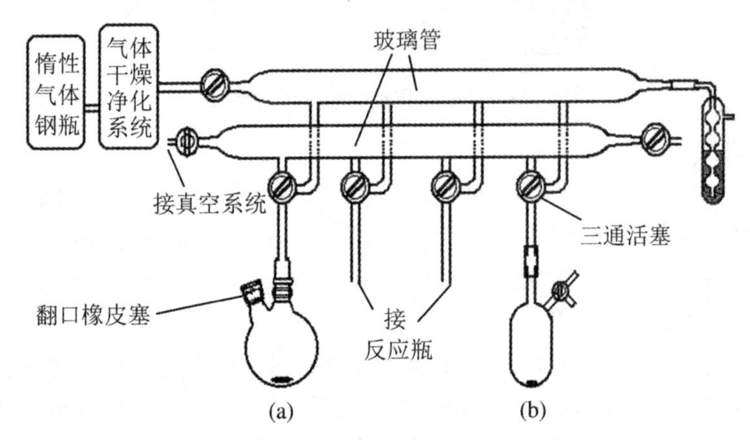

图 1.27 双排管反应系统

通过双排管内转移法进行溶剂的转移过程如下：① 在双排管的两个接口分别接上装有处理好的溶剂的烧瓶和接受烧瓶；② 将装有溶剂的烧瓶 a 所对应的三通活塞置于非连通状态，将接受烧瓶 b 所对应的三通活塞置于连通状态，通过加热的方式在真空状态下除去吸附在接受烧瓶壁上的水分，保持连通状态直至真空度显示稳定，充分冷却接受烧瓶；③ 接受烧瓶进一步用液氮冷却，几分钟后，将装有溶剂的烧瓶所对应的三通活塞置于非连通状态；④ 因两个烧瓶所处环境温度上的差异，溶剂自动冷凝到接受烧瓶中；为保证内转移的正常进行，烧瓶 a 保持在室温水浴中，注意观察水浴是否结冰，必要时加入温水；⑤ 待接受烧瓶中溶剂体积达到要求时，关闭接受烧瓶的三通活塞，烧瓶 a 用液氮冷却，使整个体系中溶剂气体充分冷凝回烧瓶 a；⑥ 关闭烧瓶 a 的三通活塞。

七、聚合反应的监测和聚合物的表征

(一) 聚合反应的监测

在有机反应中，常用薄层色谱法监控反应物是否完全反应。要了解一个聚合反应进行的程度，就需要测定不同反应时间单体的转化率或基团的反应程度。常用的测定方法有重量法、化学滴定法、膨胀计法、色谱法、光谱法和微分折光指数测定法。

1. 重量法

当聚合反应进行到一定时间后，从反应体系中取出一定质量的反应混合液，采用适当方法分离出聚合物并称重。可以选用沉淀法快速分离出聚合物，但是低聚体难以沉淀出，并且在过滤和干燥过程中也会造成损失；也可以采用减压干燥的方法除去未反应的单体、溶剂和易挥发的成分，此法耗时较长，而且会有低分子量物质残留在聚合物样品中。

2. 化学滴定法

缩聚反应中常采用化学滴定法测定残余基团的数目，由此还可以获得聚合物的数均分子量。对于烯类单体的聚合反应，可以采用滴定碳碳双键浓度的方法确定单体转化率。

(1) 羧基滴定。称取适量聚合物加入到100 mL锥形瓶中，用移液管加入20 mL惰性溶剂（甲醇、乙醇、丙酮和苯等），缓慢搅拌使其溶解，必要时可回流。加入2～3滴0.1%的酚酞溶液作为指示剂，用0.01～0.1 mol/L的KOH或NaOH标准溶液滴定至溶液呈浅粉红色（颜色在15～30 s内不褪色）。用相同方法进行空白滴定。由此可以得到1 g聚合物所含羧基的摩尔数（A_{COOH}）：

$$A_{COOH} = (V - V_0) \times M/W$$

其中V和V_0分别为样品滴定和空白样品滴定所消耗碱标准溶液的体积（L），M为碱标准溶液的浓度（mol/L），W为聚合物样品的质量（g）。

(2) 羟基滴定。羟基与酸酐反应生成酯和羧酸，滴定产生的羧酸量，即可知道聚合物样品中羟基的含量。在洁净干燥的棕色试剂瓶中加入100 mL新蒸吡啶和15 mL新蒸乙酸酐，混合均匀后备用。准确称量适量的聚合物（如1.000 g），放入100 mL磨口锥形瓶中，用移液管加入10 mL上述吡啶-乙酸酐溶液，并用少量吡啶冲洗瓶口。然后装配上回流冷凝管和干燥管，缓慢搅拌使其溶解。然后在100 ℃油浴中保持1 h，再用少量吡啶冲洗冷凝管，冷却至室温。加入3～5滴0.1%的酚酞乙醇溶液作为指示剂，用0.5～1 mol/L的KOH或NaOH标准溶液滴定至溶液呈浅粉红色（颜色在15～30 s内不褪色）。用相同方法进行空白滴定。由此可以得到1 g聚合物所含羟基的摩尔数（A_{OH}）：

$$A_{OH} = (V - V_0) \times M/W$$

其中V和V_0分别为样品滴定和空白样品滴定所消耗碱标准溶液的体积（L），M为碱标准溶液的浓度（mol/L），W为聚合物样品的质量（g）。

(3) 环氧值的滴定。环氧树脂中的环氧基团含量可用环氧值来表示，即100 g环氧树脂中所含环氧基团的摩尔数。环氧基团在盐酸-吡啶溶液中被盐酸开环，消耗等物质的量的HCl，测定消耗的HCl的量，就可以得到环氧值。

准确称量0.500 g环氧树脂，放入250 mL磨口锥形瓶中，用移液管加入0.2 mol/L的盐酸-吡啶溶液20 mL，装配上回流冷凝管和干燥管，缓慢搅拌使其溶解。于95～100 ℃油浴中保持30 min，再用少量吡啶冲洗冷凝管，冷却至室温。加入3～5滴0.1%的酚酞乙醇溶液作为指示剂，用0.1～0.5 mol/L的KOH或NaOH标准溶液滴定至溶液呈浅粉红色（颜色在15～30 s内不褪色）。用相同方法进行空白滴定，由此得到环氧值（EPV）：

$$\mathrm{EPV} = 10(V - V_0) \times M/W$$

其中V和V_0分别为样品滴定和空白样品滴定所消耗碱标准溶液的体积（L），M为碱标准溶液的浓度（mol/L），W为聚合物样品的质量（g）。

(4) 异氰酸酯基的测定。异氰酸酯基可与过量的胺反应生成脲,用酸标准溶液来滴定剩余的胺,即可得到异氰酸酯基的含量,比较合适的胺为正丁胺和二正丁胺。由于水和醇都能和异氰酸酯基反应,所以选用的溶剂须经过严格的干燥处理,并且为非醇、酚类试剂,一般选用氯苯、二氧六环作为溶剂。

准确称量 1.000 g 样品,放入 100 mL 磨口锥形瓶中,用移液管加入 10 mL 二氧六环,待样品完全溶解后,用移液管加入 10 mL 正丁胺-二氧六环溶液(浓度为 25 g/100 mL)。加塞,摇匀静置一段时间(芳香族异氰酸酯静置 15 min,脂肪族异氰酸酯静置 45 min)后,加入几滴甲基红溶液,用 0.1 mol/L 的盐酸标准溶液滴定,至终点时颜色由黄色转变成红色。用相同方法进行空白滴定,由此得到 1 g 聚合物中所含异氰酸酯基的摩尔数(A_{NCO}):

$$A_{NCO} = (V - V_0) \times M / W$$

其中 V 和 V_0 分别为样品滴定和空白样品滴定所消耗酸标准溶液的体积(L),M 为酸标准溶液的浓度(mol/L),W 为聚合物样品的质量(g)。

(5) 碳碳双键的测定。溴与碳碳双键可以定量反应生成二溴化物,利用该反应可测定化合物中碳碳双键的含量。一般是采用回滴定法,即用过量溴与化合物反应,剩余的溴与 KI 反应生成单质碘,析出的 I_2 再用 $Na_2S_2O_3$ 滴定,由此可得到碳碳双键的摩尔数($A_{C=C}$):

$$A_{C=C} = (V_1 - V_2) \times M$$

其中 V_1 和 V_2 分别为空白样品滴定和样品滴定所消耗 $Na_2S_2O_3$ 标准溶液的体积(L),M 为 $Na_2S_2O_3$ 标准溶液的浓度(mol/L)。

3. 膨胀计法

烯类单体在聚合过程中,由于聚合物的密度高于单体的浓度而发生体积收缩,同时单体与相应聚合物混合时不会发生明显的体积变化,因此烯类单体聚合时单体的转化率和反应体系的体积之间存在线性关系。假设起始单体质量为 W_0,单体和聚合物密度分别为 d_m 和 d_p,反应一段时间后聚合体系的体积为 V_t,则单体的转化率(Con)应满足:

$$\text{Con} = \frac{V_0 - V_t}{W_0(1/d_m - 1/d_p)}$$

为了跟踪聚合过程中体系的体积变化,可使聚合反应在膨胀计中进行。膨胀计的形状、大小和毛细管的粗细可根据聚合体系的体积变化和所要求的精度来确定。在聚合过程中,膨胀计应该无泄漏,聚合体系中无气泡产生,并严格控制反应温度。在低转化率下,聚合体系黏度低,热量传递容易,可以不用搅拌。在乳液聚合体系中搅拌必不可少。

膨胀计法是一种物理监测法,即利用聚合过程中聚合体系物理性质的变化来间接测定聚合反应的转化率。由于聚合物和单体折光率的差异,随着聚合的进行,聚合体系的折光率也连续发生变化,并与转化率关联,因此可以利用折光率来测定单体的转化率。在聚合过程中,随着更多的聚合物生成聚合体系的黏度逐渐增加,如果知道体系黏度与转化率的关系,则可以利用黏度法测定单体的转化率。

4. 色谱法

色谱法是一种简单、迅速而有效的方法,特别适用于共聚合体系,这是上述几种方法无法替代的。从聚合体系中取出少量聚合混合物,用沉淀剂分离出聚合物,就可以用气相色谱或液相色谱测定不同单体的相对含量,绝对量的确定需要在相同色谱工作条件下作出工作曲线,详见“色谱分析”的参考书。

5. 光谱法

由于单体和聚合物结构的不同，它们的光谱具有各自的特征。例如，可以利用它们红外光谱中特征吸收峰吸光度的相对强度变化来确定相应官能团的相对含量，进一步确定出单体与聚合物的比例，由此得到单体转化率。值得注意的是，绝对值的确定需要作出工作曲线，详见“红外定量分析”的参考书。核磁共振谱也常常用于测定聚合反应进行的程度，特别适用于烯类单体的聚合反应。例如，在测定苯乙烯聚合反应的单体转化率时，以苯环氢的质子峰作为内标，测定C═C 双键质子峰相对积分高度，即可求得单体的转化率。详见“核磁共振分析”的参考书。

6. 微分折光指数测定法

微分折射仪是一种对溶液折光指数变化高度敏感的仪器，可以精确测定溶液的折光指数和浓度的变化，仪器外形和工作原理示意图如图 1.28 所示。

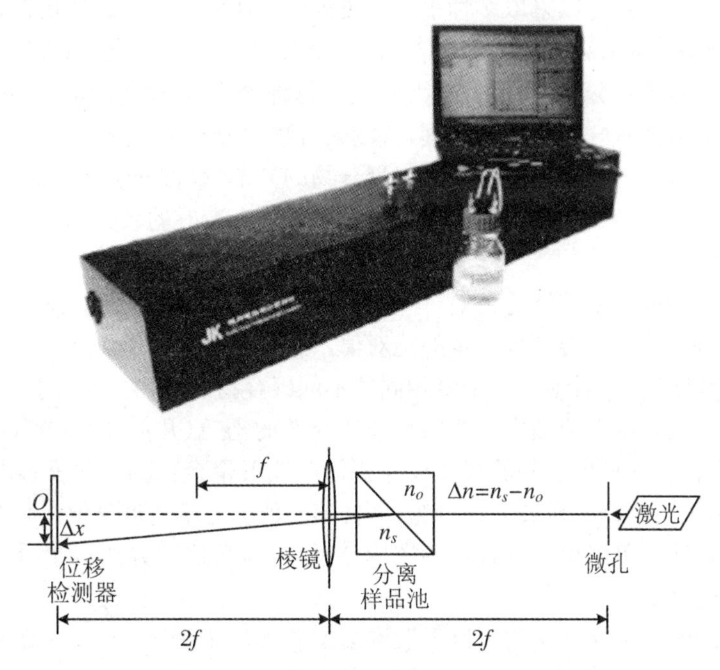

图 1.28　新型微分折光仪外观和光路示意图

样品池(cuvette)由一块透明石英玻璃分成上、下两个隔室，两个隔室分别放入参比液体和待测液体样品。如果是跟踪聚合反应速率，样品池的两个隔室都首先充入单体起始溶液，它们的折射率相同，因此激光器的激光通过样品池时，不会发生折射，则激光最终达到位置敏感检测器(position sensitive detector)的原点(O)。在随后的聚合反应进程跟踪中，一个隔室始终保留着单体起始溶液，另一个隔室充入聚合反应混合液；随着聚合的进行，上、下两个隔室中溶液的折光指数之差不断发生变化，激光通过样品池时会发生折射现象，达到位置敏感检测器时的位置会不断偏离原点，其斑点离原点的距离记为 Δx，可由检测器给出的电信号强度给出。Δx 与两个隔室中液体的折光指数差值关联，而聚合反应混合液的折光指数与单体转化率相关，由此可以实现在线跟踪聚合反应的进程。

（二）聚合物的表征

聚合反应结束后，需要将聚合物从反应体系中分离出，并进行适当的纯化，得到纯净聚合物样品。为了证实实验结果的正确性，需要对生成的聚合物进行结构的确定和性质的测定，即聚合物的表征。聚合物的表征内容包括：化学组成（元素组成、结构单元组成）、分子量大小及其分布、常见的物理性质（密度、折光率和热性质等）以及聚合物的高级结构（如聚集态结构），对于新合成的聚合物，还要试验它在不同溶剂中的溶解性能。

聚合物化学组成的确定首先要了解聚合物的元素组成，可以采用元素分析的方法；其次聚合物结构单元的测定可以使用红外光谱、核磁共振、拉曼光谱以及热解-色质联用分析仪等方法，并结合所使用的单体和所进行的聚合类型加以分析。使用红外光谱和核磁共振还可以确定聚合物的立构规整性以及共聚物的序列分布。

聚合物的分子量测定可以采取多种手段。膜渗透压法和气相渗透法可以得到聚合物的绝对数均分子量，静态光散射法可以得到聚合物的绝对重均分子量，超速离心法可以同时获得绝对数均分子量和绝对重均分子量，但是还需要关注每种测定方法的上限值、下限值。例如，气相渗透法利用的是溶液蒸气压降低的原理，待测聚合物的分子量不能超过 10000；静态光散射法依据散射质点对入射光的散射程度来确定聚合物的分子量，若分子量过低，作为散射质点的分子链线团过小，将导致散射光强度过弱，因此分子量只有数万的聚合物很难通过静态光散射得到理想的测定结果。

实验室常常使用的是凝胶渗透色谱（体积排斥色谱）和黏度法，它们需要用已知分子量的同种聚合物作为基准物才能得到分子量的绝对值。用凝胶渗透色谱测定的实际上是聚合物在流动相溶剂中的线团尺寸，对绝对分子量相同的不同聚合物而言，它们在同一种溶剂中的线团尺寸是不相同的。聚合物在溶液中的线团尺寸还与链的构筑（几何拓扑结构）相关，绝对分子量相同，支化聚合物和环形聚合物的线团尺寸要低于线形聚合物的。对嵌段共聚物和接枝共聚物而言，往往由于共聚物的自胶束化行为，而使实验值远远偏离理论值。化学滴定和核磁共振分析等端基分析法也可以得到聚合物的数均分子量，但是这种方法对于分子量较低的聚合物才有较好的可信度。

聚合物的物理性质和高级结构可以采取许多实验方法来测定，这些在高分子物理及相应实验中有详细的介绍。

第三节 实验课程

一、高分子化学实验课程的开设目的

实验是科研活动中理论和实践之间的联系纽带。因此，在实验教学过程中，学生应该在以下三个方面有所收获：增进对课本知识的理解，增强感性认知，这是最基本的要求；锻炼和提高

实验动手能力，培养良好的科研思维习惯和严谨的实践作风，增强科研素质和科研水平，这是高层次的要求；学会与他人的分工协作和交流沟通，这个要求往往被忽视。

通过高分子化学实验，可以获得许多感性认识，加深对高分子化学基础知识和基本原理的理解；通过高分子化学实验课程的学习，能够熟练和规范地进行高分子化学实验的基本操作，掌握实验技术和基本技能，了解高分子化学中采用的特殊实验技术，为以后的科学研究工作打下坚实的实验基础。

在实验过程中，学生需要提出问题、查阅资料、设计实验方案、动手操作、观察现象、收集数据、分析结果和提炼结论，这也是一个进行课题研究的训练过程。

进行高分子化学实验，除了知识基础和能力因素以外，严谨务实的工作态度、乐于吃苦的工作精神、存疑求真的科学品德和团结合作的工作风格也是必不可少的。

因此，高分子化学实验过程的教学重点是传授高分子化学的知识和实验方法，然而训练科学研究的方法和思维、培养科学品德和科学精神，对学生的长远发展而言，更为重要。

二、高分子化学实验课程的教学层次

最基本和最简单的实验教学层次是演示性实验，通过大课演示来完成，它形象生动地描述了理论知识的内容，给初学者直观的印象，引起初学者对科学知识的兴趣。但是，学生不能亲身历练，所获印象不深刻，自身的实验能力也没有得到锻炼。所以，本科的实验教学往往不宜采取这种教学模式。

对于理科大学，实验教学可分为三个层次：验证性实验、综合性实验和探究性实验。它们有各自的教学目的和教学理念，因而它们的教学方式和教学重点也存在差异。表1.7以高分子化学实验教学为例加以叙述。

表1.7　理科大学实验教学的层次

	验证性实验	综合性实验	探究性实验
教学目的	(1) 巩固高分子化学的基础知识； (2) 验证高分子化学的理论知识； (3) 巩固加强合成化学的基本实验技能； (4) 熟悉和掌握高分子化学实验的基本操作。	(1) 加深对高分子化学知识的理解和掌握； (2) 提高综合运用高分子化学知识的能力； (3) 综合运用实验操作和实验技巧； (4) 养成良好的实验习惯和实验作风。	(1) 了解科研的基本程序，学习科研的基本方法； (2) 综合运用多学科知识和实验手段； (3) 锻炼科研能力，培养创新性思维； (4) 学习分工协作和相互交流的技巧。
教学方式	传统的实验教学：固定的实验科目、具体的实验过程、严格的实验操作、规定的教学课时。	传统的实验教学：规定的实验科目、灵活的实验过程、严格的实验记录和严谨的实验分析、可变的教学课时。	开放的实验教学：自选的实验科目、自定的实验过程、自由的实验时间、实时的教学指导、严格的教学管理。
教学重点	(1) 基本实验技能和实验操作的学习和掌握； (2) 理论知识的巩固。	(1) 高分子化学知识的运用； (2) 良好实验习惯和实验作风的培养。	(1) 多学科理论知识和实验手段的综合运用； (2) 创新性科研能力和学术合作能力的培育。

三、高分子化学实验课程的学习

高分子化学实验课程的学习以学生动手操作为主，辅以教师必要的指导和监督。一个完整的高分子化学实验课由实验预习、实验操作和实验报告三部分组成。

1. 实验预习

无论是现在做常规实验还是以后从事科学研究，在进行一项高分子化学实验之前，首先要对整个实验过程有所了解，对于新的高分子合成化学反应更要有充分的准备。要带着问题做实验预习，如：为什么要做这个实验？怎样顺利完成这个实验？做这个实验得到什么收获？预习过程要做到看（实验教材和相关资料）、查（重要数据和借鉴资料）、问（提出问题）、想（预演实验方案）和写（预习报告和注意事项）。通过预习需要了解以下方面的内容：

（1）实验目的和要求。

（2）实验所涉及的基础知识、实验原理。

（3）实验过程的可行方案。

（4）实验所需要的化学试剂、实验仪器和设备以及实验操作。

（5）实验过程中可能会出现的问题和解决方法。

在高年级学生做毕业论文时，会接触到新的实验，预习过程还包括文献的查阅、实验方案的拟定和实验过程的设想，不明白之处要多指教。自己做实验时，玻璃仪器和电器皆需要自己准备，切不要事到临头还缺三少四，影响实验的正常进行。

2. 实验操作

高分子化学实验一般需要很长时间，过程进行中需要仔细操作、认真观察和真实记录，做到以下几点：

（1）认真听实验老师的讲解，进一步明确实验进行过程、操作要点和注意事项。

（2）搭置实验装置、加入化学试剂和调整实验条件，按照拟定的步骤进行实验，既要细心又要大胆操作，如实记录化学试剂的加入量和实验条件。

（3）认真观察实验过程发生的现象，获得实验必需的数据（如反应时间、馏分的沸点等），并如实记录到实验报告本上。

（4）实验过程中应该勤于思考，认真分析实验现象和相关数据，并与理论结果相比较。遇到疑难问题，及时向实验指导老师和他人请教；发现实验结果与预期不符，仔细查阅实验记录，分析原因。

（5）实验结束，拆除实验装置、清理实验台面、清洗玻璃仪器和处置废弃化学试剂。实验记录经指导老师查阅后，方可离开实验室。

3. 实验报告

做完实验后，需要整理实验记录和数据，把实验中的感性认识转化为理性知识，做到：

（1）根据理论知识分析和解释实验现象，对实验数据进行科学、合理的处理，得出实验结论，完成实验思考题。

（2）将实验结果和理论预测进行比较，分析出现的特殊现象，提出自己的见解和对实验的改进。

（3）独立完成实验报告，实验报告应字迹工整、叙述简明扼要、结论清楚明了。完整的实验报告包括：实验题目、实验目的、实验原理（自己的理解）、实验记录、数据处理、结果和讨论。

四、高分子化学实验规则

进入化学实验室、从事化学实验，需进行安全培训，这已是许多高校对化学实验课程的硬性要求。通过安全培训课程，可以更好地了解化学实验安全的注意事项、预防措施和应急处理。

1．实验规则

（1）实验前应充分预习，实验完成后应在规定时间内上交实验报告。

（2）爱护仪器设备，凡有损坏和遗失仪器、工具和其他物品者，应填写报损单或进行登记。公用仪器、药品和工具等在称量和使用完毕应放回原处，节约水电、仪器和药品，避免浪费。

（3）实验过程中应专心致志，认真如实地记录实验现象和数据，不得在实验过程中进行与实验无关的活动。实验结束，记录需经指导老师批阅。

（4）保持整洁的实验环境，不要乱撒药品、溶剂和其他废弃物，废弃溶剂和试剂倒入指定的回收容器内。实验结束后，整理实验台面，清洗使用过的仪器，由值日生打扫实验室，并经检查后方能离去。

（5）严格遵守操作规范和安全制度，防止事故发生。如出现紧急情况，立即报告教师及时处理。

普通实验仪器的维护和简单修理是高年级本科生和研究生必须掌握的基本技能，也会给自己的论文研究工作带来许多方便。

2．实验安全规范

高分子化学实验中经常使用到易燃、有毒等危险试剂，为了防止事故的发生，必须严格遵守下列安全规范。

（1）实验进行之前，应熟悉相关仪器和设备的使用，实验过程中严格遵守使用操作规范。

（2）蒸馏易燃液体时，保持塞子不漏气，同时保持接液管出气口的通畅。

（3）使用水浴、油浴或加热套等进行加热操作时，不能随意离开实验岗位；进行回流和蒸馏操作时，冷凝水不必开得太大，以免水流冲破橡皮管或冲开接口。

（4）如果出现火灾，需保持镇静，立即移去周围易燃物品，切断火源，同时采取正确的灭火方法，将火扑灭。

（5）禁止用手直接取剧毒、腐蚀性和其他危险药品，必须使用橡胶手套，严禁用嘴尝试一切化学试剂，严禁嗅闻有毒气体。在进行有刺激性、有毒气体或其他危险实验时，必须在通风橱中进行。

（6）对易燃、易爆、剧毒的试剂，应有专人负责保存于合适场所，不得随意摆放；取用和称量需遵从相关规定。

（7）实验完毕，应检查电源、水阀和燃气管道是否关闭，特别在暂时离开时，应交代他人代为照看实验过程。

参考文献

[1] 杭州大学化学系分析化学教研室.分析化学手册:第1册[M].2版.北京:化学工业出版社,2003.
[2] 夏玉宇.化学实验室手册[M].2版.北京:化学工业出版社,2008.
[3] 郑燕龙,潘子昂.实验室玻璃仪器手册[M].北京:化学工业出版社,2007.
[4] 李华昌,符斌.实用化学手册[M].北京:化学工业出版社,2007.
[5] 刘宗明.化学实验操作经验集锦[M].北京:高等教育出版社,1989.
[6] 薛奇.有机及高分子化合物结构研究中的光谱方法[M].北京:科学出版社,2011.
[7] 孟令芝,龚淑玲,何永炳.有机波谱分析[M].3版.武汉:武汉大学出版社,2009.
[8] 潘铁英,张玉兰,苏克曼.波谱解析法[M].上海:华东理工大学出版社,2009.
[9] 张华.现代有机波谱分析[M].北京:化学工业出版社,2005.
[10] 陈洁,宋启泽.有机波谱分析[M].北京:北京理工大学出版社,2008.

第二章　基础性实验——逐步聚合反应实验

实验教学以验证并巩固理论知识、掌握并熟练实验操作、培养并运用科研创新能力为目的，对于不同的教学对象，实验教学目的存在层次上的差异。实验教学最基本的目标，是从感性认知的角度，帮助学生理解理论知识，掌握基本的实验操作和实验技能，培养学生遵守实验规则和实验规律的良好习惯；在较高层次的实验教学中，则需考查学生对理论知识、基本实验操作和实验技能的综合运用能力，帮助学生掌握复杂的实验操作，培养学生严谨和细致的实验作风；在高层次的实验教学中，更需考查学生利用理论知识、实验操作和实验技能去解决实际问题的能力，帮助学生熟悉科学研究的过程和规律，培养学生自主设计课题并进行创新研究的能力和分工协作的精神。

实验教学是教与学的统一。"教"在于指导，不仅仅在于指导做什么，更重要的是指导如何做和理解这样做的原因；"学"在于实践，不仅仅在于完成实验过程，更重要的是从中有所发挥和感悟。在基础实验教学中，采取传统的实验教学方式，有固定的实验科目、具体的实验过程、严格的实验操作和规定的教学课时；教学重点在于巩固理论知识、学习基本实验技能和实验操作、熟悉实验规则和实验规律。

逐步聚合是合成高分子材料的重要方法之一，如涤纶、尼龙、聚氨酯和酚醛树脂等常规高分子材料和聚碳酸酯、聚砜、聚苯醚和聚酰亚胺等高性能高分子材料皆是通过逐步聚合制备的。

逐步聚合是通过官能团之间的化学反应而进行的，经过多次这样的反应才能得到高分子量的聚合物。逐步聚合的分子量随转化率增高而逐步增大，只有在很高的反应程度下才能生成高分子量的聚合物。按反应类型可将逐步聚合反应分为缩聚反应、逐步加聚反应（如聚氨酯的合成）和氧化偶联聚合（聚苯醚）等，按聚合物链结构分为线形逐步聚合、支化与交联聚合。逐步聚合反应可采用溶液缩聚、熔融缩聚、界面缩聚和固相缩聚等方法。

聚酯化反应是典型的缩聚反应，其线形自催化聚合是单体的三级反应，外加酸催化聚合则是单体的二级反应，并且外加酸催化具有比自催化高得多的反应速率常数。线形缩聚反应的分子量是由反应程度、官能团摩尔比和聚合平衡三者共同确定的，分子量与前两者的关系可用Carothers方程来表示，后者则与聚合平衡常数和小分子产物残留浓度有关。对缩聚反应而言，分子量的控制比聚合速率的控制更为重要。根据官能团等活性概念，可用统计法推导出线形缩聚反应的分子量分布。使用Carothers方程和统计法可以分别推导出交联缩聚反应的凝胶点，但后者更为适用。

从加工角度常常把聚合物分成热塑性和热固性两类，而热固性塑料可分为无规交联热固性聚合物（如酚醛树脂和脲醛树脂）和结构可控制热固性聚合物（如环氧树脂）。

实验一　端羟基聚己二酸乙二醇酯的制备

一、实验目的

(1) 运用 Carothers 方程来控制缩聚反应的分子量,加深对缩聚反应分子量控制的理解。
(2) 合成端羟基聚酯,掌握熔融缩聚反应的实验操作,熟练使用真空减压系统。

二、实验预习

1. 实验原理和实验背景

由 Carothers 方程可以知道,在逐步聚合中两种官能团摩尔比越偏离 1,聚合产物的聚合度越小,越不能满足实际应用对力学性能的要求。要想获得高分子量的聚合产物,除了达到很高反应程度和恰当控制化学平衡以外,官能团需要等摩尔比。但是,当要获得分子量较低的聚合物时,就可以根据所设计的分子量和能达到的反应程度,由 Carothers 方程确定官能团的起始摩尔比。

$$HO—(CH_2)_2—OH + HOOC—(CH_2)_4—COOH \rightarrow \text{-}[O(CH_2)_2O—OC—(CH_2)_4CO]\text{-}_n + H_2O \tag{2.1}$$

聚酯化反应是逐步聚合反应的一种,如式(2.1)所示,其反应平衡常数很低,产物的分子量往往不会很高,特别是脂肪族聚酯。因此,脂肪族聚酯往往作为反应性低聚体,用以制备其他类型的高分子材料,如端羟基聚酯(聚酯二元醇)可作为合成热塑性聚氨酯的重要原料,应用时分子量控制在 2000~3000,可使用己二酸与过量的乙二醇来合成。芳香族的聚酯,如聚对苯二甲酸乙二醇酯,其单体的缩聚反应具备足够高的平衡常数,所达到的分子量能满足实用要求。

为了使聚酯化反应的平衡向生成聚合物的方向移动,唯一可行的措施是从聚合体系中排除小分子产物(H_2O),尽量降低体系中残留水的浓度,而不能通过加大某一反应物浓度的方法。缩聚反应往往在本体条件下进行,体系黏度高,为了及时和高效地除去水,反应后期应在高真空、高温条件下进行,以降低体系的黏度,有利于水分的挥发。

高分子量的脂肪族聚酯需要通过非缩合聚合的方法获得,如分别通过丙交酯、乙交酯和己内酯的开环聚合,可以获得高分子量的聚乳酸、聚羟基乙酸和聚己内酯,这些聚酯具有生物相容性和生物降解性,其中聚乳酸有望作为通用塑料使用,能够有效缓解“白色污染”。

2. 实验操作

乙二醇长时间放置后,需要用减压蒸馏的方法进行精制,否则聚合物会显黄色。

实验过程是分步进行的,需要在实验过程中更换反应装置,同时使用加热、机械搅拌和减压蒸馏操作。机械搅拌的稳定性、聚合体系的气密性是完成实验的关键。

在聚合过程中反应程度的监测是实验的重要步骤，可以采用羧基滴定法测定反应体系中残留官能团的含量，进一步求得产物的数均分子量，并与设计值比较。合成结束后，产物经必要的纯化和干燥，用气相渗透法（VPO）或者核磁共振氢谱来测定分子量，以验证滴定法的测定结果。

3．实验要求

本实验欲合成分子量为1500的聚己二酸乙二酯，估计可能达到的反应程度在0.98。根据实验要求，查阅相关手册，计算己二酸和乙二醇的加入量，估计残留水的允许含量。产物可作为实验六“热塑性聚氨酯弹性体”的原料。

三、化学试剂与仪器

化学试剂：己二酸和乙二醇（按实验要求计算反应物配比，聚合物总量为50 g）。

反应监测：0.5 mol/L KOH标准溶液，酚酞指示剂，丙酮，吡啶，乙酸酐。

反应仪器：四颈瓶，机械搅拌器，加热套，减压蒸馏装置一套，油水分离器，真空系统，通氮系统。

四、实验步骤

1．预聚合

250 mL四颈瓶装配上搅拌器、氮气导管、温度计和油水分离器，如图2.1所示。准确称取计算量的己二酸和乙二醇，加入到四颈瓶中，缓慢通入氮气，用加热套加热至己二酸逐步熔融，开动机械搅拌器。继续升温，在145 ℃左右开始有水汽凝结，然后严格控制加热，使反应均匀出水。最后在210 ℃以下脱去大部分水，反应约需15 h。

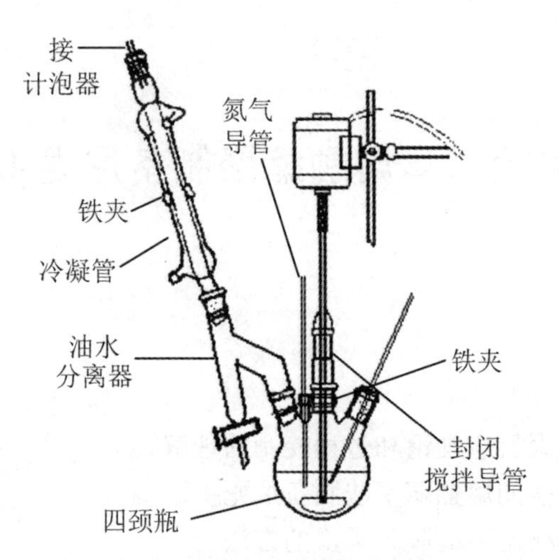

图2.1　聚酯合成预聚合装置

2．反应程度监测

当大部分水脱除后，取聚合物约1.5 g（准确称量），在锥形瓶中将聚合物溶解于20 mL丙酮中，以酚酞作为指示剂，用 0.5 mol/L KOH 溶液滴定终点，至酸值低于 5，酸值为每克聚合物样品所消耗的 KOH 的毫克数。

如果聚合物酸值未达到要求，补加少许乙二醇，在 210 ℃以下继续反应，直至聚合物酸值达到要求。

3. 后聚合

酸值达到要求后，拆除油水分离器，换上减压蒸馏装置(图 1.25)，缓慢升高体系的真空度并升温至 210 ℃，在 1～10 kPa 下脱除剩余的水和过量乙二醇，需时 20 h。然后在通氮条件下恢复常压并降低温度，在呈较易流动状态下将聚合物倒入洁净的容器中，充分冷却，按照第一章"羟基滴定法"计算出羟基的摩尔数，进一步计算出聚合物的分子量(M_n)，M_n 为 $2/A_{OH}$。还可以利用核磁共振氢谱，通过端基分析对产物分子量进行准确测定。

实验结束后，拆除实验装置，清洗反应瓶。

五、分析与思考

(1) 在称量单体时，应该使用何种精度的天平？如何保证液体的乙二醇足量加入到反应烧瓶中？向反应烧瓶中加入己二酸和乙二醇时，还应注意什么？

(2) 如何从熔融的聚合体系中取出聚合物样品？

(3) 自催化缩聚反应速率低，本实验为什么不使用对苯甲磺酸等催化剂？如果使用强酸催化剂，如何使测定结果符合实验要求？按照你的想法，重新设计实验过程。

(4) 黏度很高的聚合物在冷却后很难从反应烧瓶中清除，有什么比较容易的清洗烧瓶的方法？

(5) 聚酯化反应体系中，残留水的浓度如何测定？

(6) 为了除去水，有学生建议向缩聚体系中加入干燥剂(如无水盐、P_2O_5、CaH_2)。你认为这个建议怎么样？

实验二　熔融缩聚制备尼龙-66

一、实验目的

(1) 进一步加深对缩聚反应理论和过程控制的理解。

(2) 用己二酸己二胺盐的熔融缩聚法制备尼龙-66。

(3) 学习端基滴定法测定聚酰胺分子量的方法。

二、实验预习

1. 实验原理和实验背景

虽然同属缩聚反应，聚酰胺反应比聚酯化反应具有高得多的平衡常数，在相同条件下较容易获得高分子量的聚合物。为了获得高分子量聚酰胺，官能团等摩尔反应是必需的，这就要求单体有极高的纯度，同时需要将生成的 H_2O 从聚合体系中除去。

在本实验中，聚酰胺化反应的单体纯化有较为巧妙的方法，它的两种单体分别具有酸性和碱性，两者混合可以形成单体摩尔比为 1∶1 的己二酸己二胺盐(称为 66 盐)。使用 66 盐作为反应原料，很容易控制单体配料比，并可以避免高温反应(260 ℃)导致的己二胺和己二酸的损失，66 盐的制备和精制可参阅第一章中“单体的精制”内容。尽管如此，66 盐中的己二胺仍有一定程度的升华性，因此可以在封闭的体系中或在较低温度下(200 ℃)进行预聚合，然后再在高温、高真空条件下进行后聚合。反应式如下：

$$HOOC(CH_2)_4COOH + H_2N(CH_2)_4NH_2 \longrightarrow [H_3N^+(CH_2)_6NH_3^+][^-OOC(CH_2)_4COO^-] \tag{2.2a}$$

$$[H_3N^+(CH_2)_6NH_3^+][^-OOC(CH_2)_4COO^-] \longrightarrow H\!-\!\!\left[HN(CH_2)_6NH-CO(CH_2)_4CO\right]\!\!-_n OH + H_2O \tag{2.2b}$$

脂肪族聚酰胺(俗称尼龙)是美国杜邦公司的 Carothers 最先开发用于纤维的树脂，于 1939 年实现工业化，其下游产品——尼龙丝袜风靡二战后期。20 世纪 50 年代开始注塑制品的开发和生产，以取代金属满足下游工业制品轻量化、降低成本的要求。尼龙具有良好的综合性能，包括力学性能、耐热性、耐磨损性、耐化学药品性和自润滑性，且摩擦系数低，有一定的阻燃性，易于加工，适于用玻璃纤维和其他填料填充增强改性，在使用性能获得提高的同时，应用范围也大大拓展，如在汽车、电气设备、机械部构和交通器材等方面。缺点是吸水性大，影响尺寸稳定性和电性能，纤维增强可降低树脂吸水率，使其能在高温和高湿的条件下使用。尼龙的熔体流动性好，故制品壁厚可小到 1 mm。

尼龙的品种繁多，有尼龙-6、尼龙-11、尼龙-12、尼龙-46、尼龙-66、尼龙-610、尼龙-612 和尼龙-1010 等，还有半芳香族尼龙 6T 和特种尼龙等很多新品种。作为工程塑料的尼龙，其分子量一般为 15000～30000。尼龙品种中，尼龙-66 的硬度和刚性最高，但是韧性最差。

2. 实验操作

本实验的操作基本相同于实验一，但是也存在一些区别。

首先，单体的精制是通过 66 盐的制备和纯化来完成的。其次，官能团自动实现等摩尔比，对单体的称量和足量加入要求不是很严格。再者，聚酰胺化反应有高的平衡常数，所需实验时间较短，对真空度的要求也较低。但是，干燥的 66 盐多为粉末状固体，在通氮、减压等操作时，易被气流带离聚合体系；此外，66 盐的熔点约为 192 ℃，尼龙-66 的熔点高达 259 ℃，聚合反应在更高的温度下进行，较易使物质发生氧化。

根据单体的配比和反应过程，尼龙-66 的端基可以是羧基或者氨基，采用化学滴定法测定氨基和羧基的总和就可以获得聚合物的数均分子量。

建议使用真空油泵获取更高的真空度，以利于聚合的进行。

3. 实验要求

本实验欲合成分子量为15000的尼龙-66，理论反应程度应不低于0.985。根据实验要求，查阅相关手册，估计残留水的允许含量。

三、化学试剂与仪器

化学试剂：己二酸，己二胺，95%乙醇。

反应监测：0.005 mol/L HCl标准溶液，0.01 mol/L KOH/甲醇标准溶液，麝香草酚蓝指示剂，碱蓝指示剂，苯甲醇。

仪器设备：磁力搅拌加热台，双颈瓶（或支管聚合管，体积约10 mL），铝加热块，真空系统，通氮系统。

四、实验步骤

1. 66盐的制备

参见第一章中“单体的精制”。

2. 熔融聚合

在电磁搅拌加热台上放置铝加热块，将加入3～4 g 66盐的支管聚合管置于加热孔内，插入带有活塞的导气管，缓缓通入氮气，排出反应容器中的空气。

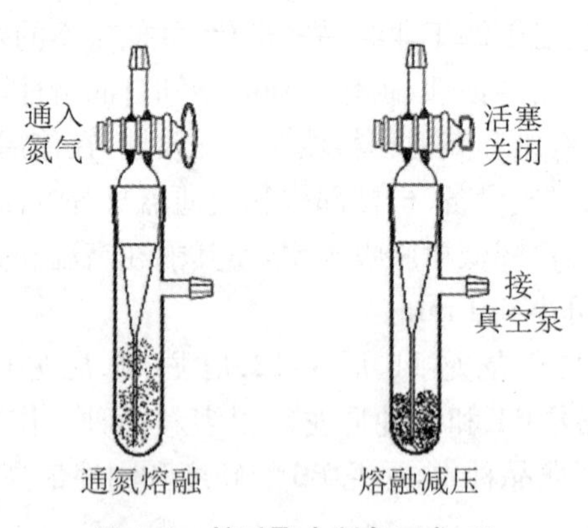

图2.2 熔融聚合制备尼龙-66

在通氮条件下，缓缓升温至66盐完全熔化，此时温度应不高于210 ℃。控制升温速率，在1 h内升温至230 ℃。随着反应的进行，产物的分子量逐渐增加，继续升高温度，维持体系为熔融状态，最后温度保持在270 ℃，并在该温度下继续反应1.5 h，关闭通氮系统，接通真空泵，在3～4 kPa下抽真空0.5 h，以提高反应程度。关闭真空系统，在通氮条件下恢复常压并逐步冷却，在聚合物保持熔融状态下，用玻璃棒蘸少许聚合物，观察样品拉丝情况，由此可粗略估计聚合物的分子量，然后立即倒出聚合物。

实验结束后，拆除实验装置，清洗玻璃仪器。

3. 分子量测定

(1) 氨基的滴定:称取 0.4 g 聚合物(精确至 0.001 g,记为 W_1),用 15 mL 苯甲醇缓慢回流溶解,然后冷却至室温。加入两滴麝香草酚蓝指示剂,用 0.005 mol/L 的 HCl 标准溶液滴定,黄色转变成粉红色,表示到终点,记录消耗的 HCl 的体积(V_{11})。用 15 mL 苯甲醇在相同条件下进行空白滴定,记录消耗的 HCl 的体积(V_{10})。

(2) 羧基的滴定:称取 0.4 g 聚合物(精确至 0.001 g,记为 W_2),用 15 mL 苯甲醇缓慢回流溶解,然后冷却至室温。加入 3~4 滴碱蓝指示剂,用 0.01 mol/L 的 KOH 标准溶液滴定,蓝紫色转变成粉红色,表示到终点,记录消耗的 KOH 的体积(V_{21})。用 15 mL 苯甲醇在相同条件下进行空白滴定,记录消耗的 KOH 的体积(V_{20})。

五、分析与思考

(1) 图 2.2 所示的实验装置有什么特点? 在聚合过程中能起到怎样的作用? 能否设计出其他作用相同的实验装置?

(2) 随反应进行要不断提高聚合温度,其根本原因是什么?

(3) 在本实验中,66 盐为粉末固体,在通氮和抽真空条件下,易被气流带出聚合管外。想出几种方法,避免这种现象。

(4) 本实验中通氮和抽真空的目的是什么? 为什么需要在反应后期才进行真空操作?

(5) 给出滴定法测定聚合物分子量的计算式,并由滴定数据计算出结果,指出该分子量是何种平均分子量。为什么不单独使用羧基滴定或氨基滴定的结果?

实验三　不饱和聚酯的合成和玻璃钢的制备

一、实验目的

(1) 通过实验加深单体摩尔比、转化率和反应平衡对缩聚物分子量影响的理解。

(2) 理解均聚物和共聚物的定义,了解共聚物组成与性质的关系。

(3) 了解不饱和聚酯的交联方法及制备玻璃钢的方法。

二、实验预习

1. 实验原理和实验背景

不饱和聚酯由含碳碳双键的二元酸与饱和二元醇或者饱和二元酸和含碳碳双键的二元醇经缩聚而成,其结构特征是线形分子链中含有不饱和的碳碳双键,可进行后期的交联,如式(2.3)所示。

$$\text{maleic anhydride} + \text{phthalic anhydride} + HOCH_2CH_2OH \rightleftharpoons$$

$$H_2O + \left[\overset{O}{\overset{\|}{C}}CH{=}CH\overset{O}{\overset{\|}{C}}OCH_2CH_2O \right]_x \text{ran} \left[\overset{O}{\overset{\|}{C}}-C_6H_4-\overset{O}{\overset{\|}{C}}OCH_2CH_2O \right]_m \tag{2.3}$$

不饱和聚酯因所用单体不同，品种很多。常用含碳碳双键的二元酸或酸酐如顺丁烯二酸酐、反丁烯二酸和四氢化邻苯二甲酸酐等。为了调节不饱和聚酯中碳碳双键的含量，需要使用其他二元酸或酸酐作为共聚单体，包括邻苯二甲酸酐、间苯二甲酸和己二酸。常用的二元醇是丙二醇、丁二醇、一缩二乙二醇和一缩二丙二醇等。在聚合物分子链中引入芳环结构，可以提高聚合物的刚性、硬度和耐热性，引入卤素可以提高阻燃性。

在适当的条件下，聚酯的双键与烯类单体发生自由基共聚合反应，从而使聚酯链发生交联。可用的烯类单体有：苯乙烯、乙烯基甲苯、甲基丙烯酸甲酯、氰尿酸三烯丙基酯和邻苯二甲酸二烯丙基酯。交联时所用烯类单体不同，所得交联产物的力学性能不同，例如不饱和聚酯中含有反式丁烯二酸酯结构单元时，用苯乙烯比用甲基丙烯酸甲酯交联所得产物的硬度及韧性都好，这是因为苯乙烯与反式丁烯二酸酯之间倾向于发生交替共聚，生成的交联链多而短，而甲基丙烯酸甲酯则相反，生成了少而长的交联链。

大部分不饱和聚酯经玻璃纤维等增强后用做结构材料，它不仅具有良好的抗高温软化性和抗形变性，而且电性能、抗腐蚀性、耐强酸性及耐候性都很好，但只能耐弱碱。液体预聚物通过铸模、压模和喷制等技术很容易加工成热固性产品。在建筑、运输及海洋等多个工业领域中得到广泛应用，如浴缸、沐浴喷具、建筑物门面和地板、化学品贮罐、汽车驾驶室及船体都可以用不饱和聚酯制成。

不饱和聚酯的缩聚反应一般在 190～220 ℃进行，直至达到预期的酸值（或黏度），在缩聚反应结束后，加入一定量的烯烃单体，配成黏稠液体，这样的聚合物溶液称为不饱和聚酯树脂。生产方法有：① 熔融缩聚法。以酸和醇直接熔融缩聚，利用醇和水的沸程差，使反应生成的水通过分离柱分离出来。此法设备简单，生产周期短，广为采用。② 溶剂共沸脱水法。在缩聚过程中加入甲苯或二甲苯（溶剂），利用共沸将水带出，促进缩聚反应。该法优点是反应比较平稳，易于掌握，产物颜色较好，但需要有一套分水回流装置。③ 减压法。在缩聚过程中，当缩水量达到理论值的 2/3～3/4 时，减压至酸值达到要求。

2. 实验操作

本实验的操作可参考实验一和实验二，但是所使用的顺丁烯二酸酐和邻苯二甲酸酐具有较高的聚合活性，相应的聚酯化反应平衡常数较高，对产物的分子量要求不是很高，所以反应后期无需减压操作。

通过测定聚合过程的酸值，跟踪官能团的反应程度。聚合物的酸值定义为 1 g 聚合物所消耗的 KOH 的质量，实际上是聚合物羧基含量的另一种说法，其测定方法与聚合物羧基滴定完全一样。试根据“实验步骤”中单体的加入量，推导出不饱和聚酯分子量和酸值之间的关系。

3. 实验要求

聚合产物的酸值在 50 左右，颜色为淡褐色；制备玻璃钢时，复合 6 层玻璃布即可，材料充足时可复合 10 层。建议玻璃钢的固化在其他实验课程时段完成。

三、化学试剂与仪器

化学试剂：顺丁烯二酸酐，邻苯二甲酸酐，乙二醇，过氧化苯甲酰，苯乙烯，二甲苯胺，邻苯二甲酸二辛酯，玻璃布。

反应监测：0.1 mol/L KOH/乙醇溶液，0.2 mol/L HCl 溶液，丙酮，酚酞溶液，滴定管。

仪器设备：通氮系统，四颈瓶，冷凝管，机械搅拌器，油水分离器，平板玻璃两块。

四、实验步骤

1. 不饱和聚酯的制备

实验装置图可参见图 2.1。向装有机械搅拌器、回流冷凝管、油水分离器、通氮导管和温度计的四颈瓶中加入 9.8 g 顺丁烯二酸酐、14.8 g 邻苯二甲酸酐和 11.7 mL 乙二醇，通入氮气保护，缓慢加热至固体完全熔融。开动机械搅拌器，在充分搅拌下，于 1.5 h 内升温至 160 ℃，2 h 内升温至 200 ℃，再于 190～200 ℃保持 2 h，测定酸值。以后每隔 1 h 测定酸值一次，直至酸值降至 50 左右，停止加热，称量蒸馏出的水分，估计反应程度。

油水分离器最好带有刻度，以便及时了解出水量的多少；如果没有刻度，将生成的水收集到锥形瓶中，随时称量。

在搅拌及通氮气下，待反应液自然冷却至 180 ℃，加入聚酯量为 0.01%的对苯二酚，混合均匀。如果继续进行“玻璃钢制备”实验，将产物冷却至 95 ℃，加入 27 g 苯乙烯和规定量的对苯二酚，混合均匀，得到预聚浆液。

撤除反应装置，收集产物，清洗玻璃仪器，收拾实验台面。

2. 反应监测

精确称取 0.8～1 g 聚酯于 50 mL 烧瓶中，用 20 mL 丙酮溶解，再用 0.1 mol/L KOH/乙醇标准溶液滴定至终点，并测定空白样。

$$\text{酸值} = 56.1M(V_1 - V_0)/W$$

其中，M 为标准溶液的浓度；V_1 和 V_0 分别为样品消耗标准溶液的体积(mL)和空白值；W 为聚酯质量。

3. 玻璃钢的制备

在 250 mL 的烧杯中，将 50 g 上述预聚浆液和 0.1 g 过氧化苯甲酰(BPO)混合均匀，待混合物充分冷却后再加入 10 mg 二甲苯胺，并搅拌均匀。在玻璃板表面涂敷一层硅油作为脱膜剂,将树脂液涂于玻璃板上,然后铺一层玻璃布,涂敷树脂液使其浸渍完全。再铺一层玻璃布,涂敷树脂浸透玻璃布。重复操作,共铺6层玻璃布(材料充足时可铺10层),最后加盖另一块玻璃板(表面涂有硅油),用报纸包好,压上重物。次日,转移到烘箱内固化:50 ℃保持1 h,80 ℃保持2 h,105 ℃保持2 h。待其冷却,表面不发黏,表明已固化完全。去掉玻璃板,得到一块半透明的玻璃钢。

五、分析与思考

(1) 本实验中制备的不饱和聚酯应是哪一种类型的共聚物?

(2) 对于本实验,酸值达到50时的理论出水量是多少?如果油水分离器没有刻度,你又想通过出水量来估计反应进度,该怎么做?

(3) 在聚合过程中,体系黏度高,如何取样?

(4) 网络搜索,收集不饱和聚酯的资料,了解不饱和聚酯的新进展。

(5) 工业上将不饱和聚酯与苯乙烯混合时皆要加入一定量的对苯二酚,其目的是什么?

(6) 二甲苯胺在不饱和聚酯的交联过程中起什么作用?它是如何起作用的?

实验四 双酚A环氧树脂的制备

一、实验目的

(1) 了解环氧树脂,学习双酚A环氧树脂的实验室制备方法。

(2) 掌握环氧值的测定。

(3) 了解环氧树脂的性能和使用方法。

二、实验预习

1. 实验原理和实验背景

环氧树脂是含有两个或两个以上环氧基团的聚合物,它们的分子量一般都不高。环氧基团可作为聚合物的侧基或者端基,它的存在使得环氧树脂可与不同类型的固化剂发生交联反应,这些反应皆是基于环氧基团的化学性质。可通过两类反应制备环氧树脂:① 在NaOH作用下,多羟基化合物(如多元醇、多元酚或者线形酚醛树脂)与环氧氯丙烷的反应;② 含多个碳碳双键的化合物或聚合物在过氧化氢或者过氧酸的作用下的环氧化。

环氧树脂的力学性能高于酚醛树脂和不饱和聚酯等通用型热固性树脂;固化的环氧树脂体系含有大量的环氧基、羟基以及醚键、胺键、酯键等极性基团,从而赋予环氧树脂固化物对金属、陶瓷、玻璃、混凝土和木材等极性基材的极强附着力。环氧树脂的固化收缩率小至1%～2%，是热固性树脂中最小的品种之一(酚醛树脂为8%～10%；不饱和聚酯树脂为4%～6%；有机硅树脂为4%～8%)。线膨胀系数也很小，一般为6×10^{-5}/℃。另外，环氧树脂固化时基本上不产生小分子挥发物，可低压成型或触压成型，能配制成无溶剂、高固含量、粉末及水性等环保涂料。环氧树脂具有优良的电绝缘性，稳定性好，抗化学药品性优良，不含碱、盐等杂质的环氧树脂不易变质。环氧固化物的耐热温度一般为80～100 ℃，环氧树脂的耐热温度可达200 ℃或更高。

环氧树脂的综合性能优异，可以作为涂料、浇铸料、模压料、胶黏剂和层压材料使用，涉及从日常生活用品到高新技术领域的各个方面。可以通过单体、添加剂和固化剂等的选择组合，生产出适合各种要求的产品。环氧树脂的应用可大致分涂覆和结构材料两大类。涂覆材料包括各种涂料，如汽车、仪器设备的底漆等。水性环氧树脂涂料用于啤酒和饮料罐的涂覆。结构复合材料主要用于导弹外套、飞机的舵和折翼以及油、气和化学品输送管道等。层压制品用于电气和电子工业，如线路板基材和半导体器件的封装材料。此外，它还是用途广泛的黏合剂，有“万能胶”之称。

双酚A环氧树脂是最早开发和使用的环氧树脂，双酚A与环氧氯丙烷在NaOH存在下反应，如式(2.4)所示，通过改变原料配比和反应条件(如反应介质、温度和加料顺序)，制得不同软化点、不同分子量的环氧树脂。工业上将软化点低于50 ℃(平均聚合度小于2)的环氧树脂称为低分子量树脂或软树脂；软化点为50～95 ℃(平均聚合度为2～5)的环氧树脂称为中等分子量树脂；软化点高于100 ℃(平均聚合度大于5)的环氧树脂称为高分子量树脂。值得注意的是，双酚A能导致内分泌失调，威胁胎儿和儿童的健康。欧盟认定含双酚A奶瓶会诱发性早熟，从2011年3月2日起，禁止生产含化学物质双酚A的婴儿奶瓶。

$$\underset{\diagdown\,O\,\diagup}{CH_2{-}CH}{-}CH_2Cl + HO{-}C_6H_4{-}\overset{CH_3}{\underset{CH_3}{\overset{|}{\underset{|}{C}}}}{-}C_6H_4{-}OH \xrightarrow{NaOH}$$

$$\underset{\diagdown\,O\,\diagup}{CH_2{-}CH}{-}CH_2{-}O{+}C_6H_4{-}\overset{CH_3}{\underset{CH_3}{\overset{|}{\underset{|}{C}}}}{-}C_6H_4{-}O{-}CH_2{-}\underset{OH}{\underset{|}{CH}}{-}CH_2{+}_nO{-}C_6H_4{-}\overset{CH_3}{\underset{CH_3}{\overset{|}{\underset{|}{C}}}}{-}C_6H_4{-}O{-}CH_2{-}\underset{\diagdown\,O\,\diagup}{CH{-}CH_2} \tag{2.4}$$

环氧树脂在没有固化前为热塑性的线形结构，强度低，使用时必须加入固化剂。固化剂与环氧基团反应，从而形成交联的网状结构，成为不溶、不熔的热固性制品，具有良好的机械性能和尺寸稳定性。环氧树脂的固化剂种类很多，固化剂不同，相应的交联反应也不同。乙二胺为室温固化剂，其固化机理如下：

$$H_2N-CH_2CH_2-NH_2 + \underset{\diagdown O \diagup}{CH_2-CH}-CH_2\sim\sim \longrightarrow$$

$$\begin{matrix} \sim\sim CH_2-CH(OH)-CH_2 \diagdown & & \diagup CH_2-CH(OH)-CH_2\sim\sim \\ & N-CH_2CH_2-N & \\ \sim\sim CH_2-CH(OH)-CH_2 \diagup & & \diagdown CH_2-CH(OH)-CH_2\sim\sim \end{matrix} \tag{2.5}$$

乙二胺的用量为

$$G = \frac{M}{H_n} \times E = 15E$$

其中,G 为每 100 g 环氧树脂所需的乙二胺的克数,M 为乙二胺的分子量,H_n 为乙二胺的活泼氢的总数,E 为环氧树脂的环氧值。固化剂的实际使用量一般为计算值的 1.1 倍。

作为固化剂的胺还有二亚乙基三胺($f=5$)、三亚乙基四胺($f=6$)、4,4′-二氨基二苯基甲烷($f=4$)和多元胺的酰胺(由二亚乙基三胺与脂肪酸生成的酰胺)。除了胺外,多元硫醇、氰基胍、二异氰酸酯、邻苯二甲酸酐和酚醛预聚物等也可以作为固化剂。三级胺常用作固化反应的促进剂,以提高固化速率。在大多数环氧树脂配方中,都要加入稀释剂、填料或增强材料及增韧剂。稀释剂可以是反应性的单或双环氧基化合物,也可以是非反应性的邻苯二甲酸二正丁酯;增韧剂可用低分子量的聚酯、含端羧基的丁二烯-丙烯腈共聚物和刚性微球等。

2. 实验操作

在本实验中,需要关注的实验操作有连续加料、黏性聚合物混合液的萃取和环氧值的测定。双酚 A 环氧树脂不溶解于水,但是极性基团和芳烃结构的存在使其有一定的双亲性,因此当水-油混合体系含有双酚 A 环氧树脂时,进行萃取分离操作就会遇到不少麻烦。强力混合后水、油分相缓慢,两相皆难以透明,两相界面不明显。此外,混合液的黏性很大,也给操作带来麻烦。调整水、油比例,在水相中加入电解质,适当升温,这些都是萃取分离操作中可以尝试的方法。

3. 实验要求

产物的分子量不高于 1500,由此计算并控制产物的环氧值;定性评价环氧树脂的黏结性能。

三、化学试剂与仪器

化学试剂:环氧氯丙烷,双酚 A,氢氧化钠,丙酮,盐酸,苯。

反应监测:0.2 mol/L HCl/丙酮溶液,0.2 mol/L NaOH 标准溶液,丙酮,酚酞溶液,滴定管。

仪器设备:三颈瓶,冷凝管,机械搅拌器,平衡滴液漏斗,减压蒸馏装置,滴定管。

四、实验步骤

1．环氧树脂的制备

向装有机械搅拌器、回流冷凝管和温度计的三颈瓶中加入27.8 g环氧氯丙烷(0.1 mol)和22.8 g双酚A(0.1 mol)。水浴加热到75 ℃,开动搅拌器,使双酚A全部溶解。取8 g氢氧化钠溶于20 mL蒸馏水中,溶液置于平衡滴液漏斗中,自滴液漏斗向三颈瓶中缓慢加入氢氧化钠溶液(滴液漏斗与回流冷凝管相接),保持温度在70 ℃左右,约0.5 h滴加完毕。在75～80 ℃继续反应1.5～2 h,此时液体呈乳黄色。停止反应,冷却至室温,向反应瓶中加入30 mL蒸馏水和60 mL苯,充分搅拌后,将混合液倒入分液漏斗中,静置分层,分离出水相。有机相用蒸馏水洗涤数次,直至水相为中性且无氯离子。分出的有机层,常压蒸馏除去大部分的苯,然后减压蒸馏除去剩余溶剂、水和未反应的环氧氯丙烷。得到淡黄色黏稠的环氧树脂,称重,计算收率。

撤除反应装置,收集产物,清洗玻璃仪器。

2．环氧树脂黏结实验

在50 mL烧杯中,称取4 g环氧树脂,加入0.3 g乙二胺,用玻璃棒调和均匀。取两块洁净的玻璃片,将少量环氧树脂薄而均匀地涂敷于表面,对接合拢,并用夹具固定,室温放置待其固化,观察其黏结效果。

3．环氧值的测定

环氧值为每100 g环氧树脂所含环氧基团的摩尔数。对于分子量小于1500的环氧树脂,其环氧值可由盐酸-丙酮法测定,参见第一章中“环氧值的测定”。

五、分析与思考

(1) 在环氧树脂制备过程中,NaOH起到什么作用?如果NaOH量不够会出现什么问题?

(2) 推导双酚A环氧树脂的环氧值与平均分子量的数学关系。

(3) 环氧树脂是黏性液体,实验所得的混合物也是黏性较大的液体混合物,这给混合液洗涤和分液带来一些困难。如何解决?

(4) 查找资料,进一步了解环氧树脂。

(5) 环氧树脂的性能与固化剂的种类和用量有什么关系?

实验五 线形酚醛树脂的制备

一、实验目的

(1) 了解反应物的配比和反应条件对酚醛树脂结构的影响,合成线形酚醛树脂。
(2) 进一步掌握不同预聚体的交联方法。

二、实验预习

1. 实验原理和实验背景

酚醛树脂塑料是第一个商品化的人工合成聚合物。固体酚醛树脂为黄色、透明、块状物质,因含有游离酚而呈微红色,比重为1.25～1.30,易溶于醇,不溶于水,对水、弱酸和弱碱溶液稳定;液体酚醛树脂显黄色和深棕色,主要作为黏合剂使用。改变酚和醛的种类、催化剂类别、酚与醛的摩尔比,可以生产出不同类型的酚醛树脂,包括线形酚醛树脂和甲阶酚醛树脂、油溶性酚醛树脂和水溶性酚醛树脂。

酚醛树脂具有良好的耐酸性能,强度高,尺寸稳定性好,还具有耐高温、抗冲击、抗蠕变、抗溶剂和耐湿气等性能。酚醛树脂即使在非常高的温度下,也能保持其结构的整体性和尺寸的稳定性,同时酚醛树脂有很高的高温残碳率,因此酚醛树脂能用于耐火材料领域,在摩擦材料和铸造行业也获得应用。酚醛树脂有良好的黏结性能,与各类无机、有机填料有很好的相容性,可应用于胶合板、纤维板、人造石板和砂轮等的制作,还可以做成开关、插座、机壳和航空飞行器等;此外,酚醛树脂还可作为涂料,例如酚醛清漆。水溶性酚醛树脂或醇溶性酚醛树脂被用来浸渍纸、棉布和玻璃等制品,为它们提供优良的机械强度和电性能等,如电绝缘和机械层压制造、离合器片和汽车滤清器用滤纸。

由苯酚和甲醛聚合得到的酚醛树脂,强碱催化的产物为甲阶酚醛树脂,甲醛与苯酚摩尔比为(1.2～3.0)∶1,甲醛用36%～40%的水溶液,催化剂为1%～5%的NaOH或$Ca(OH)_2$,在80～95 ℃加热反应3 h,就得到了预聚物。为了防止过度反应和凝胶化,要真空快速脱水。预聚物为固体或液体,分子量一般为500～5000,呈微酸性,其水溶性与分子量和组成有关。交联反应常在180 ℃下进行,并且交联和预聚物合成的化学反应是相同的。

由苯酚和甲醛聚合得到的酚醛树脂,酸催化的产物为线形酚醛树脂,甲醛和苯酚摩尔比为(0.75～0.85)∶1,常以草酸或硫酸作催化剂,加热回流2～4 h,聚合反应就可完成。由于加入甲醛的量少,只能生成低分子量线形聚合物。反应混合物在高温脱水,冷却后粉碎,混入5%～15%的六亚甲基四胺,加热时六亚甲基四胺分解,产生甲醛和氨气,提供碱性环境和额外的甲醛,使线形酚醛树脂形成体型交联结构。本实验在草酸存在下进行苯酚和甲醛的聚合,甲醛量相对不足,得到线形酚醛树脂。线形酚醛树脂可作为合成环氧树脂原料,与环氧氯丙烷反应获得酚醛多环氧树脂，还可以作为环氧树脂的交联剂。

2．实验操作

本实验过程较为简单，实验操作与前四个实验类似。减压蒸馏建议使用真空水泵，注意水泵真空计的可靠性。苯酚有毒，它的浓溶液对皮肤有强烈的腐蚀性，使用时要小心。常温下苯酚是无色晶体，取用时先把装有苯酚的瓶子放在温水中，待苯酚熔化后，用滴管吸出。

3．实验要求

制备出固体线形酚醛树脂，观察线形酚醛树脂的固化。

三、化学试剂与仪器

化学试剂：苯酚，甲醛水溶液，草酸，六亚甲基四胺。

仪器设备：三颈瓶，冷凝管，机械搅拌器，减压蒸馏装置。

四、实验步骤

1．线形酚醛树脂的制备

向装有机械搅拌器、回流冷凝管和温度计的三颈瓶中加入 39 g 苯酚（0.414 mol）、27.6 g 37%的甲醛水溶液（0.339 mol）、5 mL 蒸馏水（如果使用的甲醛溶液浓度偏低，可按比例减少水的加入量）和 0.6 g 二水合草酸。开动搅拌器，油浴加热，反应混合物回流 1.5 h。加入 90 mL蒸馏水，搅拌均匀后，冷却至室温，分离出水层。

实验装置改为减压蒸馏装置，反应混合物剩余部分逐步升温至 150 ℃，同时减压至真空度为 66.7～133.3 kPa，保持 1 h 左右，除去残留的水分，此时样品一经冷却即成固体。在产物保持可流动状态下，将其从烧瓶中倾出，冷却后得到无色脆性固体，称重，计算收率。

2．线形酚醛树脂的固化

取 10 g 酚醛树脂，加入 0.5 g 六亚甲基四胺，在研钵中研磨混合均匀。将粉末放入小烧杯中，在加热台上小心加热使其熔融，观察混合物的流动性变化。

五、分析与思考

（1）线形酚醛树脂和甲阶酚醛树脂在结构上有什么差异？

（2）反应结束后，加入 90 mL 蒸馏水的目的是什么？

（3）从醛-酚反应机理和产物结构上分析，线形酚醛树脂和甲阶酚醛树脂在合成条件上不同的原因。

（4）环氧树脂为什么能作为线形酚醛树脂的交联剂？

（5）查阅资料，进一步了解酚醛树脂、脲醛树脂以及蜜醛树脂，归纳它们合成反应的共同特征。

实验六　热塑性聚氨酯弹性体

一、实验目的

(1) 了解逐步加成聚合反应和聚氨酯。

(2) 了解聚氨酯热塑性弹性体的结构特点和性质。

(3) 初步学习无水反应的操作。

二、实验预习

1. 实验原理和实验背景

聚氨酯(PU)是由多异氰酸酯和多元醇经多元胺或水等扩链剂或交联剂作用形成的聚合物,主链中含有氨基甲酸酯键(—NHCOO—)。通过改变原料种类及组成,可以大幅度地改变产物结构、制品形态及其性能,得到从柔软到坚硬的最终产品。聚氨酯制品有软质、半硬质及硬质泡沫塑料、热塑性弹性体(聚氨酯弹性体简称为 TPU)、油漆涂料、胶黏剂、密封胶、合成革涂层树脂和弹性纤维等,广泛应用于众多领域。聚氨酯软泡沫塑料主要用作垫材、包装材料和隔音材料,硬泡沫塑料主要用作家电隔热层、墙面保温防水层、管道保温材料、冷藏隔热材料和建筑板材等,半硬泡沫塑料用于汽车仪表板和方向盘等。聚氨酯弹性体的弹性和强度较高,具有优异的耐磨性、耐油性、耐疲劳性和抗震动性,有“耐磨橡胶”之称,已广泛用于冶金、石油、汽车、选矿、水利、纺织、印刷、医疗、体育、粮食加工和建筑等行业。用聚氨酯纤维制成的鲨鱼皮泳衣极大降低水流的摩擦力。值得注意的是,聚氨酯材料特别是聚氨酯泡沫塑料燃烧非常快,并会产生含有剧毒氰化氢的气体。

线形聚氨酯是通过二异氰酸酯的异氰酸酯基团和二元醇的羟基之间的逐步加成反应而生成的,如式(2.6a)所示。

$$\mathrm{HO{-}(CH_2)_6{-}OH + OCN{-}(CH_2)_4{-}NCO \longrightarrow}$$

$$\mathrm{\left[O(CH_2)_6{-}O\overset{\overset{\displaystyle O}{\|}}{C}NH{-}(CH_2)_4{-}NH\overset{\overset{\displaystyle O}{\|}}{C}O\right]_n} \tag{2.6a}$$

如果采用聚醚二元醇或聚酯二元醇进行聚氨酯的合成,则能赋予聚合物一定的柔性。它们与过量的二异氰酸酯,如甲苯二异氰酸酯(TDI)或二甲苯二异氰酸酯(MDI)等反应,生成末端含异氰酸酯基的预聚体,然后加入与异氰酸根等化学计量的扩链剂(如二元醇或二元胺)进行扩链反应,生成线形的聚氨酯弹性体。在室温,聚氨酯分子间存在较强的氢键,它起到交联点的作用,赋予聚氨酯高弹性;升高温度,氢键作用减弱,交联作用破坏,聚合物具有热塑性。这种聚氨酯为$(AB)_n$型多嵌段共聚物,低温为物理交联的体形结构,高温具有与热塑性塑料相同的加工性能,因而有“热塑性弹性体”之称。

从分子结构分析，聚氨酯弹性体可看作由柔性链段和刚性链段组成的多嵌段聚合物，A嵌段为柔性链段（如聚酯和聚醚），B嵌段为刚性的短链，由异氰酸酯和扩链剂组成，如式（2.6c）所示。柔性链使聚合物软化点和二级转变点下降、硬度和机械强度降低；刚性链则会束缚大分子链的运动，导致软化点和二级转变点上升、硬度和机械强度提高。因此，通过调节“软”“硬”链段的比例可以制备出性能不同的弹性体。

$$\mathrm{HO{\sim\sim\sim}OH + OCN{-}R{-}NCO \longrightarrow OCN{-}R{-}NH\overset{\overset{\displaystyle O}{\|}}{C}O{\sim\sim\sim}O\overset{\overset{\displaystyle O}{\|}}{C}OHN{-}R{-}NCO} \tag{2.6b}$$

$$\mathrm{OCN{-}R{-}NH\overset{\overset{\displaystyle O}{\|}}{C}O{\sim\sim\sim}O\overset{\overset{\displaystyle O}{\|}}{C}OHN{-}R{-}NCO + HO{-}R'{-}OH \longrightarrow}$$

$$\mathrm{{\sim\sim}O{-}R'{-}O\overset{\overset{\displaystyle O}{\|}}{C}NH{-}R{-}NH\overset{\overset{\displaystyle O}{\|}}{C}O{\sim\sim\sim}O\overset{\overset{\displaystyle O}{\|}}{C}OHN{-}R{-}HN\overset{\overset{\displaystyle O}{\|}}{C}O{-}R'{-}O{\sim\sim}} \tag{2.6c}$$

硬段

软段

聚氨酯热塑性弹性体可采用一步法和预聚体法制备。在一步法中，先将双羟基封端的聚酯或聚醚和扩链剂充分混合，然后在一定条件下加入计量的二异氰酸酯，均匀混合后即可。在预聚体法中，先将聚醚二元醇或聚酯二元醇与二异氰酸酯反应生成异氰酸酯封端的预聚体，然后加入等化学计量的扩链剂进行反应。从工艺角度来看，聚氨酯的制备又可分为本体法和溶液法。本实验采用本体一步法和溶液预聚法来制备聚酯型聚氨酯弹性体和聚醚型聚氨酯弹性体。

2. 实验操作

无水实验操作：异氰酸酯基团遇水、醇、胺和羧酸皆易发生反应，从而影响官能团的摩尔比，因此反应物、溶剂和反应装置都需要很好地干燥。在整个实验过程中，应采取积极措施，避免水分的侵入。

3. 实验要求

获得可溶/可熔的聚氨酯弹性体，采取简便方法验证产物的可溶性/可熔性。

三、化学试剂与仪器

化学试剂：1,4-丁二醇（钠回流干燥后减压蒸馏），聚酯（两端为羟基，分子量为1500左右）或者双羟基封端的聚四氢呋喃（分子量为1500左右，真空烘箱干燥），甲苯-2,4-二异氰酸酯（TDI，新蒸），甲基异丁基酮（氢化钙干燥后蒸馏），二甲亚砜（氢化钙干燥后减压蒸馏），二丁基月桂酸锡，抗氧剂1010。

仪器设备：四颈瓶，机械搅拌器，加热套，通氮系统，滴液漏斗。

四、实验步骤

1. 溶液法

(1) 预聚体的制备:250 mL 四颈瓶装上搅拌器、滴液漏斗、温度计和氮气入口管,称取 7.0 g(0.04 mol)TDI 加入到四颈瓶中,加入 15 mL 二甲亚砜和甲基异丁基酮的混合溶剂($V/V=1$)。开动机械搅拌器,通入氮气,升温至 60 ℃,使 TDI 全部溶解。然后称取 20 g(0.02 mol)聚醚,溶于 15 mL 混合溶剂中,待溶解后从滴液漏斗慢慢加入到反应瓶中。滴加完毕,继续于60 ℃反应 2 h,得到无色透明预聚体溶液。反应装置如图 1.24 所示。

(2) 扩链反应:将 1.8 g(0.02 mol)1,4-丁二醇溶解在 5 mL 混合溶剂中,从滴液漏斗缓缓加入到上述预聚体溶液中。当黏度增加时适当加快搅拌速度,待滴加完毕后在 60 ℃反应 1.5 h。如果黏度过大,可适当补加混合溶剂搅拌均匀,然后将聚合物溶液倒入装有蒸馏水的烧杯中,产物以白色固体析出。

(3) 后处理:产物在水中浸泡过夜,用清水洗涤 2~3 次,再用乙醇浸泡 1 h 后用清水洗涤,在红外灯下基本烘干后,再在真空烘箱中于 50 ℃充分干燥,即得到聚醚型聚氨酯弹性体,计算产率。

2. 本体法

在装有温度计和机械搅拌器的 200 mL 反应容器①中加入 75 g(0.05 mol)聚醚、9.0 g(0.1 mol)1,4-丁二醇和反应物总量 1%的抗氧剂 1010。将反应器置于平板电炉上,开动搅拌器,加热至 120 ℃,用滴管加入 2 滴二丁基月桂酸锡②,然后在搅拌下将预热到 100 ℃的 37.5 g(0.15 mol)TDI 迅速加入到反应器中,随聚合物黏度增加,不断加快搅拌速度。待反应温度不再上升(2~3 min),除去搅拌器,将产物倒入涂有脱模剂的铝盘中(铝盘预热到 80 ℃),于80 ℃烘箱中加热 24 h 完成反应。

五、分析与思考

(1) 为什么以"获得可溶/可熔聚氨酯弹性体"作为"实验要求"?试从聚氨酯合成反应的副反应解释。

(2) 什么是物理交联?什么是化学交联?试从交联点的结构和形成方式来区分两种交联方式。

(3) 热塑性弹性体应该具有怎样的分子链结构?能否再列举几例?接枝共聚物能否具有热塑性弹性体的性质?

(4) 分析并总结高分子的交联方式和对高分子材料性能的影响。

(5) 查阅资料,进一步了解聚氨酯。

---

① 反应容器可由饮料罐改装而成。

② 二丁基月桂酸锡是剧毒品,使用必须十分小心。

实验七　界面聚合法制备尼龙-610

一、实验目的

(1) 进一步加深对界面缩聚过程和特点的理解，并与熔融缩聚进行比较。

(2) 用界面缩聚法制备尼龙-610。

二、实验预习

1. 实验原理和实验背景

界面聚合是缩聚反应的特有实施方式，将两种单体分别溶解于互不相溶的两种溶剂中，然后将两溶液混合，聚合反应只在两相溶液的界面上发生，产物在界面处析出，这种聚合反应被称为界面聚合。界面聚合要求单体具有高的活性，因此它不适合用于二元酰氯和二元醇制备脂肪族聚酯。工业上出于成本考虑，界面聚合主要用于二元酰氯和二元胺制备芳香聚酰胺(如Kevlar纤维和Nomex纤维)、二元酰氯和二元酚钠制备聚碳酸酯。界面聚合温度较低，一般在0～50 ℃。

界面聚合具有不同于一般逐步聚合反应的机理。单体由溶液扩散到界面，并在界面处形成聚合物。此后，单体相互之间难以反应，聚合物链之间因扩散的限制也难于相互反应，因此聚合物的生长是通过链末端的基团与单体的反应来实现的，这与链式聚合的分子链生长相似。正因为如此，两种单体不需要严格等物质的量就可获得高分子量产物；产物的分子量与单体的转化率或官能团的反应程度基本没有关系。

由于界面聚合反应受扩散控制，并且有副产物 HCl 生成，因此要使界面聚合反应顺利进行，需要采取如下措施：将生成的聚合物及时移走，增加有效界面面积；采用搅拌等方法提高界面的总面积；在水相中加入碱，中和反应副产物，避免二胺单体酸化而使其活性降低；选择合适的有机溶剂，二甲苯和四氯化碳仅能溶解低分子量聚合物，可使不同分子量的聚癸二酸己二胺沉淀，而氯仿仅使高分子量的聚合物沉淀；单体最佳浓度比应是能保证扩散到界面处的两种单体为等物质的量的配比，并不总是1∶1。

界面聚合方法已用于许多聚合物的合成，如聚酰胺、聚碳酸酯及聚氨基甲酸酯等。这种聚合方法也有缺点，如二元酰氯单体的成本高、需要使用和回收大量的溶剂等。这些缺点使它的工业应用受到了很大限制。

2. 实验操作

酰氯是毒性大、反应活性高的化合物，在制备和蒸馏过程中，应特别注意。整个实验过程应在通风柜中进行，并注意个人防护，防止二氯亚砜、氯化氢和酰氯逸出。减压蒸馏时，需加碱性保护柱和干燥柱，防止腐蚀性物质进入真空油泵，阻止水汽回流入接收瓶。

3．实验要求

本实验由癸二酸制备癸二酰氯，进一步采用界面聚合法制备出尼龙-610，反应过程如式(2.7a)和式(2.7b)所示。

$$HOOC—(CH_2)_8—COOH + SOCl_2 \longrightarrow ClOC—(CH_2)_8—COCl \tag{2.7a}$$

$$H_2N—(CH_2)_6—NH_2 + ClOC—(CH_2)_8—COCl \longrightarrow$$
$$\left[NH(CH_2)_6NH—OC(CH_2)_8CO\right]_n + HCl \tag{2.7b}$$

三、化学试剂与仪器

化学试剂：癸二酸，己二胺，氯化亚砜，四氯化碳(无水氯化钙干燥)，氢氧化钠。

仪器设备：二颈瓶，磁力搅拌器，减压蒸馏装置，滴液漏斗，机械搅拌器或玻璃搅拌棒，玻璃仪器(干燥后即用)。

四、实验步骤

1．癸二酰氯的制备

搭置回流反应装置，在回流冷凝管上口依次串联干燥管和导气管，导气管连接到氯化氢气体吸收装置。向100 mL二颈瓶中加入20 g癸二酸(0.1 mol)，滴加两滴二甲基甲酰胺，通过平衡滴液漏斗加入40 g氯化亚砜(0.33 mol)，即有大量气体生成。滴加完毕后，加热至50 ℃反应2 h左右，直至无氯化氢气体放出。回流装置改换为减压蒸馏装置，快速蒸馏，收集66.66 Pa压力下124 ℃或266.6 Pa压力下142 ℃的馏分，得到无色的癸二酰氯。

2．界面聚合

在100 mL烧杯中加入2.52 g己二胺(0.02 mol)、3.0 g氢氧化钠(0.075 mol)和50 mL蒸馏水，搅拌使固体溶解。在250 mL锥形瓶中加入2.4 g癸二酰(0.01 mol)和50 mL干燥四氯化碳，振摇使两者混合均匀。然后沿着烧杯壁将己二胺溶液缓缓倒入癸二酰的溶液中，用玻璃棒小心将界面处的聚合物拉出，并缠在玻璃棒上，直至癸二酰反应完毕。用3%的盐酸溶液洗涤聚合物以终止聚合，再用蒸馏水洗涤至中性，于80 ℃真空干燥，得到聚合物，称重。

五、分析与思考

(1) 逐步聚合和链式聚合的本质区别是什么？生命体中蛋白质的合成应归属于哪种聚合机理？试解释。

(2) 按照实验过程设计实验装置并画出装置图。

(3) 查阅资料：工业上采用界面聚合生产的聚合物品种和工艺。界面聚合为什么不用于聚酯和脂肪族聚酰胺的生产？

(4) 如何测定该实验产物的绝对分子量？

实验八　氧化偶联聚合(聚苯醚的合成)

一、实验目的

(1) 了解一种逐步聚合反应——氧化偶联聚合。

(2) 了解聚苯醚工程塑料的特性和制备方法。

二、实验预习

1. 实验原理和实验背景

氧化偶联聚合为小分子化合物通过分子间的脱氢反应而形成聚合物的过程,酚、炔、苯胺、芳烃和杂环芳烃都可以通过氧化偶联聚合形成聚合物,从反应机理分析这种聚合反应属于逐步聚合反应。

聚苯醚的氧化偶联聚合需要在催化剂存在下进行,适宜的催化剂为亚铜盐(氯化亚铜、溴化亚铜、硫酸亚铜)和胺的混合物,氧作为氧化剂。在2,6-二甲基苯酚(DMP)的聚合反应中,存在C—O偶合和C—C偶合的竞争,发生C—C偶合时则形成联苯醌,如式(2.8a)和式(2.8b)所示。

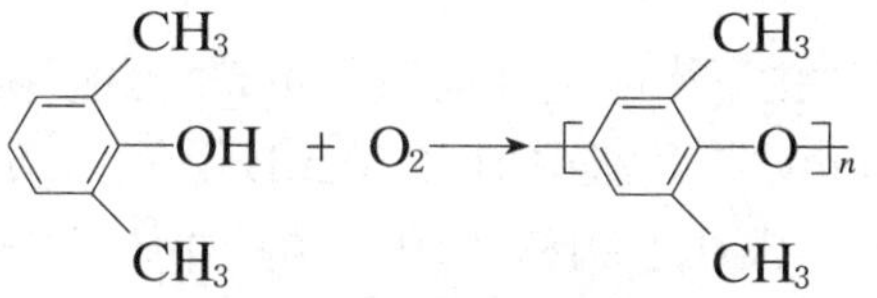

$$\text{2,6-}(CH_3)_2C_6H_3\text{—}OH + O_2 \longrightarrow \left[\text{—}C_6H_2(CH_3)_2\text{—}O\text{—}\right]_n \tag{2.8a}$$

$$\text{2,6-}(CH_3)_2C_6H_3\text{—}OH \xrightarrow{O_2} HO\text{—}C_6H_2(CH_3)_2\text{—}C_6H_2(CH_3)_2\text{—}OH \xrightarrow{O_2} O{=}C_6H_2(CH_3)_2{=}C_6H_2(CH_3)_2{=}O \tag{2.8b}$$

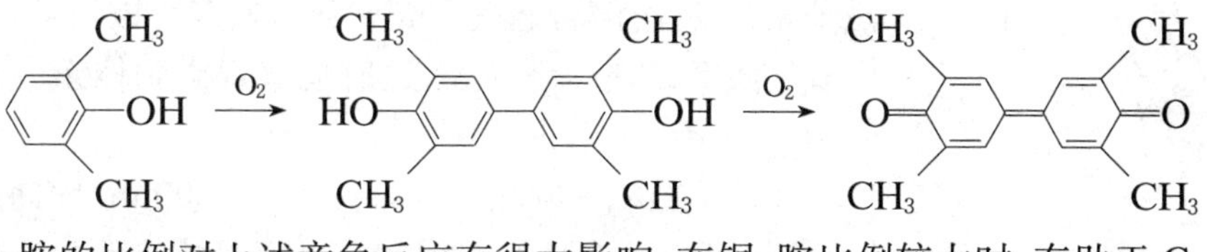

铜-胺的比例对上述竞争反应有很大影响,在铜-胺比例较大时,有助于C—O偶合,若比例下降,则C—C偶合程度将增加。

为了获得线形聚苯醚,苯酚的2、6位必须有取代基,以避免酚氧自由基的偶合。但是,如果取代基是吸电子基团,将抑制脱氢反应,得不到高分子量聚合物。如果取代基(如硝基)的吸电子能力很强,则单体无法聚合。另一方面,取代基体积大,使得空间位阻增加,不利于C—O偶合。

聚2,6-二甲基-1,4-苯醚(简称聚苯醚,PPO)是一种综合性能优良的热塑性塑料,最大的特点是在长期负荷下具有优良的尺寸稳定性和突出的电绝缘性,使用温度范围广,可在$-127\sim121$ ℃内长期使用,在很大的温度范围内能保持良好的机械性能和优良的介电性能。

其耐热性好，吸水性小，成型收缩率和热膨胀系数小，尺寸稳定，适宜制备精密仪器。它还具有优良的耐酸碱和其他化学试剂的性能，不易水解，制件在高压蒸汽中反复使用，各种性能无明显降低。所以，PPO在机电工业可用来制作在较高温度下工作的齿轮、轴承及化工管道等，还能代替不锈钢制作各类化工设备及零件。聚苯醚的主要缺点是熔融流动性差，加工成型困难，实际应用时进行共混改性，如使用聚苯乙烯改性 PPO，加工性能得到改善，降低了成本，只是耐热性和光泽略有降低。

2. 实验操作

在本实验中需要向反应体系中通入氧气，未能及时反应的氧气将从反应体系中逸出，需观察和控制氧气流量，使用氧气钢瓶作为氧气源。黏性聚合物溶液混有固体悬浮物时，直接过滤分离一般比较困难，可用适量溶剂进行稀释，降低体系黏度，便于固体不溶物的沉降或者过滤分离。

3. 实验要求

制备出纯净的聚苯醚。(如何验证?)

三、化学试剂与仪器

化学试剂：2,6-二甲基苯酚(DMP)，溴化亚铜(新制)，甲苯，二正丁基胺，甲醇，氯仿，乙酸，氧气钢瓶。

仪器设备：二颈瓶，平衡滴液漏斗，计泡器，电磁搅拌器，布氏漏斗。

四、实验步骤

如图 2.3 所示，搭置好反应装置，玻璃通气导管在不影响搅拌的条件下，尽可能深入反应液体中。在 100 mL 二颈瓶中加入 30 mL 甲苯、2.5 mL 二正丁基胺、0.096 g 溴化亚铜和 2 mL 甲醇，并放入一个搅拌磁子。开动搅拌器，通氧 3 min，通氧速度可以快些，使体系中氧气浓度尽快达到最大，这时能够观察到体系颜色逐渐变绿。

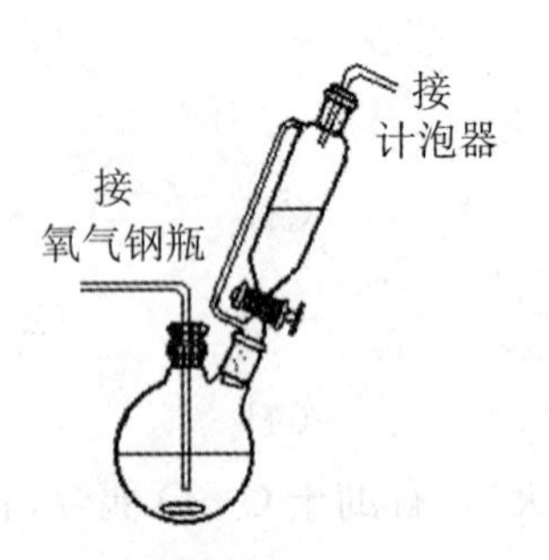

图 2.3 氧化偶联聚合制备聚苯醚

在维持通氧和剧烈搅拌条件下，在 20 min 内向反应瓶滴加溶有 5.1 g DMP 的 18 mL 甲苯溶液。随着单体的加入，反应混合液的颜色转变成棕色，溶液的温度因反应放热而逐渐升至 30～40 ℃。单体加完后约 30 min，反应体系由于有副产物 3,3′,5,5′-四甲基-4,4-二苯醌的形成而浑浊。反应进行约 75 min 后，反应混合物呈黏稠状，加入 2 mL 乙酸终止反应。

向 500 mL 烧杯中加入 200 mL 甲醇，在搅拌的条件下将反应液缓慢加入到甲醇中，沉淀出聚合物。用布氏漏斗抽滤，用 100 mL 甲醇将烧杯中剩余的聚合物洗至布氏漏斗，再用 3×15 mL 的甲醇分三次洗涤聚合物，然后抽干，称重，计算粗产率。

产物的纯化：将洗净的聚合物溶解于 70 mL 氯仿中，溶解时适当加热。过滤，除去不溶的固体杂质，再用 300 mL 甲醇将聚合物沉淀出来，抽滤，用甲醇洗涤。产物放入 50 ℃真空烘箱中干燥至恒重，称重，计算产率。

由于溴化亚铜长时间放置会被氧化而转变成蓝色，因此最好使用现制的溴化亚铜。具体方法如下：取 10.1 g NaBr 溶于尽量少水中（约 25 mL），再称取 12.3 g $CuSO_4 \cdot 5H_2O$ 溶于 50 mL 水中，分别过滤后混合得到绿色溶液。取 14.7 g Na_2SO_3 溶于 50 mL 水中，过滤后滴入上述溶液中，产生棕色沉淀和刺激性气体，沉淀逐渐变白。抽滤，用 20 mL 1%氢溴酸洗涤，将沉淀洗至白色，再用无水乙醇洗，抽干后置于红外灯下炒干，再用冰醋酸将残存的 Cu^{2+} 洗去，最后用无水乙醇洗涤。固体高真空泵抽除冰醋酸，密封避光避氧保存。

五、分析与思考

（1）低分子量的聚苯醚如果在铜-胺催化剂和氧气存在下，能否继续反应使聚合物分子量增加？为什么？

（2）逐步聚合反应和缩合聚合有什么不同？

（3）如果必须使用核磁共振氢谱测定聚苯醚的绝对分子量，你会怎么做？

（4）在聚合反应结束时，为什么用乙酸来终止聚合反应？盐酸可以吗？NaOH 可以吗？

实验九　聚苯胺的制备和导电性的观察

一、实验目的

（1）了解共轭高分子和导电高分子。

（2）掌握聚苯胺的合成方法。

二、实验预习

1. 实验原理和实验背景

共轭聚合物指的是主链为长程的大 π 共轭体系的聚合物，由于电子沿主链方向的迁移较为容易，因此是本征导电体。最早的导电聚合物是于 20 世纪 70 年代发现的聚乙炔，以后人们又陆续发现了聚苯乙炔、聚苯、聚苯胺和聚噻吩等电子导电聚合物，纠正了人们对有机聚合物不具有导电性的误解，为功能高分子材料的应用开辟了崭新的领域，并由此派生出光导电、电致发光、光伏电池和光电存储等新的研究空间。

共轭聚合物作为导电聚合物使用，一般存在化学稳定性低、制备比较困难和加工性能差等缺点，而聚苯胺却具有制备方法简单、制备条件容易控制和稳定性高等特点，同时还有良好的导电性，因而受到广泛关注。聚苯胺除了能导电外，还具有质子交换、氧化还原、电致变色和三阶非线性光学等性质，在光伏电池、电磁屏蔽、导电材料、发光二极管和光学器件等方面有巨大的应用前景。

聚苯胺的合成包括化学氧化聚合和电化学聚合。化学氧化聚合是苯胺在酸性介质中以过硫酸盐或重铬酸钾等作为氧化剂而发生氧化偶联聚合，聚合时所使用的酸通常为挥发性质子酸，浓度一般控制在 0.5～4.0 mol/L，反应介质可为水、甲基吡咯烷酮等极性溶剂，可采用溶液聚合和乳液聚合进行。介质酸提供反应所需的质子，同时以掺杂剂的形式与聚苯胺主链结合，使聚合物具有导电性，所以盐酸为首选。电化学聚合是苯胺在电流作用下在电极上发生聚合，它可以获得聚苯胺薄膜。在酸性电解质溶液中得到的蓝色产物具有很高的导电性、电化学特性和电致变色性；在碱性电解质溶液中则得到深黄色产物。

聚苯胺在大多数溶剂中是不溶的，仅部分溶解于二甲基甲酰胺和甲基吡咯烷酮中，可溶于浓硫酸，采用苯胺衍生物聚合、嵌段共聚和接枝共聚等方法可以提高聚苯胺的溶解性，但是会给其导电性带来负面影响。

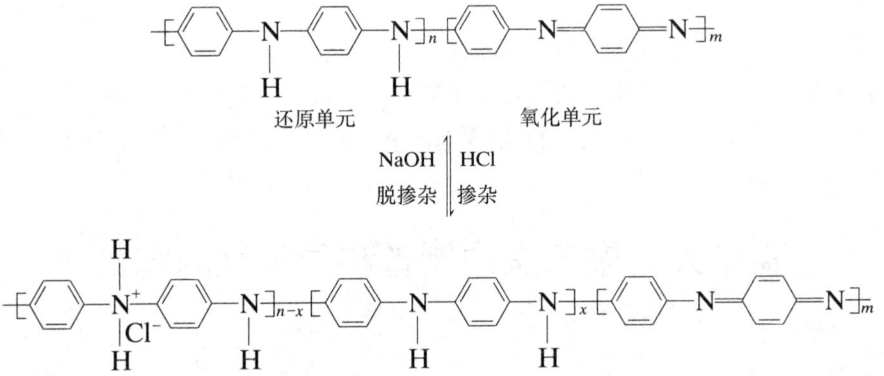

还原单元　　氧化单元

NaOH 脱掺杂 / HCl 掺杂

(2.9)

聚苯胺的导电性取决于聚合物的氧化程度和掺杂度，式(2.9)为聚苯胺在掺杂前后的结构变化。当 pH<4 时，聚苯胺为绝缘体，导电率与 pH 无关；当 4>pH>2 时，导电率随 pH 增加而迅速变大，直接原因是掺杂程度提高；当 pH<2 时，导电率与 pH 无关，聚合物呈金属特性。

2. 实验操作

本实验操作简单，但是在反应混合液中混有可溶性低聚物或其他氧化产物，有很深的颜色，切勿玷污衣物和其他用具。

3. 实验要求

本实验通过溶液法或乳液法合成出聚苯胺，经盐酸掺杂后得到导电材料，并采用简单的方法观察其导电性。

三、化学试剂与仪器

化学试剂：36%浓盐酸，苯胺，过硫酸铵，十二烷基苯磺酸，二甲苯，丙酮。

仪器设备：圆底烧瓶，平衡滴液漏斗，电磁搅拌器，油压机。

四、实验步骤

1. 溶液聚合法

用36%浓盐酸和蒸馏水配制成2.0 mol/L盐酸溶液，取50 mL稀盐酸并加入4.7 g苯胺(0.05 mol)搅拌溶解，配制成盐酸苯胺溶液，取11.4 g过硫酸铵(0.05 mol)溶解于25 mL蒸馏水中配制成过硫酸铵溶液。在电磁搅拌下，于5 ℃用滴液漏斗将过硫酸铵溶液滴加到盐酸苯胺溶液，25 min加入完毕，继续反应1 h。结束反应，反应混合物减压过滤，并用蒸馏水洗涤固体数次，得到的产物用2.0 mol/L盐酸溶液浸泡2 h进行掺杂。过滤，干燥至恒重，计算收率。

把干燥的掺杂聚苯胺研磨成粉末，在1 MPa压力下压制成直径为15 mm、厚度为4 mm的圆片，观察其导电情况。

2. 乳液聚合法

取25 g十二烷基苯磺酸，加入200 mL水和50 mL二甲苯，放入冰水浴中，机械搅拌使混合物乳化。加入5 mL苯胺，保持温度0 ℃，30 min后滴加1 mol/L的过硫酸铵水溶液100 mL，此时乳液逐渐由乳白色转变成黄绿色，继续搅拌6 h后转变成墨绿色。静置，将反应乳液倒入丙酮中破乳，抽滤，用蒸馏水洗涤至滤液无色，真空干燥，计算收率。

五、分析与思考

(1) 导电高分子分为本征导电高分子和混合型导电高分子，本征导电高分子又分为电子导电高分子和离子导电高分子，查阅资料，了解导电高分子。

(2) 电子导电高分子应具有怎样的结构？为了使其能导电，还需要采取怎样的措施？

(3) 设计一个小装置，验证掺杂聚苯胺的导电性。

(4) 使用盐酸和十二烷基苯磺酸对聚苯胺进行掺杂，掺杂聚苯胺的溶解性有什么不同？

实验十　水解缩聚法制备甲基乙烯基硅油

一、实验目的

(1) 了解有机硅聚合物的性能和特点。

(2) 掌握聚硅氧烷的合成方法。

(3) 掌握水解缩聚制备聚硅氧烷的合成方法。

二、实验预习

1. 实验原理和实验背景

有机硅聚合物是一类用途广泛的材料，除硅油以外，还有硅橡胶和硅树脂，此外有机硅偶联剂在高分子工业中也有相当广泛的应用。通常所说的硅油是指液体聚硅氧烷，其化学结构可用下面的通式表示，R 可为烃类基团、氢以及含羟基和羧基的基团。

$$\left[\begin{array}{c} R \\ | \\ -Si-O- \\ | \\ R \end{array}\right]_n$$

聚硅氧烷的合成可采用水解缩聚法和开环聚合法。前者使用二氯硅氧烷作为单体，在酸或碱催化剂作用下，二氯硅氧烷先水解生成硅醇，硅醇的羟基缩合形成硅氧键，如式(2.10a)和式(2.10b)所示。为了控制分子量，可加入二硅氧烷作为封端剂，如式(2.10c)所示的四甲基二乙烯基二硅氧烷，改变二氯硅氧烷和四甲基二乙烯基二硅氧烷的投料比，可以获得不同聚合度的双乙烯基封端的聚硅氧烷。水解缩聚法制备聚硅氧烷只能获得低聚体硅油，其中还含有环状低聚体，如环三硅氧烷和环四硅氧烷。开环聚合主要使用环硅氧烷作为起始原料，在酸或碱的催化作用下，环硅氧烷的硅氧键被打开后重新连接，形成线形聚合物，所用环硅氧烷有环四硅氧烷和环三硅氧烷，其中环三硅氧烷具有较高开环聚合活性。在无水和烷基锂引发下，环硅氧烷的开环聚合能获得很高分子量的聚硅氧烷。

$$Cl-Si(CH_3)_2-Cl + H_2O \xrightarrow{\text{水解}} HO-Si(CH_3)_2-Cl + HO-Si(CH_3)_2-OH \qquad (2.10a)$$

$$Cl-Si(CH_3)_2-OH + HO-Si(CH_3)_2-OH \xrightarrow{\text{缩合}} HO-Si(CH_3)_2-O-Si(CH_3)_2-Cl \qquad (2.10b)$$

$$CH_2{=}CH-Si(CH_3)_2-O-Si(CH_3)_2-CH{=}CH_2 + HO-Si(CH_3)_2-O-Si(CH_3)_2\sim\sim \longrightarrow$$
$$CH_2{=}CH-Si(CH_3)_2-O-Si(CH_3)_2-O-Si(CH_3)_2\sim\sim + HO-Si(CH_3)_2-CH{=}CH_2 \qquad (2.10c)$$

硅油是无毒、无嗅、无腐蚀和不易燃烧的液体，具有许多特殊的性能。它的黏度-温度系数很低、表面张力很小、耐高低温、抗氧化、无腐蚀、不挥发、绝缘。因聚合度和硅原子上取代基的不同而具有不同的黏度，其他性能也会有较大的变化。例如，取代基为烷基时，烷基的大小决定了硅油的黏度-温度系数、冰点和耐热性；聚合度相同时，其折光指数、表面张力和比重随碳原子数目的增加而递增。总体来说，聚硅氧烷的取代基越大，其性能越接近普通高分子。不言而喻，甲基硅油最能显示出聚硅氧烷的特点，是最重要的硅油品种。

改变聚硅氧烷的聚合度和取代基的种类或使聚硅氧烷与其他有机物共聚，可以制备出性能不同的硅油制品，可用于防水、脱模、消泡、润滑、耐高温和低挥发等场合，还可作为印染助剂、织物整理剂等。含氢硅油和乙烯基硅油在铂催化剂作用下，可在室温进行交联，是一种常见的室温固化硅橡胶。

2. 实验操作

二甲基二氯硅烷极易水解，并生成氯化氢气体，所以实验需在通风柜中进行，反应装置也需连接 HCl 吸收装置。硅油黏度较高，洗涤除去硫酸时比较困难，可加入少量石油醚稀释，再用水洗涤。

3. 实验要求

本实验采用二氯二甲基硅氧烷的水解缩合聚合，加入四甲基二乙烯基二硅氧烷作为封端剂，合成出端基为乙烯基的甲基硅油，该产物可作为“室温硫化硅橡胶”实验的原料。

三、化学试剂与仪器

化学试剂：二甲基二氯硅烷，四甲基二乙烯基二硅氧烷，浓硫酸。

仪器设备：圆底烧瓶，搅拌器，分液漏斗，减压蒸馏装置。

四、实验步骤

在 100 mL 的圆底烧瓶中加入 50 g 二甲基二氯硅烷和计算量的四甲基二乙烯基二硅氧烷，然后在搅拌下加入 2.5 g 浓硫酸，于 30 ℃下反应 3 h。加入 5 mL 水，搅拌 30 min，升温至 65～70 ℃继续反应 30 min。静置分层，除去下层硫酸，油层用蒸馏水洗涤至中性。过滤，减压蒸馏至体系透明，继续蒸馏 30 min，得到端乙烯基甲基硅油。计算产率。

本实验可安排学生分组合成乙烯基含量不同的硅油，以便在后期实验中观察交联程度对硅橡胶性能的影响，四甲基二乙烯基二硅氧烷的加入量由硅油中乙烯基的含量确定。

五、分析与思考

(1) 设计并画出整个实验装置。

(2) 假设聚合产物皆有两个乙烯基端基，如果要获得聚合度为 25、50、75 和 100 的聚硅氧烷，二甲基二氯硅烷和四甲基二乙烯基二硅氧烷比例应为多少？聚合物中乙烯基的摩尔含量又如何？

(3) 如何测定聚合物中乙烯基的摩尔含量？

(4) 可采取什么措施，使硅油与酸或水快速分层？

第三章　基础性实验——自由基聚合实验

自由基聚合属于链式聚合。链式聚合由引发反应、增长反应和终止反应三个基元反应组成，还包括各种链转移反应。在链式聚合中，活性中心一旦形成，立即连续地与单体发生加成，迅速生长成高聚合度的分子链；单体浓度逐渐降低，分子链的数目逐渐增加，分子量相对稳定。自由基聚合对烯类单体的选择性较小，几乎所有烯类单体都可进行自由基聚合。

自由基聚合的引发剂有过氧化物、偶氮化合物和氧化还原引发体系，引发速率常数和引发效率是引发剂的重要指标。氧化还原引发剂可以在较低的温度范围使用；光引发聚合反应的波长可选择，能方便地控制聚合的进行，但仅限于薄层使用；电离辐射引发根据反应条件的差别，可按自由基或阳离子方式增长，或两种都有，其高能量使射线具有穿透力强的特点。在没有其他引发条件下，许多单体在加热时能发生所谓的“自动聚合”。电引发聚合和等离子体聚合也可以按自由基历程进行，可控自由基聚合的引发体系能够使聚合反应具有活性聚合的多个实验特征，也是科研中常用的聚合方式。

链增长反应决定了活性增长链与单体加成反应的立体化学，即影响到结构单元的头-头与头-尾连接方式以及构型。链终止反应与链转移反应、引发方式决定了分子链的端基结构。引发、终止和转移方式共同影响分子量的大小。

链转移的存在必然导致聚合物分子量的降低，对聚合反应速率的影响与再引发速率常数相关。一般而言，分子内存在弱键及链转移后能成较稳定自由基的化合物，其链转移常数(C_S)较大。化合物的 C_S 还与链自由基活性和链转移剂的极性有关。阻聚与缓聚可视为特殊的链转移反应，在此种情况下化合物与自由基反应生成非自由基或活性过低而不能增长的自由基，从而使聚合反应受到抑制。此外，还应该注意到烯丙基的自动阻聚效应存在的条件，以及氧的阻聚和引发的双重作用。

在自由基等活性(k_p 和 k_t 仅与末端单元相关)、无解聚、聚合物分子量很大、稳态假定和双分子链终止等条件下，可以推导出自由基聚合的速率表达式：

$$R_p = k_p[M](R_i/2k_t)^{1/2}$$

引发方式不同，引发速率(R_i)不同，聚合速率(R_p)的最终表达式也会有所差别。

动力学链长为引发聚合反应的初级自由基所消耗的单体平均数目，数均聚合度和动力学链长的关系与终止方式相关，数均聚合度与各反应参数之间的定量关系可用 Mayo 方程来描述，这是一个瞬时状态方程。值得注意的是，在自由基聚合过程中，链增长速率常数(k_p)、链终止速率常数(k_t)和链转移常数(k_{tr})并不是恒定不变的，特别是在存在自动加速效应的自由基聚合中更是如此。

采取适当方法测定聚合反应的引发速率、聚合速率、动力学链长以及自由基的寿命，就可以得到引发速率常数、增长速率常数、终止速率常数和链转移速率常数。自由基的寿命是用光化学聚合反应法测定的。

温度升高，聚合反应速率增加，而聚合物分子量下降，这是由聚合反应速率总活化能(E_R)和聚合度总活化能(E_{Xn})决定的。不同的引发方式中 E_R 和 E_{Xn}有所差异，导致聚合速率和聚合度对温度的依赖程度不同，例如，光引发聚合中温度对聚合度的影响就很小。链式聚合反应都存在逆反应——解聚，在某一温度下聚合与解聚达到平衡，该温度称为临界聚合温度(T_c)，文献提供的则是纯单体或 1 mol/L 单体溶液的 T_c。在固定温度下，单体聚合到一定程度，也会导致聚合和解聚的平衡，此时单体浓度定义为单体平衡浓度。

在自由基链式聚合反应过程中，会出现聚合反应速率随时间而增大的自动加速现象，这是因为终止反应是一个扩散控制的过程。自动加速现象同时导致分子量随转化率升高而变大。

在低转化率下，自由基链式聚合的动力学参数([M]、[I]、k_p 和 k_t)近于常数，分子量不随转化率而变化，这时分子量的大小和分布可用统计法推导。高转化率下，分子量分布要比低转化率时宽得多。

实验十一　单体、引发剂和溶剂的精制

一、实验目的

(1) 了解单体、引发剂和溶剂的精制原理，掌握它们的精制方法。

(2) 纯化几种烯类单体、自由基引发剂和溶剂。

二、实验预习

1. 实验原理和实验背景

试剂的纯化对聚合反应而言是相当重要的，极少量的杂质往往会影响反应的进程，离子聚合反应对杂质尤为敏感，杂质浓度要求达到极低水平，而阴离子聚合反应还需绝对无水，所以聚合以前试剂的纯化是必需的。

固体单体常用的纯化方法为结晶和升华，液体单体可采用减压蒸馏、在惰性气氛下分馏的方法进行纯化，也可以用制备色谱分离纯化单体。单体中的杂质可采用下列措施加以除去：

(1) 酸性杂质(包括阻聚剂酚类)用稀碱溶液洗涤除去；碱性杂质(包括阻聚剂苯胺)可用稀酸溶液洗涤除去。

(2) 单体中的水分可用干燥剂除去，如无水 $CaCl_2$、无水 Na_2SO_4 或 CaH_2。

(3) 单体通过活性氧化铝、分子筛或硅胶柱，其中含羰基和羟基的杂质可以除去。

(4) 采用减压蒸馏法除去单体中的难挥发杂质。

单体的纯度可以用化学分析法、物理常数法、光谱分析法和色谱分析法来测定。你能分别列举一些事例吗?

在聚合温度下容易产生自由基的化合物皆可作为自由基聚合反应的引发剂,从分子结构看,它们具有弱的共价键或者分解产生气体。聚合温度处于40～100 ℃,引发剂的离解能应为100～170 kJ/mol,温度过高或过低,引发剂将分解太快或太慢。

自由基聚合的引发剂有如下几种类型:

(1) 偶氮类引发剂:常用的有偶氮二异丁腈(AIBN,用于40～65 ℃聚合)和偶氮二异庚腈,后者半衰期较短。

(2) 有机过氧化物:最常用的是过氧化苯甲酰(BPO,用于60～80 ℃聚合),还有过氧化二异丙苯、过氧化二特丁基和过氧化二碳酸二异丙酯。

以上两种引发剂通常是油溶性,适用于本体聚合、悬浮聚合和溶液聚合。现在也有一些水溶性的偶氮引发剂,如偶氮二异丁基脒盐酸盐(AIBI,V-50)、偶氮二异丁咪唑啉盐酸盐(AIBI,VA-044)、偶氮二氰基戊酸(ACVA,V-501)和偶氮二异丙基咪唑啉(AIP,VA-061引发剂)等。

(3) 无机过氧化物:如过硫酸钾(KPS)和过硫酸铵,这类引发剂溶于水,适用于乳液聚合和水溶液聚合。

(4) 氧化-还原引发剂:活化能低,可以在较低的温度(0～50 ℃)引发聚合反应。水溶性的氧化剂有过硫酸盐、过氧化氢,还原剂有 Fe^{2+}、$NaHSO_3$、$Na_2S_2O_3$ 和草酸;油溶性的氧化剂有氢过氧化物、过氧化二烷基,还原剂有叔胺、硫醇等。

自由基聚合对溶剂没有过高的要求,但是对离子型聚合而言,则要求溶剂绝对无水。阴离子聚合常使用四氢呋喃(THF)作为溶剂,THF长期放置产生的过氧化物能终止阴离子聚合反应,因而需要用适当还原剂除去这些过氧化物。

2. 实验操作

本实验主要涉及物质纯化的实验方法和过程,包括重结晶和减压蒸馏。对于烯烃单体和自由基聚合的纯化,需注意温度的升高而引起的化学变化,它们的纯化应在尽可能低的温度下进行。离子型聚合的单体和引发剂应尽可能避免水分的引入。在进行单体的减压蒸馏时,更应注意恢复常压时水汽等是否被引入。单体纯化的根本目的是除去阻聚剂,商品单体的纯度本来就较高,水洗之后经充分干燥,水分含量也很低,因此蒸馏时前馏分不必过多,待馏出液滴透明时即可收集所要馏分。

3. 实验要求

(1) 本实验可根据教学计划,选择其中的几种或者其他单体进行。

(2) 液态单体精制的回收率不低于85%。

三、化学试剂与仪器

化学试剂:苯乙烯,甲基丙烯酸甲酯,乙酸乙烯酯,过氧化苯甲酰,丙烯酸,偶氮二异丁腈,过硫酸钾,氢氧化钠,氯仿,甲醇,95%乙醇,四氢呋喃,无水硫酸钠,pH试纸。

仪器设备:100 mL分液漏斗,锥形瓶,减压蒸馏装置,通氮系统,回流装置,布氏漏斗,抽滤瓶,真空保干器,电磁搅拌器。

四、实验步骤

1. 苯乙烯(商品中含对苯二酚、水分和聚合物)

在100 mL分液漏斗中加入50 mL苯乙烯单体,用15 mL NaOH溶液(5%)洗涤两次,苯乙烯略带黄色。用蒸馏水洗涤至中性,分离出的单体置于锥形瓶中,加入无水硫酸钠至液体透明。干燥后的单体进行减压蒸馏,收集59～60 ℃、53.3 kPa的馏分。如单体暂时不用,可储存在烧瓶中,充氮封存,置于冰箱中。

2. 甲基丙烯酸甲酯(商品中含对苯二酚、水分和甲基丙烯酸等)

在100 mL分液漏斗中加入50 mL甲基丙烯酸甲酯单体,用15 mL NaOH溶液(5%)洗涤两次。用蒸馏水洗涤至中性,分离出的单体置于锥形瓶中,加入无水硫酸钠至液体透明。干燥后的单体进行减压蒸馏,收集39～41 ℃、107.7 kPa的馏分。如单体暂时不用,可储存在烧瓶中,充氮封存,置于冰箱中。

3. 乙酸乙烯酯的精制(商品中含苯胺、乙酸、水分及固体杂质)

在100 mL分液漏斗中加入50 mL乙酸乙烯酯单体,用15 mL盐酸(4 mol/L)洗涤两次,15 mL饱和碳酸钠溶液洗涤两次,再用蒸馏水洗涤至中性。分离出的单体置于锥形瓶中,加入无水硫酸钠至液体透明。干燥后的单体进行常压蒸馏,收集72～73 ℃的馏分。如单体暂时不用,可储存在烧瓶中,充氮封存,置于冰箱中。

4. 丙烯酸的精制(商品中含酚类阻聚剂)

丙烯酸为水溶性、酸性单体,不能使用碱液洗涤法除去阻聚剂,直接通过减压蒸馏的方法进行纯化。

5. 过氧化苯甲酰的精制

100 mL的烧杯中加入6 g过氧化苯甲酰,在搅拌条件下逐滴加入约25 mL氯仿,稍作加热使其溶解,如有不溶物,趁热过滤。向澄清的溶液中加入甲醇(50～100 mL),有过氧化苯甲酰晶体析出。过滤,固体用甲醇洗两次,抽干,置于真空干燥器内除溶剂。

6. 偶氮二异丁腈的精制

向装有回流冷凝管的150 mL锥形瓶中加入50 mL 95%乙醇,水浴加热至70 ℃,加入5 g偶氮二异丁腈,电磁搅拌使其溶解(如有不溶物,趁热过滤),冷却析出白色结晶。过滤,结晶置于真空保干器内,减压除去溶剂,放在冰箱中保存。

7. 过硫酸钾的精制

取10 g过硫酸钾放于100 mL三颈瓶中,于40 ℃水浴中加热,电磁搅拌下加入尽量少的蒸馏水使其溶解(如有不溶物加以过滤),然后于冰箱中冷却30 min,溶液中析出晶体。过滤,用冰水洗涤,再用少量无水乙醇洗涤,结晶置于真空保干器内,减压除去溶剂,放在冰箱中保存。

8. 无水四氢呋喃的制备

每500 mL四氢呋喃加入10 g氢氧化钾,放置一周,并不时振荡。400 mL四氢呋喃置于特制的回流干燥器的烧瓶中(图1.19),加入二苯甲酮和钠片,打开三通活塞A,用加热套加热回流至溶剂转变成深蓝色。在通入干燥氮气的条件下,停止加热,待冷却后将装有四氢呋喃的烧瓶B取下,立即加盖封闭,待用。回流干燥器的下端口加另一烧瓶,保持回流干燥器内部的干燥。需要使用无水四氢呋喃时,加热回流一段时间后,关闭活塞A,当容器C中盛有足量溶剂后,用烘干的针筒从出口D取出溶剂。

五、分析与思考

(1) 商品中的烯类单体为什么要加入阻聚剂?

(2) 如何检测单体的纯度?

(3) 为什么需要在较低温度下进行引发剂的精制?

(4) 对于自由基聚合,引发剂的选用应遵循哪些原则?

(5) 查阅资料,指出在常温、常压下是气体、液体和固体的烯烃单体,并将常见的烯烃单体按照水溶性进行排序。

实验十二 甲基丙烯酸甲酯的本体聚合——有机玻璃板的制备

一、实验目的

(1) 了解自由基本体聚合的特点和实施方法。

(2) 熟悉有机玻璃板的制备方法,了解其工艺过程。

二、实验预习

1. 实验原理和实验背景

本体聚合是指单体在无反应介质存在下进行的聚合反应,仅需加入少量的引发剂,或者直接在热、光和辐照作用下进行反应,因此本体聚合具有产品纯度高和无需后处理等优点,可直接聚合成各种规格的型材。但是,由于体系黏度大,聚合热难以散去,反应控制困难,导致产品发黄,出现气泡,从而影响产品的质量。

本体聚合进行到一定程度,体系黏度大大增加,大分子链的运动和构象调整困难,而单体分子的扩散受到的影响不大。链引发和链增长反应照常进行,而增长链自由基的终止受到抑制,结果使得聚合反应速率增加,聚合物分子量变大,出现所谓的自动加速效应。更高的聚合速率导致更快、更多的热量生成,如果聚合热不能及时散去,会使局部反应“雪崩”式地加速进行而失去控制。因此,自由基本体聚合中控制聚合速率、使聚合反应平稳进行是获取无瑕疵型材的关键。

聚甲基丙烯酸甲酯为无定形聚合物,具有高度的透明性,因此称为有机玻璃。聚甲基丙烯酸甲酯具有较好的耐冲击强度与良好的低温性能,是航空工业与光学仪器制造业的重要材料。

有机玻璃表面光滑，在一定的曲率内光线可在其内部传导而不逸出，因此在光导纤维领域得到应用。但是，聚甲基丙烯酸甲酯耐候性差、表面易磨损，可以使甲基丙烯酸甲酯与苯乙烯等单体共聚来改善耐磨性。

有机玻璃是通过甲基丙烯酸甲酯的本体聚合制备的。甲基丙烯酸甲酯的密度小于聚合物的密度，在聚合过程中出现较为明显的体积收缩。为了避免体积收缩和有利于散热，工业上往往采用二步法制备有机玻璃。在过氧化苯甲酰引发下，甲基丙烯酸甲酯聚合初期平稳反应，当转化率超过20%之后，聚合体系黏度增加，聚合速率显著增加。此时应该停止第一阶段反应，将聚合浆液转移到模具中，低温反应较长时间。当转化率达到90%以上后，聚合物已成型，可以升温使单体完全聚合。引发剂的使用量应视制备的制品厚度而定，用偶氮二异丁腈(AIBN)引发时其用量如表3.1所示。

表3.1　制备有机玻璃板时AIBN用量与厚度的关系

厚度(mm)	1～1.5	2～3	4～6	8～12	14～25	30～45
AIBN(%)	0.06	0.06	0.06	0.025	0.020	0.005

2. 实验操作

本实验采取本体聚合法制备有机玻璃制品，欲获得品质好的制品，关键有二：① 预聚体浆液的黏度合适，以避免后期聚合时过高的体积收缩；② 后期聚合的温度控制，应使聚合平稳进行，避免局部过热导致单体气化而形成气泡。

3. 实验要求

(1) 制备出透明度高、无气泡等瑕疵的有机玻璃板，其尺寸不低于模具尺寸的90%。

(2) “成型”实验步骤可安排在后续实验课程中完成。

三、化学试剂与仪器

化学试剂：过氧化苯甲酰，甲基丙烯酸甲酯，过氧化二碳酸环辛酯，硅油。

仪器设备：三颈瓶，冷凝管，氮气钢瓶，电磁搅拌器，玻璃板。

四、实验步骤

1. 预聚物的制备

准确称取50 mg过氧化苯甲酰、50 g甲基丙烯酸甲酯，混合均匀，加入到配有冷凝管和通氮管的三颈瓶中，通氮、加热并开动电磁搅拌器。升温至75 ℃，反应约30 min，体系达到一定黏度(相当于甘油黏度的两倍，转化率为7%～17%)，停止加热，冷却至50 ℃，补加10 mg过氧化二碳酸环辛酯，轻缓搅拌，使引发剂充分溶解均匀。

2. 制模

取两块玻璃板洗净、烘干，在玻璃板的一面涂上一层硅油作为脱膜剂。玻璃板外沿垫上适当厚度的垫片(涂硅油时面朝内)，在四周糊上厚牛皮纸，并预留一注料口。在烘箱中烘干后，取出垫片。

3. 成型

将上述预聚物浆液通过注料口缓缓注入模腔内，注意排净气泡。待模腔灌满后，用牛皮纸密封。将模子的注料口朝上垂直放入烘箱内，于 40 ℃继续聚合 20 h，体系固化失去流动性。再升温至 100 ℃，保温 1 h，打开烘箱，自然冷却至室温。除去牛皮纸，小心撬开玻璃板，取出制品，洗净、吹干。

五、分析与思考

(1) 自动加速效应是怎样产生的？对聚合反应有哪些影响？

(2) 制备有机玻璃，各阶段的温度应怎样控制？为什么？

(3) 为什么有机玻璃厚度越大，加入的引发剂量越少？

(4) 预聚结束后，为什么补加过氧化二碳酸环辛酯而不是过氧化苯甲酰？

(5) 制备有机玻璃板，为什么不使用偶氮类引发剂？

(6) 试分析模具中有机玻璃板过度“收缩”的可能原因。

实验十三　甲基丙烯酸甲酯本体聚合速率的定性观测

一、实验目的

了解本体聚合的原理，定性观测不同因素对甲基丙烯酸甲酯本体聚合速率的影响。

二、实验预习

1. 实验原理和实验背景

由引发剂分解引发的烯类单体的自由基聚合反应，其速率（R_p）一般符合下列的动力学方程：

$$R_p = k[M][I]^{1/2}$$

其中，[M]和[I]分别为单体和引发剂的浓度，k 为速率常数。

聚合反应的速率与单体浓度成正比，与引发剂浓度的平方根成正比。聚合温度升高，速率常数增加，聚合速率增大。

某些化合物通过链转移反应可以延缓或阻止聚合反应的进行，这些化合物被称为缓聚剂或阻聚剂。常用的缓聚剂或阻聚剂有醌类（对苯二酚易氧化成对苯二醌）、硝基化合物和芳香胺。

氧气可与活泼自由基反应生成不活泼的自由基或过氧化物，所以氧气是自由基聚合的有效阻聚剂。

2．实验操作

实施甲基丙烯酸甲酯(MMA)的本体聚合和溶液聚合，对聚合温度进行有效控制，对聚合体系的黏度进行定性观测。本实验中需进行多组平行实验，其他反应条件相同，改变某个反应条件参数，因此必须采取合适措施确保其他反应条件的严格一致。例如在“引发剂用量影响”中，通过增量称重法或者移液管移液法，保证每根聚合管中单体总量一致；在进行除氧操作时，每根聚合管的充氮、真空的时间和次数也应该保持一致。

3．实验要求

定性验证引发剂用量、聚合温度、氧气存在和阻聚剂对聚合反应的影响，要求学生分组进行实验，观测不同聚合条件的影响，再综合实验结果，写出实验报告。

三、化学试剂与仪器

化学试剂：偶氮二异丁腈(已精制)，甲基丙烯酸甲酯(已精制)，对苯二酚。

仪器设备：水浴，聚合管(带翻口塞)，真空系统。

四、实验步骤

1．引发剂用量的影响

取5支洁净的带翻口塞的聚合管，编号，依次加入0 mL、0.02 mL、0.10 mL、0.20 mL 和0.60 mL浓度为100 mg/mL的偶氮二异丁腈的甲基丙烯酸甲酯溶液，然后每支聚合管皆加入新蒸的甲基丙烯酸甲酯，使聚合管的液体总体积达到2 mL。用洁净的翻口橡皮塞塞紧管口，使液体充分混合均匀。取一支三通活塞，一端通过软管接一根长注射针头，并将针头插入到聚合管内，另两端分别连接氮气钢瓶和真空系统。充氮气时，注射针头位于液面以下；抽真空时，针头移至液面以上，反复充氮—抽真空3～4次。取出针头，橡皮塞上的针眼可用密封胶堵上。完成上述操作后，将5支聚合管同时放入60 ℃的水浴中，翻口塞位于水面之上。观察聚合管中液体黏度变化，记录经摇动气泡不再上升和体系失去流动性的时间。

2．温度对聚合速率的影响

取3支聚合管，编号，向聚合管中加入1.9 mL甲基丙烯酸甲酯和0.1 mL引发剂溶液，经充氮—抽真空处理后，分别置于50 ℃、60 ℃和70 ℃水浴中，观察并记录体系反应情况。

3．阻聚剂对聚合速率的影响

取4支聚合管，编号，向聚合管中加入1.9 mL甲基丙烯酸甲酯和0.1 mL引发剂溶液，再依次加入0 mg、2 mg、9 mg和18 mg对苯二酚。1#聚合管不经充氮—抽真空处理，其余3支聚合管经充氮—抽真空处理。将聚合管同时置于60 ℃水浴中，观察并记录体系反应情况。

实验结束后，收集聚合管中的物质，在低温下完成聚合，得到的聚合物可用于“聚甲基丙烯酸甲酯的热降解”实验。

五、分析与思考

(1) 将实验结果填入表3.2中，分析说明表中反应条件对聚合速率的影响。

表 3.2 MMA 本体聚合物的定性观察

实验编号	聚合温度(℃)	是否脱氧	引发剂用量(mg)	对苯二酚用量(mg)	体系失去流动性时间(min)
1	60	是	0	0	
2	60	是	2	0	
3	60	是	10	0	
4	60	是	20	0	
5	60	是	60	0	
6	50	是	10	0	
7	70	是	10	0	
8	60	否	10	0	
9	60	是	10	2	
10	60	是	10	9	
11	60	是	10	18	

(2) 氧气的存在是否都不利于聚合反应？为什么？

(3) 如何判断氮气是否过量充入到聚合管？过量充入氮气可能会出现怎样的危险？

(4) 设计实验方案，定性观测聚合条件对分子量的影响。

实验十四 膨胀计法测定苯乙烯自由基聚合速率

一、实验目的

(1) 掌握膨胀计法测定聚合反应速率的原理和方法。

(2) 验证聚合速率与单体浓度的动力学关系式，求得平均聚合速率。

二、实验预习

1. 实验原理和实验背景

从理论上可以推导出自由基聚合反应的动力学关系式：

$$R_p = -\frac{d[M]}{dt} = k[I]^{1/2}[M]$$

其中，聚合反应速率 R_p 与引发剂浓度[I]的平方根成正比，与单体浓度[M]成正比。在低转化率下，引发剂的浓度可视为恒定，则

$$R_p = -\frac{d[M]}{dt} = k'[M]$$

积分后,可得

$$\ln\frac{[\mathrm{M}]_0}{[\mathrm{M}]}=k't$$

其中,$[\mathrm{M}]_0$ 和$[\mathrm{M}]$分别为起始单体浓度和时刻 t 的单体浓度。在实验中测定不同时刻单体浓度$[\mathrm{M}]$,求出不同时刻 $\ln([\mathrm{M}]_0/[\mathrm{M}])$的数值,并对时间 t 作图,应该得到一条直线,由此可以验证聚合反应速率的动力学关系式。

单体聚合转变成聚合物,反应体系发生收缩,本体聚合体系的体积降低程度依赖于单体和聚合物的密度,并且体积的变化与单体的转化率成正比。如果使用毛细管观察这种体积变化,灵敏度将大大提高,该法即为膨胀计法。若用 P 表示单体转化率,ΔV 表示聚合过程中体系的体积收缩量,ΔV_∞ 表示单体完全聚合时体系的体积收缩量,那么 $P=\Delta V/\Delta V_\infty$。由此可得:

t 时刻已反应的单体量为

$$P[\mathrm{M}]_0=\frac{\Delta V}{\Delta V_\infty}[\mathrm{M}]_0$$

t 时刻剩余的单体量为

$$[\mathrm{M}]=(1-P)[\mathrm{M}]_0=\left(1-\frac{\Delta V}{\Delta V_\infty}\right)[\mathrm{M}]_0$$

$$\ln\frac{[\mathrm{M}]_0}{[\mathrm{M}]}=\ln\frac{\Delta V_\infty}{\Delta V_\infty-\Delta V}$$

对于某一单体的本体聚合反应,ΔV_∞ 是固定值,因此使用膨胀计测出不同时刻体系的体积收缩量 ΔV,就可获得 $\ln([\mathrm{M}]_0/[\mathrm{M}])$的值,并由此验证动力学关系式,同时使用下式计算平均聚合速率:

$$\overline{R_\mathrm{p}}=\frac{[\mathrm{M}]_0-[\mathrm{M}]}{\Delta t}=\frac{\Delta V}{\Delta V_\infty\Delta t}[\mathrm{M}]_0$$

2. 实验操作

毛细管膨胀计的使用,简易的除氧操作。在记录毛细管度数时,起始数据点愈多,实验结果的可靠性愈高。勤于记录!

3. 实验要求

至少分五组进行实验,每组在不同聚合温度下测定聚合速率,汇总实验数据,确定聚合速率的总活化能。

三、化学试剂与仪器

化学试剂:苯乙烯(已纯化),偶氮二异丁腈(已纯化),苯。

仪器设备:膨胀计(使用前经铬酸洗液、蒸馏水依次洗涤,干燥),恒温水浴,锥形瓶。

四、实验步骤

称取 50 mg 偶氮二异丁腈,加入到 100 mL 锥形瓶中,再加入 10～15 mL 苯乙烯,轻轻振摇使引发剂溶解,通过玻璃导管通入氮气 10 min,除去单体中的氧气。取该溶液装满膨胀计下部容器，再装好上部带刻度的毛细管，单体液柱即沿毛细管上升，然后将膨胀计上、下两部分固定和密封好，溢出的液体用滤纸擦去。

将毛细管垂直固定在夹具上，让下部容器浸于60 ℃的水浴中，毛细管部分伸出水外以便读数。开始由于单体受热膨胀，毛细管液面上升，当液面稳定不动时达到热平衡，记下液面刻度。液面下降表示聚合反应开始，记该时刻为起始时刻 t_0。以后每隔一定时间记录一次，1 h后结束读数。聚合温度越高，记录间隔时间宜越短；聚合起始阶段应该多记录数据。

从恒温水浴中取出膨胀计，将反应液倒入回收瓶中，用少量苯洗涤容器和毛细管，共三次。回收的反应液可采取实验十二所述方式制备聚苯乙烯板，由此可比较聚甲基丙烯酸甲酯和聚苯乙烯的力学性能的差异。

五、数据处理

(1) 单体起始浓度$[M]_0$：

$$[M]_0 = d/M \times 10^{-3}$$

(2) 单体完全聚合时体系的体积收缩量 ΔV_∞：

$$\Delta V_\infty = V_M - V_P = \left(1 - \frac{d_M}{d_p}\right) V_M$$

其中，V_M 和 V_P 分别为参加反应单体的体积、单体全部聚合后聚合物的体积，d_M 和 d_P 分别为单体和聚合物的密度。

$$V_M = V_{50} - (50 - h_0)A$$

其中，V_{50}为膨胀计下部容器以及毛细管刻度50处的总体积，需要事先标定。

(3) 聚合过程中体系的体积收缩量 ΔV：

$$\Delta V = (h_0 - h_t)A$$

其中，h_0 和 h_t 分别为起始时刻和 t 时刻毛细管的刻度，A 为毛细管的截面积，需要事先标定。

(4) 处理数据、列表和作图。

六、分析与思考

(1) 如何标定毛细管的仪器参数 V_{50}和 A？

(2) 自由基聚合动力学方程推导使用了哪些假定？

(3) 汇总各组实验数据，确定测定结束时的单体转化率，计算聚合速率总活化能。

(4) 使用 $\ln([M]_0/[M]) = k't$ 测定表观聚合速率常数时，需要注意的关键问题是什么？

(5) 如何确保膨胀计的容器和毛细管之间结合的密实性？

实验十五　丙烯酰胺的溶液聚合

一、实验目的

（1）了解溶液聚合的原理和溶剂选择的原则，掌握丙烯酰胺溶液聚合方法。
（2）掌握聚合物的沉淀纯化操作。

二、实验预习

1. 实验原理和实验背景

将单体溶解于溶剂，生成的聚合物也溶解于溶剂中的聚合反应称为溶液聚合，因此溶液聚合是均相聚合；如果聚合物不能溶解于溶剂中，聚合反应称为沉淀聚合。自由基聚合、离子聚合和逐步聚合反应皆可以采用溶液聚合来实施。

在自由基溶液聚合中，聚合物链处于比较伸展的状态，活性中心易相互靠近而进行双基终止。只有在高转化率下，体系黏度增加到一定程度，才会出现自动加速效应。如果单体浓度低，则自动加速效应可能不再出现，整个聚合过程都遵循常见的自由基聚合动力学方程，因此溶液聚合是实验室中研究聚合机理及聚合动力学等常用的方法。在沉淀聚合中，聚合物处在不良溶剂中，聚合物链呈卷曲状态，端基被包围，聚合开始不久就会出现自动加速效应，不存在稳定聚合阶段。随着聚合的进行，聚合物链卷曲缠绕程度加深，自动加速效应也增强。因此，沉淀聚合的动力学行为与均相聚合有明显不同。均相聚合中终止过程主要是链自由基的双分子终止，聚合速率与引发剂浓度的平方根成正比；沉淀聚合中活性中心被包围，终止过程基本是通过链自由基的单分子终止完成的，聚合速率与引发剂浓度成正比。

溶液聚合中溶剂的存在对聚合反应有或多或少的影响，溶剂的选择是相当重要的，一般遵循以下要求。

（1）对引发剂的诱导分解作用小，以提高引发剂的引发效率。溶剂对偶氮类引发剂的影响很小，对有机过氧化物引发剂有较大的诱导分解作用，顺序为芳烃、烷烃、醇、胺。

（2）溶剂的链转移常数应低，以获得较高分子量的聚合物。

（3）尽量使用聚合物的良溶剂，以便控制聚合反应。

与本体聚合相比，溶液聚合具有黏度低、混合和传热容易以及反应温度容易控制等优点。但是存在聚合物分离和溶剂回收等问题，因此在聚合物溶液直接使用的情况，如涂料、黏合剂、浸渍剂和合成纤维的纺丝液等，才采用溶液聚合。

丙烯酰胺是水溶性单体，聚丙烯酰胺是水溶性高分子，聚丙烯酰胺不溶于大多数的有机溶剂。聚丙烯酰胺具有良好的絮凝性，可以降低液体之间的摩擦阻力。聚丙烯酰胺主要应用于石油开采、采矿、造纸及水处理四大领域，2012 年至 2018 年，聚丙烯酰胺的产量从 62.5 万吨增长到110万吨，年均增长率为8.4%。在石油开采工业中，聚丙烯酰胺被用于钻井凝聚剂使用，也被用于三次采油。目前原油开采成本不断增加，当达到一定水平时，必须采取三次采油工艺来平衡价格。聚丙烯酰胺在采矿工业中的应用也十分广泛，不但可以分离矿物和矿石，还可以作为絮凝剂应用于废水处理以及密封采矿管道等。在造纸行业，聚丙烯酰胺主要用作纸浆纤维和添加剂的黏结剂，或者用于废水处理。另外，聚丙烯酰胺在市政污水处理和工业废水处理领域也扮演着重要的角色。

为了满足不同场合的使用需要，通过共聚改性或者聚丙烯酰胺的化学改性，获得离子特性不同的疏水改性型、阴离子型、阳离子型和两性离子型的聚丙烯酰胺。

2. 实验操作

热过滤，溶液聚合的实施，聚合物的沉淀纯化。

3. 实验要求

丙烯酰胺精制的收率不低于70%，聚合反应的收率不低于85%。

三、化学试剂与仪器

化学试剂：丙烯酰胺（已纯化），甲醇，过硫酸铵（已纯化），去离子水或蒸馏水。

仪器设备：电磁搅拌加热反应器，回流冷凝管，温度计，三颈瓶，滴液漏斗，通氮系统。

四、实验步骤

丙烯酰胺的精制：取10 g丙烯酰胺，加热溶解于40 mL氯仿中，趁热过滤。滤液经加热使析出的晶体重新溶解，冷却结晶，过滤，真空干燥。在加热和过滤过程中氯仿易挥发，因此操作过程应该在通风柜中进行。趁热过滤时单体易析出，聚集在漏斗管道和滤纸上，因此需使用漏斗加热套，或者使用预热过的漏斗并及时更换；需少量多次过滤溶液，保持待过滤溶液温度。

在150 mL三颈瓶中放入一枚磁子，并装配回流冷凝管、温度计和氮气导管，调整好温度计和氮气导管的位置。将5 g丙烯酰胺（0.07 mol）和45 mL蒸馏水加入到反应瓶中，开动电磁搅拌，通氮气，水浴加热至30 ℃，使单体完全溶解。将25 mg过硫酸铵溶解于5 mL蒸馏水中，溶液加入到反应瓶中，逐步升温至90 ℃，在通氮条件下反应2～3 h，冷却至室温。

在500 mL烧杯中加入350 mL丙酮，在搅拌下缓缓滴加上述聚合反应液，有白色絮状聚合物沉淀出现。静置片刻，加入少量丙酮，观察是否再有沉淀出现。如果有，再加入甲醇使聚合物完全沉淀出。用布氏漏斗过滤，沉淀用少量丙酮洗涤三次，在30 ℃真空干燥至恒重，称重并计算产率。

五、分析与思考

(1) 从环境保护的角度考虑，应尽量避免使用有机溶剂。那么，对于涂料和黏合剂（特别是不溶水的聚合物）而言，可采取哪些措施？

(2) 对于苯乙烯、甲基丙烯酸和丙烯腈的溶液聚合，可选择哪些溶剂？

(3) 查阅资料，了解疏水改性型、阴离子型、阳离子型和两性离子型的聚丙烯酰胺的化学结构和制备方法。

(4) 查阅资料，了解高分子量聚丙烯酰胺的合成方法。

实验十六　丙烯酰胺的冷冻聚合

一、实验目的

了解冷冻聚合的过程和特点，制备超高分子量的聚丙烯酰胺，验证单体和引发剂的浓度对分子量的影响。

二、实验预习

1. 实验原理和实验背景

聚合反应的实施方法是将聚合反应原理应用于实践并获得有实用价值的高分子材料的关键，因而一直是高分子科学领域备受关注的研究课题，无论是配位聚合反应还是各种活性聚合方法，都给高分子科学的发展和人类社会的进步带来了巨大的推动力。冷冻聚合(frozen polymerization 或 cryo-polymerization)是在聚合体系冰点以下温度进行的聚合反应，作为一种特殊的聚合反应实施方法，该领域的研究越来越受到重视。

在略低于聚合体系冰点温度进行的轻度冷冻聚合，以水作为反应介质，为自由基参与的聚合反应，如水溶性烯类单体的自由基聚合和苯胺的氧化偶联聚合。综合分析现有的轻度冷冻聚合的研究结果，它的优越性在于低的聚合温度。首先，聚合物的分子量一般随聚合温度的降低而升高，因此冷冻聚合可以获得高分子量的聚合物，例如，采用冷冻聚合可以获得分子量高达 13 MDa 的聚丙烯酰胺，而在采用反相微乳液聚合得到的聚丙烯酰胺的分子量小于 10 MDa，而且对物料的纯度要求极高，后处理烦琐。其次，低温使聚合体系宏观上为固体，即使微观局部的液体也具有相当高的黏度，高分子链的链段运动被冻结，使得高分子链难以发生双分子终止，增长链自由基的寿命可以大大延长，由此为制备特殊构造的聚合物材料提供了可能，例如，采用界面引发微乳液聚合和冷冻聚合相结合的方法，通过一步聚合制备出温敏性双亲性嵌段共聚物。

冷冻聚合体系简单，仅由单体、水和引发剂构成，产物无需经特殊的后处理工序，对环境无污染，特别适用于合成水溶性或亲水性等水性高分子材料。将反应原料经冷冻后置于低温环境即可进行聚合，聚合热容易散去，聚合过程易于操作。在水性高分子材料合成方面，冷冻聚合除了可用于合成高分子量的聚丙烯酰胺和聚丙烯酸等水溶性聚合物以外，还可用于合成强吸水性树脂等接枝共聚物和水凝胶等交联聚合物。可以想到，由于冷冻聚合低温反应的特点，可以避免高温导致的各种副反应的发生，提高产物品质的稳定性。

Lozinsky等人的研究结果表明丙烯酰胺在-12.5℃进行冷冻聚合可以获得最高分子量的聚合物,进一步降低温度反而导致聚丙烯酰胺分子量和聚合物收率的下降;物料混合和冷冻过程对聚合物分子量及其分布也有明显影响。高分子量聚丙烯酰胺的形成可以归因于低温导致的链终止速率的降低,但是依据现有的自由基聚合知识无法解释上述分子量对温度的依赖关系。此外,在低的引发剂浓度下形成难溶的聚丙烯酰胺冻胶,而反应过程没有出现温度急剧升高的现象,可能与形成高度立构规整聚合物有关。总而言之,冷冻聚合有许多特殊现象有待解释,其本质亟须揭示。

2. 实验操作

冷冻聚合的实施,微量试剂的量取,物料的均匀混合,低温浴的获取。

3. 实验要求

在实验设定物料浓度下,获得凝胶状的聚丙烯酰胺。

三、化学试剂与仪器

化学试剂:丙烯酰胺(已纯化),过硫酸铵(已纯化),四甲基乙二胺,蒸馏水。

仪器:5 mL聚合管,烧杯,滴管,锥形瓶,氮气钢瓶,冰箱或低温反应器。

四、实验步骤

1. 单体和引发剂的浓度

在本实验中,单体、引发剂和水的用量如表3.3所示。

表3.3 丙烯酰胺冷冻聚合的反应物用量

丙烯酰胺(g)	蒸馏水(mL)	过硫酸铵(mg)	四甲基乙二胺(mg)
0.53	5	1.15	1.15
0.53	5	1.55	1.55
0.53	5	2.30	2.30
0.53	5	3.45	3.45
0.53	5	4.60	4.60

2. 物料混合

按照加入引发剂和蒸馏水的用量,配制浓度合适的引发剂溶液(如质量百分比为10%),计算出所需加入引发剂溶液的体积和额外加入水的量。称取丙烯酰胺,加入到聚合管中。于冰浴中,加入计算量的蒸馏水,使单体完全溶解。注意:丙烯酰胺溶解吸热;单体溶液浓度为1.5 g/mL时容易自聚,导致产物分子量降低。于冰浴中,向聚合管依次加入定量的四甲基乙二胺溶液和过硫酸铵溶液,每次加入需确保物料的混合均匀。注意:溶解和混合过程宜在低温下进行。真空除氧,密封聚合管。

3. 聚合和精制

将冰箱冷冻室温度设于-15℃,放入密封聚合管,聚合24 h。解冻,观察产物的外观。取出产物，加入 20 mL 蒸馏水，磁力搅拌，待所有聚合物溶解后，用丙酮沉淀，过滤，真空干燥，计算产率。注意：由于产物具有较高的分子量，聚合物浓度也较高，因此产物溶解需要较长时间，必要时可适当添加蒸馏水。沉淀纯化时，聚丙烯酰胺溶液的黏度高，宜缓慢沉淀。

五、分析与思考

(1) 查阅相关手册，从各基元反应速率常数和物料浓度，粗略计算不同温度下经水溶液聚合生成的聚丙烯酰胺的分子量。

(2) 熟练运用链式聚合分子量控制的基本原理。查阅资料，了解高分子量聚丙烯酰胺的现有制备方法，分析其依据。

(3) 高分子量聚丙烯酰胺的真实分子量如何测定？查阅资料，了解不同聚丙烯酰胺分子量测定方法中分子量的适用范围。

(4) 在本实验室中，你采取哪种方法定量取用微量的引发剂？

实验十七　乙酸乙烯酯的本体聚合和溶液聚合

一、实验目的

(1) 了解溶液聚合的基本原理和特点，掌握其实验技术。

(2) 通过实验比较本体聚合和溶液聚合，进一步加深对聚合反应实施方法的理解。

二、实验预习

1. 实验原理和实验背景

聚乙酸乙烯酯的玻璃化转变温度仅为 28 ℃，不能用作塑料制品，但它对多种材料，尤其纤维素物质(如木材、纸等)，有优良的黏结性能，被广泛用作涂料、胶黏剂、纸和织物整理剂等，如黏合木料的白乳胶、黏接砖瓦的胶黏剂、透明胶纸带、砖石表面涂料以及预先涂有聚乙酸乙烯酯的标签和信封、邮票等。聚乙酸乙烯酯可通过乳液聚合、悬浮聚合、本体聚合和溶液聚合四种方法生产，乳液法产物直接用作涂料和胶黏剂等，俗称白乳胶；溶液法产物用于制造聚乙烯醇和维尼纶纤维。

溶液聚合是将单体、引发剂溶解于溶剂中成为均相溶液，然后加热聚合，与本体聚合相比，溶液聚合具有散热快、易搅拌等优点。但是由于溶剂的引入，增长链自由基与溶剂发生链转移反应，会降低聚合物的分子量，因此溶剂的选择对溶液聚合来说是相当重要的。若使聚乙酸乙烯酯适宜于制备维尼纶纤维和偏光膜基材，需要获得高分子量的聚合物，本体聚合则是首选。

2. 实验操作

溶液聚合操作，本体聚合操作。

3. 实验要求

做本实验时可将学生分成两组进行，一组做本体聚合，另一组做溶液聚合，最后对照比较实验结果。

三、化学试剂与仪器

化学试剂：乙酸乙烯酯(已纯化)，无水乙醇，过氧化苯甲酰(已纯化)，氢氧化钠，石油醚。

仪器设备：250 mL 三颈瓶，机械搅拌器，回流反应装置，滴液漏斗，通氮系统，温度计，布氏漏斗，抽滤瓶。

四、实验步骤

1. 溶液聚合

在装有机械搅拌器、回流冷凝管、温度计和导气管的 250 mL 三颈瓶中加入 20 g 乙酸乙烯酯、5 mL 无水乙醇①和 0.20 g 过氧化苯甲酰(溶于 5 mL 乙醇中)。通氮气，开动搅拌器，水浴加热至溶液处于回流状态，控制反应温度在 65～70 ℃之间。反应 3 h 后，得到透明的黏状物②，加入 60 g 95%乙醇，配成 26%的溶液。温度保持在 70～75 ℃，搅拌 0.5 h，使其成为均匀溶液。称取 3～4 g 溶液(精确称量)，旋转蒸发除去大部分溶剂，再在真空烘箱内烘干，计算转化率。反应装置如图 1.24 所示。

2. 本体聚合

将 0.14 g 过氧化苯甲酰溶解于 20 g 乙酸乙烯酯，低温保存。将 100 mL 厚壁三口梨形烧瓶装配回流冷凝管、滴液漏斗和氮气入口，充氮 10 min 以排除其中的氧气，水浴中加热到 80 ℃。把含引发剂的单体通过滴液漏斗滴加到烧瓶中，滴加速度控制到刚能保持液体沸腾，同时通入微弱的氮气流。乙酸乙烯酯全部加完后，反应混合物在 80 ℃保持 30 min，然后在 90 ℃保持 60 min，最后于 90 ℃抽空 10 min 以除去残余的单体。混合物冷却到 70 ℃，用刮勺将黏稠的聚乙酸乙烯酯取出。烧瓶冷却后，用几份 20 mL 甲醇将剩余聚合物溶解下来。

3. 聚乙酸乙烯酯纯化

取约 1 g 聚合物溶解于 20 mL 乙醇中，再加入 6～8 倍的水使其沉淀出，抽滤，聚合物在 50 ℃真空干燥。

4. 黏度测定

聚乙酸乙烯酯可溶于苯、丙酮、甲醇和二氯甲烷等溶剂中。在 30 ℃测定聚合物在丙酮中的特性黏数，并计算其平均分子量。

五、分析与思考

(1) 查阅相关文献，获得聚乙酸乙烯酯在不同溶剂中分子量和特性黏数的关系，计算产物

---

① 工业上采用甲醇作为溶剂，考虑到实验安全，本实验采用乙醇作为溶剂，转化率略为降低。

② 反应后期，体系黏度很大，可以加入少量乙醇，使搅拌容易。

的分子量。

(2) 查阅资料,了解乙酸乙烯酯单体在高分子材料中的应用。

(3) 聚乙酸乙烯酯与聚丙烯酸甲酯具有相同的化学结构式($C_4H_6O_2$),为什么聚乙酸乙烯酯的玻璃化转变温度明显低于聚丙烯酸甲酯?

(4) 作为维尼纶使用的聚乙酸乙烯酯是否需要具有高分子量?合成时应采取哪些措施?

实验十八　苯乙烯的悬浮聚合和阳离子交换树脂的制备

一、实验目的

(1) 熟悉悬浮聚合的特点和实施方法。

(2) 了解离子交换树脂和高分子反应的一般概念。

二、实验预习

1. 实验原理和实验背景

在悬浮聚合中,单体在稳定剂作用下分散于水介质中成为珠状颗粒,聚合反应就在这些颗粒中进行。聚合体系中颗粒的粒径在几十微米到几毫米,它们可视为一个个小的本体聚合场所,因此悬浮聚合动力学与本体聚合相似,但是其散热容易。悬浮聚合得到珠状的聚合物颗粒,常常作为离子交换树脂和高分子试剂、高分子催化剂的载体。水溶性的烯类单体也可以实施悬浮聚合,如作为超吸水性树脂的聚丙烯酸钠的合成,但是反应介质为油性溶剂。

离子交换树脂是一种带有离子基团的交联聚合物,这些离子基团的反离子可与溶液中的离子进行交换反应,在水处理、贵金属的回收与提纯以及催化化学反应等方面得到广泛的应用。离子交换树脂根据所含离子的种类可分为强酸型阳离子交换树脂、弱酸型阳离子交换树脂、强碱型阴离子交换树脂、弱碱型阴离子交换树脂和两性离子交换树脂。根据其基体的种类,可分为苯乙烯系和丙烯酸系离子交换树脂。根据树脂的孔隙结构,又分为凝胶型和大孔型两种。

丙烯酸系离子交换树脂能交换吸附大多数离子型色素,脱色容量大,而且吸附物较易洗脱,便于再生,在制糖业中用作主要的脱色树脂。苯乙烯系树脂易于吸附芳香族物质,如糖汁中的多酚类色素(包括带负电的和不带电的),但再生时较难洗脱。因此,糖液先用丙烯酸系离子交换树脂进行粗脱色,再用苯乙烯系离子交换树脂进行精脱色,可充分发挥两者的长处。

离子交换树脂的交联度对树脂的性质有很大影响。交联度高的树脂密度较高,内部空隙较少,坚实耐用,对离子的选择性较高;交联度低的树脂孔隙较大,脱色能力较强,交换速度较快,但在工作时的膨胀性较大,机械强度稍低。工业应用的离子树脂的交联度一般不低于4%;用于脱色的树脂的交联度一般不高于8%;单纯用于吸附无机离子的树脂的交联度可较高。

阳离子交换树脂和阴离子交换树脂的离子交换反应如式(3.1a)和式(3.1b)所示,交换过的树脂分别用强酸或强碱处理后可以再生使用。

$$P\text{-}SO_3^- H^+ + Na^+ \longrightarrow P\text{-}SO_3^- Na^+ + H^+ \tag{3.1a}$$

$$P\text{-}N^+(CH_3)_3OH^- + Cl^- \longrightarrow P\text{-}N^+(CH_3)_3Cl^- + OH^- \tag{3.1b}$$

其中,P为聚合物载体,常见的为苯乙烯-二乙烯基苯的交联聚合物,交联的目的是防止聚合物在溶剂中溶解,并且赋予载体一定的强度。

离子交换树脂最为重要的性能指标是交换当量,即交换离子能力的强弱。有两种表示方法:① 1 g 干树脂能够交换离子的毫摩尔数;② 1 mL 树脂能够交换离子的毫摩尔数。交换当量可以采用动态法(将树脂装柱,用一定流速的溶液流过,测定交换离子的数量)和静态法(用浸泡的方法测定交换的离子数量)测定。

2. 实验操作

悬浮聚合的实施,交联聚苯乙烯的磺化,交换容量的测定。

3. 实验要求

本实验采用悬浮聚合法制备出苯乙烯-二乙烯基苯交联聚合物的珠粒,然后使用浓硫酸进行磺化反应,从而生成强酸型阳离子交换树脂。为了使珠粒能够均匀磺化,在磺化前使用二氯乙烷充分溶胀珠粒。

本实验由两个部分组成,建议分两次完成。前者为悬浮聚合反应,后者为高分子化学反应和树脂交换当量的测定。

三、化学试剂与仪器

化学试剂:聚乙烯醇,苯乙烯(精制),二乙烯基苯,过氧化苯甲酰(精制),十二烷,二氯乙烷,98%浓硫酸,丙酮。

分析检测:NaOH 溶液,HCl 标准溶液,酸碱指示剂。

仪器设备:机械搅拌器,回流冷凝管,250 mL 三颈瓶,滴液漏斗,布氏漏斗。

四、实验步骤

1. 苯乙烯-二乙烯基苯的悬浮聚合

在装有机械搅拌器、回流冷凝管和温度计的 250 mL 三颈瓶中加入 120 mL 蒸馏水和0.5 g 聚乙烯醇(或 5 mL 10%聚乙烯醇水溶液),在加热搅拌下使其完全溶解。冷却至 30～40 ℃,加入引发剂-单体混合液(20 g 苯乙烯、3.5 g 二乙烯基苯和 0.25 g 过氧化苯甲酰)和 10 g 十二烷(作为致孔剂),调节搅拌速率,使单体分散成一定大小的液珠,迅速升温至 80～85 ℃,反应 2 h。当观察到珠子开始下沉时,可升温至 95 ℃,继续反应 1.5～2 h,使珠子进一步硬化。反应结束后,倾出上层液体,用 80～85 ℃热水洗涤几次,再用冷水洗涤几次,得到白色的微球,过滤、干燥、称重,计算收率。

2．交联聚苯乙烯微粒的磺化

在装配机械搅拌器、回流冷凝管和温度计的250 mL三颈瓶中加入10 g上述的聚苯乙烯微粒和60 mL二氯乙烷，在60 ℃缓慢搅拌，使微粒充分溶胀0.5 h，并从颗粒中溶出十二烷。然后升温至70 ℃，用滴液漏斗逐滴加入100 mL浓硫酸，需30～40 min。加入完毕，升温至80 ℃继续反应2～3 h。用布氏漏斗过滤，磺化产物倒入400 mL烧杯中，用冷水浴冷却，加入25%～30%硫酸，在搅拌下逐滴滴加蒸馏水（150～200 mL）进行稀释，温度不要超过35 ℃。静置0.5 h，以便珠子内部酸度达到平衡，再加入水稀释，过滤，用20 mL丙酮洗涤两次以除去二氯乙烷，最后用水洗涤到滤液为中性，干燥、称重。

3．树脂交换当量的测定

使用NaOH溶液和HCl标准溶液，设计一个用静态法测定树脂交换当量的实验，并测定制备的离子交换树脂的交换当量。

五、分析与思考

(1) 查阅资料，进一步了解离子交换树脂。

(2) 比较动态法和静态法测定离子交换树脂交换容量的优缺点。

(3) 交联聚苯乙烯微粒磺化后，能否直接用蒸馏水洗涤，为什么？

(4) 离子交换树脂的空隙结构对树脂性能有何影响？如何控制离子交换树脂的空隙结构？

(5) 十二烷的加入与离子交换树脂的空隙结构有怎样的关系？

实验十九　悬浮聚合制备有机玻璃模塑粉

一、实验目的

(1) 进一步了解悬浮聚合的特点和实施方法。

(2) 通过实验比较制备有机玻璃的不同方法，开阔高分子成型工艺的思路。

二、实验预习

1．实验原理和实验背景

悬浮聚合动力学与本体聚合相似，散热容易，产物分子量高且分布均匀。如果形成的聚合物溶于单体，液滴中的聚合是均相的，产物是珠状小粒子，例如苯乙烯的悬浮聚合。若聚合物不溶于单体，则是沉淀聚合，产物是粉状固体，例如氯乙烯的悬浮聚合。悬浮聚合产物的粒径一般为0.01～5 mm，它与单体-介质比、分散剂的种类和用量、搅拌效率（搅拌器形状和搅拌速度)等条件有关。

悬浮聚合的关键是悬浮粒子的形成与控制,要将非水溶性单体以液珠形式分散在水相中,就必须借助搅拌产生的剪切力,为了稳定单体液滴,需要加入分散剂,防止单体液滴和产物颗粒的聚集。悬浮聚合的分散剂有两类,分别为水溶性有机高分子和非水溶性无机粉末,它们的作用机理是不同的。水溶性的高分子分散稳定剂有部分醇解的聚乙烯醇、聚(甲基)丙烯酸盐、纤维素衍生物、明胶和淀粉等,一方面它在单体液珠表面形成了保护膜,另一方面它溶于水,增大了介质的黏度,减少了两个液珠碰撞的机会。非水溶性无机粉末分散稳定剂有碳酸镁、碳酸钙、碳酸钡、硫酸钙、磷酸钙、滑石粉、高岭土和白垩等颗粒,它们能被吸附在液珠表面,起着机械隔离作用。

分散剂的选择和用量根据合成聚合物的性能和用途及珠粒的大小、形态而定。聚乙烯醇及明胶的用量一般为单体量的0.1%左右,无机粉末通常为水量的0.1%～1%。珠粒的大小与反应介质的界面张力有关,界面张力越小,形成的珠粒越小,因此,为了获得粒径小的珠粒,往往加入少量的表面活性剂,以降低体系的界面张力。

一般来说,搅拌转速越高,形成的单体液珠就越小。水与单体的质量比通常在(1～6)∶1范围内。水少会使珠粒变粗或结块,水多会使珠粒变细,且粒径分布变窄。

2. 实验操作

悬浮聚合的实施,悬浮聚合产物的纯化。

3. 实验要求

制备出可用的磷酸钙分散稳定剂和有机玻璃模塑粉。如有平板硫化机等模压设备,可进行产物的模压成型,并与本体聚合制备的有机玻璃板进行比较。

三、化学试剂与仪器

化学试剂:$CaCl_2$,Na_3PO_4,NaOH,甲基丙烯酸甲酯(精制),苯乙烯(精制)、硬脂酸,过氧化苯甲酰,浓盐酸。

仪器设备:机械搅拌器,回流冷凝管,250 mL 三颈瓶,滴液漏斗,布氏漏斗。

四、实验步骤

1. 悬浮剂的制备

在装有机械搅拌器、温度计和回流冷凝管的250 mL三颈瓶中加入30 mL 1.0%的$CaCl_2$溶液,加热至95 ℃。通过滴液漏斗加入含30 mL 1.0% Na_3PO_4和0.25% NaOH的混合溶液,维持95 ℃。加料完毕,继续在95 ℃反应0.5 h,冷却备用。取少量悬浮液,用蒸馏水稀释10倍仍不发生沉淀,则表明悬浮液可以用于下一步聚合反应。

2. 悬浮聚合

向上述悬浮剂混合液中加入80 mL蒸馏水,通氮15 min。将50 mL甲基丙烯酸甲酯、11 mL苯乙烯、0.1 g硬脂酸和0.4 g过氧化苯甲酰在烧杯中混合均匀,并使固体完全溶解,在机械搅拌下加入三颈瓶中,使体系分散均匀。快速升高温度至80 ℃,反应1 h后升温至90 ℃,

再反应 1 h,然后升温至 100 ℃,继续反应 1 h。

反应产物冷却后,倾去水层,加入 2 mL 浓盐酸除去碱性固体和钙盐。过滤,进一步用蒸馏水洗涤产物 4～5 次,直至洗涤液中无氯离子存在,产物置于真空烘箱中干燥,称重并计算产率。

五、分析与思考

(1) 为什么悬浮剂混合液出现沉淀即不能使用?了解无机粉体稳定的 Picking 乳液及稳定机制。

(2) 加入硬脂酸的目的是什么?

(3) 有机玻璃模塑粉是共聚物,苯乙烯的加入起到什么作用?

实验二十 酚吸附树脂的合成和应用

一、实验目的

(1) 了解吸附树脂的制备方法和基本知识。

(2) 用酚吸附树脂精制烯类单体。

二、实验预习

1. 实验原理和实验背景

离子交换树脂是以交联高分子为骨架、能够吸附特定离子的材料,阳离子交换树脂为含强酸基团的交联高分子,吸附阳离子后可以用盐酸等再生;阴离子交换树脂的侧基官能团多为季铵碱,吸附阴离子后同样可以使用强碱再生。另外还有一类吸附树脂,不具备离子交换能力,只能通过物理作用吸附某种物质,在适当条件下可以脱吸附。这类吸附树脂可以作为催化剂的载体、凝胶渗透色谱的填料、色谱柱的担体,还可以用于物质的纯化、水处理和从植物中提取药理活性成分。与中药制剂传统工艺比较,应用吸附树脂技术的提取物,其药理活性成分含量更高,可获得易被接受的各种剂型,特别适用于颗粒剂、胶囊剂和片剂,改变了传统中药制剂的外观,有利于中药制剂的升级换代。

吸附树脂的吸附能力来源于分子间的作用力,高分子的化学结构的不同,吸附树脂特性也有所差异。根据高分子骨架的极性可以将吸附树脂分为非极性型(苯乙烯和二乙烯苯的共聚物)、中极性型(含酯基的共聚物,如甲基丙烯酸甲酯和甲基丙烯酸乙二醇酯的共聚物)、极性型(聚丙烯酰胺的共聚物)和强极性型(乙烯基吡啶交联共聚物)。

吸附树脂的孔结构也是决定其吸附能力的重要因素。吸附树脂制备时加入致孔剂(可为固体或液体),聚合完成后高分子骨架被固定,然后再将致孔剂除去,这样就形成了有利于吸附的多孔结构。致孔剂能够与单体混溶、可以溶胀聚合物而不能溶于反应介质,致孔剂本身不参与聚合反应,也不会发生链转移反应。各种致孔剂的性能差异很大,可以根据不同要求加以选择,往往将几种致孔剂配合使用,以期获得良好的致孔效果。

吸附树脂的孔结构除了与致孔剂的种类和用量有关外,还与高分子骨架的交联程度相关。致孔剂的加入量一定时,增加交联剂用量可使孔的表面积增加。交联剂用量一定时,比表面积随致孔剂用量增加会出现一极大值。

衡量吸附树脂性能的参数有:

表观密度(ρ_a):单体体积干吸附树脂的质量(g/mL);

骨架密度(ρ_s):干燥树脂的质量与骨架体积的比值(g/mL);

孔度(P):孔隙体积与表观体积的比,$P = 1 - \rho_a/\rho_s$;

比表面(S):单位质量干树脂的总表面积(m^2/g);

平均孔径(d):$d = 4 \times 10^4 P/(S \times \rho_a)$。

2. 实验操作

悬浮聚合的实施,高分子颗粒的致孔方法。

3. 实验要求

以高级脂肪醇作为致孔剂,制备出丙烯腈-二乙烯基苯交联聚合物的多孔珠粒,检测树脂对酚类化合物的吸附性能。

三、化学试剂与仪器

化学试剂:聚乙烯醇,丙烯腈(精制),二乙烯基苯,苯乙烯(精制),过氧化苯甲酰(精制),十二醇,氯化钠,苯。

仪器设备:机械搅拌器,回流冷凝管,250 mL 三颈瓶,布氏漏斗,脂肪抽提器。

四、实验步骤

1. 丙烯腈-二乙烯基苯的悬浮聚合

在装有机械搅拌器、回流冷凝管和温度计的 250 mL 三颈瓶中依次加入 100 mL 蒸馏水、5.5 g 氯化钠和 10 mL 1%聚乙烯醇水溶液。在烧杯中加入 6 g 丙烯腈、14 g 二乙烯基苯、28 g 甲苯、0.25 g 过氧化苯甲酰和 12 g 十二醇,搅拌使固体完全溶解。启动机械搅拌器,向三颈瓶中加入上述单体混合液,调节搅拌速率,使单体分散成一定大小的液珠。水浴加热1.5 h,升温至 60 ℃,然后在 1.5 h 内均匀升温至 80 ℃,再于 85 ℃恒温反应 3 h。搭置水蒸气蒸馏装置,用水蒸气蒸馏除去致孔剂十二醇,直至馏分透明为止。

产物经抽滤除去液体,用蒸馏水洗涤多次以除去聚乙烯醇,固体产物晾干、称重、过筛,筛取直径为 0.25～0.80 mm(20～60 目)的树脂微球,以苯作为溶剂用脂肪抽提器抽提 4～6 h,以除去线形聚合物。最后,树脂微球用乙醇浸泡 30 min,抽滤并洗涤,于 40 ℃真空干燥。

2. 吸附实验和比较

取 10 mL 精制的苯乙烯,加入 200 mg 对苯二酚,搅拌使固体溶解。取 10 g 树脂装入色谱柱内，将 5 mL 上述苯乙烯混合液倒入色谱柱内，用 100 mL 苯淋洗，速率为 2 mL/min。收集淋洗液，用旋转蒸发仪浓缩溶液至 20 mL，放入聚合管中，并加入 50 mg BPO。另取一支聚合管，加入剩余的 5 mL 苯乙烯混合液、15 mL 苯和 50 mg BPO。两支聚合管皆置于 70 ℃水浴中，观察体系黏度的变化。

五、分析与思考

(1) 查阅资料，了解吸附树脂在天然生物活性物质提取中的应用。

(2) 聚合反应完成后为什么要进行多步后处理？

(3) 请在预习报告中画出各步操作的装置图。

(4) 查阅手册，获悉二乙烯基苯与丙烯腈共聚反应的竞聚率，分析二乙烯基苯的结构对产物交联结构的影响，了解本实验进行抽提提纯产物的原因。

(5) 查阅资料，了解聚丙烯腈在其单体中的溶解性；观察本实验产物的外观，并与苯乙烯悬浮聚合产物的外观进行比较。

实验二十一　苯乙烯的乳液聚合

一、实验目的

(1) 了解乳液聚合的基本原理和特点。

(2) 掌握乳液聚合的实验技术。

二、实验预习

1. 实验原理和实验背景

单体被乳化剂以乳液状态分散在反应介质中的聚合反应称为乳液聚合，常规乳液聚合的反应介质为水，单体为油溶性，引发剂为水溶性，使用 O/W 型乳化剂。乳液聚合提供了一个提高聚合物分子量而不降低聚合速率的独特方法，因而在工业上得到了广泛应用，例如丁苯橡胶和丁腈橡胶、聚丙烯酸酯类涂料和黏合剂、聚醋酸乙烯酯胶乳等都是用乳液聚合方法生产的。乳液聚合产物可以直接使用，如作为涂料、黏合剂和织物整理剂，此时乳液聚合具有工艺简单和无污染等优点。有时需要从乳液产品中提取聚合物，因此需要实施破乳、分离、洗涤和干燥等工序。

乳液聚合主要发生在胶束和乳胶粒子内，乳胶粒子通过胶束成核和均相成核两种途径生成。高水溶性单体和低乳化剂浓度，有利于均相成核；水溶性小的单体如苯乙烯，主要采取胶束成核途径。乳液聚合一般分为三个阶段：① 成核期：从聚合开始到胶束全部消失，随着乳胶粒数目的不断增加，聚合反应速率递增。② 粒子成长期：从胶束消失开始到单体液滴消失为止。该阶段乳胶粒数目保持恒定，单体液滴不断向乳胶粒提供单体以维持其单体浓度的稳定，聚合速率基本保持不变。③ 减速阶段：从单体液滴消失开始到聚合结束。反应完成后，最终获得的聚合物粒子为球形，其粒径一般为 50～1000 nm。乳液聚合的速率和分子量与乳胶粒子数目成正比，而乳胶粒子数目与乳化剂用量正相关，因此提高乳化剂的用量会同时增加乳液聚合速率和聚合物的分子量。

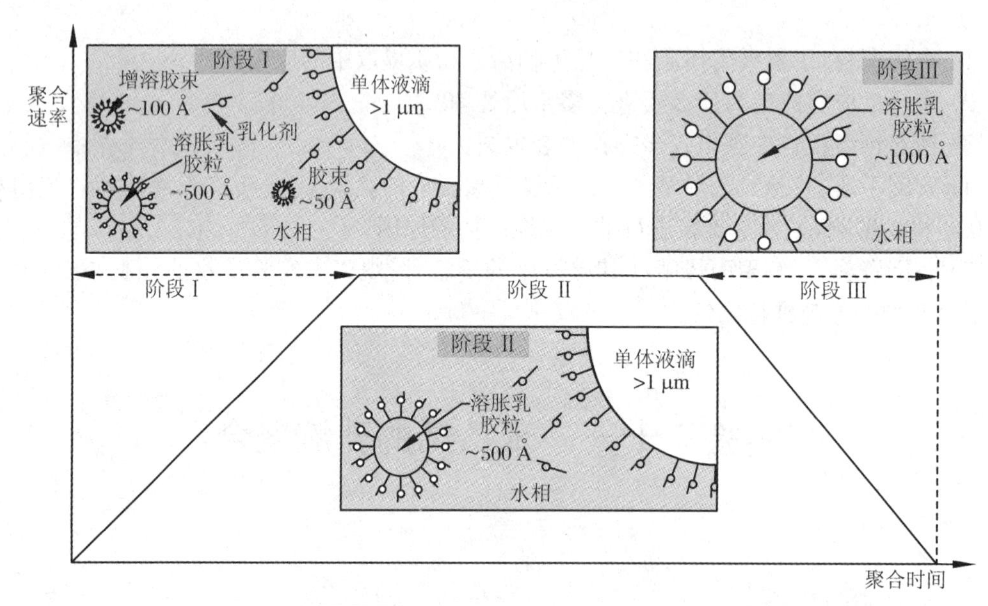

图 3.1 理想乳液聚合机理和三个阶段($1\ \text{Å} = 10^{-10}$ m)

理想的乳液聚合需满足以下条件：引发反应仅发生在水相，水相的链增长、链终止可忽略；乳胶粒只能容纳一个自由基，自由基解吸附可忽略；在聚合过程中，乳胶粒一半的时间在聚合、一半的时间在“休息”，即乳胶粒所含自由基的平均数目为 0.5。单体的性质（主要是水溶性）、引发速率、乳化剂的种类及用量等因素决定某个乳液聚合是否满足理想乳液聚合的条件。苯乙烯是水溶性很差的单体，在适量乳化剂存在下，其乳液聚合符合理想乳液的基本特征，以胶束成核机理形成乳胶粒，遵从 Harkins-Smith-Ewart 的乳液聚合经典理论。

2. 实验操作

乳液聚合的实施，乳液的破乳，乳液聚合产物的纯化，乳液固含量的测定。

破乳(demulsification)，又称反乳化作用，指的是乳液的分散相颗粒聚集成团，最终使油水两相分离析出的过程。破乳方法可分为物理法和物理化学法。物理法有加热和超声等，大多数乳液是动力学稳定而非热力学稳定的两相体系，增加分散相颗粒的碰撞概率，可以增加颗粒之间的团聚概率，升高温度还可能引起乳化剂的水溶性和界面性质的改变。物理化学法有电沉降和加入破乳剂的方法，主要是改变乳液的界面性质而破乳，如加入无机盐能改变分散相颗粒表面的双电层结构，因此无机盐是离子型乳化剂所形成的乳液的有效破乳剂；对于非离子型乳化剂所形成的乳液，加入与水互溶的醇或者丙酮，能有效增加乳化剂在连续相中的溶解度，降低乳化剂的界面活性。

固含量是乳液在完全干燥后剩余物的质量百分数，由乳液聚合产物的固含量可以得知单体的转化率，但是需采取适当的干燥方式，以避免未聚合单体在干燥过程中发生聚合。

3. 实验要求

以十二烷基磺酸钠作为乳化剂，以过硫酸钾-焦硫酸钠组成氧化还原引发体系，进行苯乙烯的乳液聚合，反应可以在较低温度下进行。

三、化学试剂与仪器

化学试剂：苯乙烯(精制)，十二烷基磺酸钠，过硫酸钾，焦硫酸钠，氯化钠，乙醇。

仪器设备：机械搅拌器，回流冷凝管，温度计，四颈瓶，通氮系统，氮气钢瓶。

四、实验步骤

向装有机械搅拌器、回流冷凝管、通氮导管和温度计的四颈瓶中加入1 g十二烷基磺酸钠和80 mL蒸馏水，搅拌使乳化剂混合均匀，通氮15 min后加入20 mL苯乙烯，适当提高搅拌速度使单体乳化。将0.1 g过硫酸钾和0.05 g焦硫酸钠分别用10 mL蒸馏水溶解，待反应混合液升温至50 ℃时，在搅拌下将引发剂两组分溶液加入。维持温度50 ℃，反应3 h，此时单体残留气味基本消失，停止聚合。

取10 g乳液(准确称重，W_0)置于深口烧瓶中，减压蒸馏除去余水，固体进一步真空干燥，称重(W)，由此可以得到乳液的固体含量(W/W_0)，进而求得单体的转化率。

向剩余乳液中逐步加入10 g氯化钠，加热并搅拌，待乳液完全分相、颗粒充分凝聚后抽滤，并用蒸馏水洗涤产物，直至滤液中无氯离子。固体用少量乙醇浸泡15 min，过滤，于50 ℃真空干燥至恒重，计算收率。

五、分析与思考

(1) 如何由固体含量计算单体的转化率？在测定固体含量过程中应该注意什么？

(2) 查阅资料，了解乳液破乳还有哪些方法。如果要获得纯净的聚合物，相应的后处理有哪些？

(3) 查阅教科书，了解乳液聚合的经典理论。

(4) 查阅资料，了解不同烯烃单体在水中的溶解度。

实验二十二　乙酸乙烯酯的乳液聚合(白乳胶的制备)

一、实验目的

(1) 了解乳液聚合的基本原理和乙酸乙烯酯的乳液聚合特点。
(2) 掌握乳液聚合的实验技术。

二、实验预习

1. 实验原理和实验背景

乳化剂分子具有两亲性的化学结构,分子含有亲水基和疏水基这两种组分,能使油(单体)均匀、稳定地分散在水中而不分层。在乳化剂溶液中,当乳化剂浓度达到一定值时,乳化剂分子开始形成胶束,该浓度称为临界胶束浓度,此时溶液的许多物理性能都有突变,如界面张力和表面张力等。在大多数乳液聚合反应体系中,乳化剂的浓度为2%～3%,超过CMC值的1～3个数量级。乳化剂能够降低界面张力,使单体容易分散成小液滴,在微粒表面形成保护层,阻止微粒凝聚;大量胶束的存在还可以增溶单体。

常见的乳化剂可分为阴离子型、阳离子型和非离子型。阴离子乳化剂在碱性溶液中稳定,遇酸和金属离子会生成不溶于水的酸或金属盐,使乳化剂失效。阳离子乳化剂乳化能力差,且影响引发剂分解,在pH小于7的条件下使用。非离子乳化剂的亲水部分为聚环氧乙烷链段,它常与阴离子乳化剂配合使用,可以提高乳液的抗冻能力,改善聚合物粒子的大小和分布。

不同的单体在水中的溶解度不一样,如乙酸乙烯酯、甲基丙烯酸甲酯、丁二烯和苯乙烯在水中的溶解度分别为2.5%、1.50%、0.08%和0.04%,对乳液聚合反应过程有较大的影响。例如,水溶性高的单体的乳胶粒均相成核的可能性增加,水相聚合的概率也上升,乳胶粒中的短链自由基也易于脱吸附。对于大多数单体的乳液聚合,仅小部分单体溶解在水中,另有小部分增溶于胶束中,大部分以单体液滴形式存在。甲基丙烯酸甲酯、丁二烯和苯乙烯的增溶部分分别是水溶部分的2、5和40倍,乙酸乙烯酯却只有百分之几。在微乳液聚合中,因乳化剂用量极高,几乎所有的单体被增溶在胶束里,形成20 nm左右的增溶胶束。

乙酸乙烯酯乳液的聚合机理与一般乳液聚合机理相似,但是乙酸乙烯酯在水中有较高的溶解度,而且容易水解,产生的乙酸会干扰聚合,因而具有一定的特殊性。乙酸乙烯酯的自由基比苯乙烯自由基更活泼,链转移反应更加显著。工业生产中习惯用聚乙烯醇来保护胶体,实际上常常同时使用乳化剂,以得到更好的乳化效果和乳液稳定性。

乙酸乙烯酯乳液聚合的产物被称为白乳胶(或简称PVAC乳液),为乳白色稠厚液体。白乳胶可常温固化、固化较快,对木材、纸张和织物有很好的黏着力,胶接强度高,固化后的胶层无色透明,韧性好,不污染被黏结物,被广泛地用于印刷装订和家具制造,用作纸张、木材、布、皮革、陶瓷等的黏合剂，乳液稳定性好，储存期可达半年以上。白乳胶耐水性和耐湿性差，易在潮湿空气中吸湿，在高温下使用会产生蠕变现象，使胶接强度下降；在 -5 ℃以下储存易冻结。

2. 实验操作

乳液聚合的实施。

3. 实验要求

采用聚乙烯醇作为胶体稳定剂，乳化剂 OP-10 起到辅助作用。使用过硫酸盐作为引发剂，通过分批加入单体和引发剂，制备出实用的白乳胶。

三、化学试剂与仪器

化学试剂：聚乙烯醇，乳化剂 OP-10，乙酸乙烯酯(精制)，过硫酸铵(精制)，碳酸氢钠，邻苯二甲酸二丁酯。

仪器设备：机械搅拌器，回流冷凝管，温度计，三颈瓶，滴液漏斗，通氮系统。

四、实验步骤

如图 3.2 所示，在三颈瓶上装配好机械搅拌器、回流冷凝管、滴液漏斗和温度计，加入 3.0 g 聚乙烯醇和 32.2 mL 蒸馏水，升温至 80 ℃，开始搅拌，使聚乙烯醇完全溶解，然后降温至 60 ℃。

量取 1.3 mL 邻苯二甲酸二丁酯，加入到反应体系中，升温至 67 ℃，量取 3 mL 过硫酸铵水溶液(6 mg/mL)，加入到三颈瓶中，在 66～68 ℃的温度下，在 55 min 内缓慢滴加 30.0 mL 单体，并保持搅拌；补加 1 mL 引发剂溶液，继续反应 18 min；如观察到体系黏度不是很大，继续补加 1 mL 引发剂溶液。加热至无回流现象时停止加热，加入 3 mL 邻苯二甲酸二丁酯，常压蒸馏，得最终产物。此白色乳液可直接作为黏合剂使用，也可加入水稀释并混入色料，制成各种油漆(乳胶漆)。

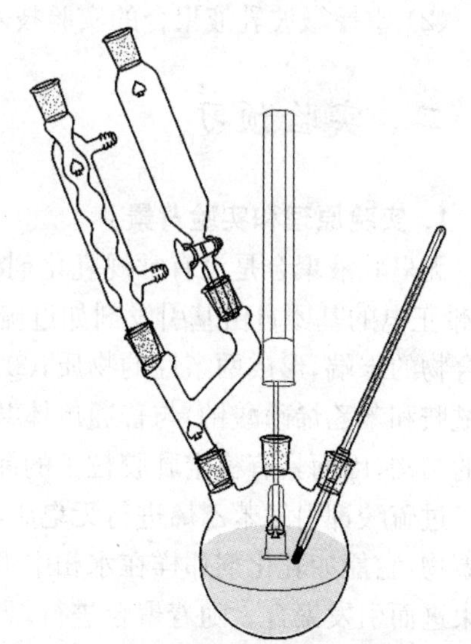

图 3.2　白乳胶合成的实验装置图

取少量白乳胶，倾倒于洁净的玻璃板黏表面，观察其成膜性；取两张小牛皮纸，将白乳胶均匀涂敷在表面，观察白乳胶对牛皮纸的黏结性；取两块表面光滑的木块，涂敷白乳胶，观察白乳胶对木材的黏结性。白乳胶在玻璃板表面形成均匀薄膜、对纸和木块有很好的黏结性，说明所制得的白乳胶符合实用要求。

取少量最终产物白乳胶，测定固含量和单体转化率。

五、分析与思考

(1) 以过硫酸盐作为引发剂进行乳液聚合时,为什么要控制乳液的pH? 如何控制?

(2) 乙酸乙烯酯的乳液聚合与理想的乳液聚合有哪些不同?

(3) 查阅资料,了解非离子型乳化剂的种类及其分子结构。

(4) 为什么本实验中使用的是聚乙烯醇作为表面活性物质? 使用离子型乳化剂是否可行? 为什么?

(5) 在本实验中,加入邻苯二甲酸二丁酯的目的是什么?

实验二十三　甲基丙烯酸丁酯的微波无皂乳液聚合

一、实验目的

(1) 了解无皂乳液聚合的原理和特点。

(2) 掌握微波乳液聚合的实验技术。

二、实验预习

1. 实验原理和实验背景

无皂乳液聚合是没有常规乳化剂存在下的乳液聚合反应,乳胶通过以下方式获得稳定性:① 带正电的基团自由基引发剂如过硫酸钾和2,2′-偶氮二(2-氰基)丁酸,其残基存在于疏水性聚合物的末端,形成两亲性的物质;② 亲水性单体包括离子型单体(如甲基丙烯酸、丙烯酸、丙烯酰胺和苯乙烯磺酸钠)与普通单体共聚形成两亲性聚合物。以上两种产物具有与乳化剂相似的结构,因而具有稳定乳胶粒子的能力。

过硫酸钾引发苯乙烯进行无皂乳液聚合,聚合初期生成带有离子末端、具有两亲性结构的低聚物,它能如乳化剂那样在水相中形成胶束并增溶单体,引发剂产生的初级自由基扩散进入胶束进而引发聚合。随着聚合进行,乳胶粒表面积增大,导致表面电荷密度下降,初级乳胶粒通过凝聚重新稳定,其后的乳胶粒增大类似常规乳液聚合,通常这类乳胶粒表面电荷密度较低,体系固含量较低,一般限制在10%以下。体系乳胶粒的数目一般为10^{15}个/L,远低于常规乳液聚合体系的10^{18}个/L,所以无皂乳液聚合速率较低,需要很长时间才能完成。

亲水性单体参与的无皂乳液聚合,胶乳的成核机理随亲水性单体的亲水性和共聚活性的不同而有差异。苯乙烯与高聚合活性的甲基烯丙基磺酸钠发生无皂乳液聚合时,乳胶粒的形成主要遵循胶束成核机理。当亲水性单体共聚活性与主单体相近时,通过均相成核机理形成初级乳胶粒。

与常规乳液聚合相比,无皂乳液聚合生成的乳胶颗粒具有很窄的粒径分布。乳胶粒表面洁净,体系中不含乳化剂,对生产黏合剂和涂料尤为重要,这能够提高产物的耐水性和耐候性。无皂乳液聚合还可以在无机粉末存在下进行,因此适合于制备混合均匀的聚合物-无机复合材料。

与传统加热方式相比,微波加热具有快速和均匀的特点,用它进行化学反应,电磁波的高频振荡会产生微搅拌效应,因此越来越多的研究者将微波引入聚合反应。

2. 实验操作

无皂乳液聚合的实施,微波反应器的使用。

3. 实验要求

本实验在自制的微波反应器中,以过硫酸钾作为引发剂进行甲基丙烯酸丁酯的乳液聚合,并与常规无皂乳液聚合进行比较。

三、化学试剂与仪器

化学试剂:甲基丙烯酸丁酯(精制),过硫酸钾(精制)。

仪器设备:机械搅拌器,回流冷凝管,温度计,平底三颈瓶,通氮系统,自制的微波反应器。

四、实验步骤

1. 微波无皂乳液聚合

微波聚合装置由家用微波炉改造而成,在顶部开一口,并接一铜管以防止微波外泄。反应装置如图 3.3 所示,平底反应瓶置于微波炉中,特制的回流冷凝管从开孔处穿过微波炉,搅拌棒从冷凝管中间伸入反应瓶,另以细聚四氟乙烯管从微波反应器预留的间隙中连接通氮系统和反应瓶。

向反应瓶中加入 200 mL 蒸馏水,调节微波功率为 350 W 进行加热,同时通氮 15 min。待温度升高至85 ℃后,加入含 0.1 g 过硫酸钾的 50 mL 水溶液,温度下降至 70～75 ℃,在搅拌条件下再加入 7 g 甲基丙烯酸丁酯,微波功率调节为 160 W,反应体系温度可维持在 75 ℃左右。在指定搅拌速度下通氮聚合 1.5 h,得到白色稳定乳胶。取少量乳液,测定固含量,估算单体转化率。

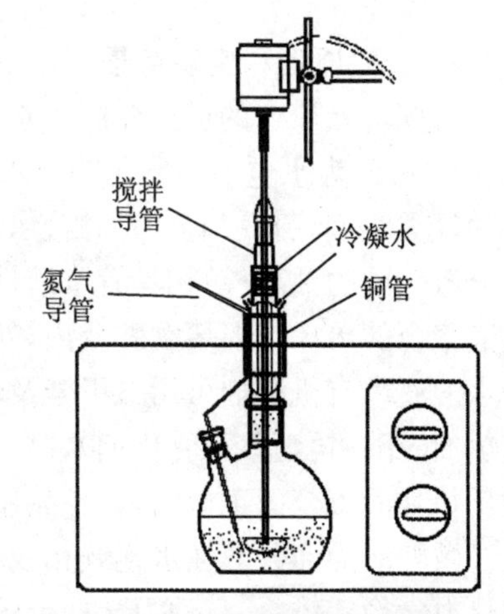

图 3.3　微波聚合反应装置

2. 常规无皂乳液聚合

在相同反应瓶中加入 200 mL 蒸馏水,以水浴加热至 85 ℃,同时通氮。加入含 0.1 g 过硫酸钾的 50 mL 水溶液,温度下降至 70～75 ℃,在搅拌条件下再加入 7 g 甲基丙烯酸丁酯,反应体系温度维持在 75 ℃左右。在指定搅拌速度下通氮聚合 1.5 h,取少量乳液,测定固含量,并与微波无皂聚合结果进行比较。

3. 聚合物粒子的粒径测定

以蒸馏水稀释聚合物乳液至几乎透明，用0.8 mm滤膜除去样品中的灰尘，滤液注入样品池，使用动态光散射仪或者纳米粒度测定仪测定聚合物粒子粒径，前者测定精度高、操作要求也高，后者操作较为简单、结果较为可靠。

五、分析与思考

(1) 由固含量计算两种无皂乳液聚合转化率，进而比较两者聚合速率的大小。

(2) 无皂乳液聚合如何获得乳胶稳定性？它与常规乳液聚合有什么不同？

实验二十四 丙烯酰胺的反相微乳液聚合

一、实验目的

(1) 了解反相乳液聚合和微乳液聚合的原理和特点。

(2) 掌握制备高分子量聚丙烯酰胺的方法。

二、实验预习

1. 实验原理和实验背景

常规乳液聚合的反应介质为水，单体为油溶性，引发剂为水溶性，乳化剂的亲水亲油平衡值在8～15，为水包油型乳化剂。水溶性单体当然也可以进行乳液聚合，然而所使用的反应介质为烃类溶剂，引发剂多为油溶性，而乳化剂的亲水亲油平衡值较小，为油包水型乳化剂。此时分散介质为油，分散相具有水溶性，与常规乳液聚合正好相反，故称为反相乳液聚合。反相乳液聚合的单体有丙烯酰胺及丙烯酸等水溶性化合物，单体如在室温时是固体，就需要使用它的水溶液。有机溶剂可用二甲苯及烷烃类化合物，乳化剂一般用非离子型乳化剂，如脱水山梨糖单油酸酯(司盘系列乳化剂)，制成的乳液比用离子型乳化剂更稳定一些。丙烯酰胺等单体的反相乳液聚合已工业化，其产品用作石油二次采油的驱油剂及废水处理的絮凝剂等。

微乳液为油分散在水连续相或水分散在油连续相的、由表面活性剂界面层提供稳定作用的热力学稳定体系，与动力学稳定的常规乳液在稳定机制和稳定性上有着显著差异。微乳液的分散相直径在5～80 nm，因而体系是透明或半透明的，有利于进行光引发聚合反应。水包油型微乳液只有在较高的表面活性剂/单体、很窄的表面活性剂浓度范围内才可能形成，而且通常需要助乳化剂，如戊醇等。反相微乳液则容易形成，这是因为单体在体系中往往充当助乳化剂存在于油-水界面，加入单体后形成微乳液的相区会变大。微乳液除水包油型或油包水型外，还能形成其他类型的结构，如双连续相、O/W/O型乳液。微乳液聚合动力学行为不遵从常规乳液聚合规律，它具有很高的聚合速率，通常在 30 min 内转化率可达 90% 以上。在整个聚合过程中始终有乳胶粒成核，通常认为乳胶粒成核发生在微乳液的液滴或混合胶束内。微乳液聚合所生成的聚合物具有很高的分子量，并且与引发剂浓度关系不大，分子量分布比常规乳液聚合产物窄得多。无论是正相的还是反相的乳液聚合体系，水溶性和油溶性引发剂皆使聚合顺利进行。

聚丙烯酰胺及其衍生物是水溶性聚合物，在现代工业和日常生活等方面起着越来越重要的作用。高分子量的聚丙烯酰胺被广泛应用于污水处理、造纸、印染和石油工业，特别是作为二次采油的驱油剂。油包水的聚丙烯酰胺微乳液用水稀释后聚合物能迅速溶解，使用方便，储存容易。

2. 实验操作

反相乳液的配制，微乳液的配制，微乳液聚合的实施。

3. 实验要求

本实验以司盘-20（失水山梨醇单月桂酸酯，亲水亲油平衡值为 8.6）为乳化剂进行丙烯酰胺的反相微乳液聚合，合成高分子量的聚丙烯酰胺。

三、化学试剂与仪器

化学试剂：丙烯酰胺（重结晶精制），过硫酸钾（精制），司盘-20，环己烷。

仪器设备：机械搅拌器，回流冷凝管，温度计，四颈瓶，通氮系统，布氏漏斗。

四、实验步骤

在 250 mL 四颈瓶上装配回流冷凝管、机械搅拌器、通氮导管和温度计，置于水浴中。向四颈瓶中加入 100 mL 环己烷和 10 g 司盘-20，搅拌混合均匀，通氮 15 min 除氧。取 10 g 丙烯酰胺和 50 mg 过硫酸钾溶解于 30 mL 蒸馏水中，通氮除氧 15 min。将上述单体-引发剂水溶液加入到反应瓶中，搅拌形成乳液。升温至 60 ℃，继续通氮聚合 1.5 h，得到白色稳定乳胶。

取少量乳液，加入到甲醇中沉淀，过滤，固体用甲醇洗涤并真空干燥。用 1 mol/L $NaNO_3$ 溶液作为溶剂，在 30 ℃测定聚丙烯酰胺的特性黏数，由下式计算黏均分子量，并与溶液聚合法和冷冻聚合法制备出的聚丙烯酰胺极性比较。

$$[\eta] = 3.37 \times 10^{-4} M_\eta^{0.66}$$

五、分析与思考

(1) 查阅资料，进一步熟悉反相乳液聚合。

(2) 查阅文献，进一步熟悉微乳液聚合的反应机理和特点。

(3) 查阅资料，熟悉高分子量聚丙烯酰胺的合成和表征方法。

(4) 查阅资料，了解水溶性聚合物的种类及其应用。

(5) 给出常见反相乳液聚合所使用乳化剂的结构式。

实验二十五　苯乙烯的分散聚合

一、实验目的

(1) 了解分散聚合的原理和特点。
(2) 掌握制备单分散、大粒径聚合物粒子的方法。

二、实验预习

1. 实验原理和实验背景

制备高分子颗粒的方法有多种，包括物理法和化学法。物理法直接利用聚合物溶液的相分离和微相分离，如均聚物在表面活性物质存在下的沉淀、两亲性嵌段共聚物在选择性溶剂中的自组装等。化学法则利用非均相的聚合，如乳液聚合和悬浮聚合，分散聚合也是制备高分子粒子的常用方法。

在分散聚合中，溶解于反应介质中的单体进行聚合而生成不溶的聚合物，通过吸附亲溶剂的聚合物(分散剂)或与之形成接枝共聚物形成稳定的乳胶态分散体系。它是一种特殊的沉淀聚合，聚合初期体系是均相的，当聚合物分子量达到一定值后，从聚合体系中析出，在分散剂的稳定下形成乳胶粒子。体系的稳定性来源于聚合物粒子表面的两亲性高分子分散剂，其作用本质是立体稳定作用，阻碍了粒子之间的聚集和凝聚。分散剂通常含有溶于反应介质的链段(稳定链段)和能与聚合物混溶的链段(锚定链段)，稳定链段伸展于反应介质中，锚定链段吸附于乳胶粒表面或缠结于粒子内部。这种结构可以事先制备好，也可以通过单体与分散剂发生接枝共聚来形成。分散聚合形成的乳胶粒子粒径在微米量级，粒径分布均匀，因颗粒较大，胶乳易发生凝聚。分散聚合的典型配方是：质量分数为 40%～60%的反应介质，30%～50%的单体，3%～10%的分散剂，单体 1%左右的引发剂，助分散剂等添加剂。

在分散聚合中，初级乳胶粒是通过均相成核形成的，随后单体被吸纳入其中，聚合反应主要在乳胶粒中进行，动力学行为与本体聚合相似。与常规乳液聚合相比，分散聚合的聚合速率与乳胶粒尺寸、数目的依赖关系不再存在，聚合速率与乳胶粒总体积成正比，聚合的动力学行为与单体在乳胶粒相和分散介质相的分布系数有关系。分散聚合的乳胶粒粒径和分布受溶剂的溶度参数、分散剂种类和用量、引发剂的种类和用量以及助分散剂的使用相关，在适当条件下可获得尺寸在几微米、粒径分布很窄的聚合物粒子。

粒径单分散的聚合物粒子可以作为液晶显示中的间隙保持剂，将其置于显示器件之中，以准确控制和保持液晶层厚度，提高液晶显示的清晰度。在分析化学中，可以用作色谱填料，提高分离效果及检测精确度，可实现蛋白质、肽及核苷酸的快速而精密的分离和检测。粒径单分散的聚合物粒子还可形成规整的晶格结构，作为光子晶体使用。

2. 实验操作

分散聚合的实施，颗粒的离心纯化，粒径的观察并照相，由颗粒的照片测定其粒径。

3. 实验要求

以聚乙烯吡咯烷酮为分散剂、正十二醇作为助稳定剂，进行苯乙烯的分散聚合，从而制备出 1 μm 左右的聚苯乙烯单分散粒子。

三、化学试剂与仪器

化学试剂：苯乙烯（精制），偶氮二异丁腈（精制），聚乙烯吡咯烷酮（PVP K-30），正十二醇，乙醇，蒸馏水。

仪器设备：机械搅拌器，回流冷凝管，温度计，三颈瓶，通氮系统。

四、实验步骤

取 80 mL 乙醇和 10 mL 蒸馏水加入到 250 mL 三颈瓶，反应瓶上装配回流冷凝管、机械搅拌、通氮导管和温度计，加入 1.00 g 分散剂 PVP K-30 和 0.5 mL 助分散剂十二醇，搅拌使其溶解，通氮除氧 10 min，升温至 60 ℃。取 143 mg 偶氮二异丁腈溶解于 10 g 苯乙烯中，加入到反应体系中。反应开始时单体与反应介质互溶形成均相体系，10 min 左右体系开始变浑，表明已经有乳胶粒形成。反应体系继续通氮聚合 20 h，得到白色稳定乳胶。取少量胶乳测定其固含量，进一步求出单体转化率。

取 10 mL 胶乳用离心机分离，倾去上层清液，加入 10 mL 乙醇，超声混合 5 min，再进行离心分离。如此操作 3～4 次，以除去分散剂。最后用乙醇重新分散，并稀释至适当浓度，将少许乳胶滴于小的洁净玻璃片上，自然干燥后，先用 640 倍光学显微镜观察样品制备情况，再用 Hitachi X-650 型扫描电子显微镜观察并照相。

五、分析与思考

(1) 查阅文献，了解分散聚合的特点，分析分散介质、引发剂和分散剂对乳胶粒子粒径及其分布的影响。

(2) 如何用显微镜准确测定聚合物粒子的大小?

(3) 与其他方法相比，分散聚合制备的聚合物分子量大小如何? 为什么?

(4) 查阅资料，总结高分子粒子的制备方法。

第四章　基础性实验——离子型聚合和开环聚合实验

自由基、阳离子和阴离子聚合均是链式聚合，但是活性中心不同。碳自由基不稳定，寿命很短，倾向于相互偶合或者夺取其他原子而稳定。碳阴离子比较稳定，寿命较长。碳阳离子较碳阴离子活泼，易进行重排、转移等反应。

离子聚合反应对单体有高的选择性，阳离子只能引发含有给电子取代基、苯基和乙烯基等的烯类单体聚合，阴离子只能引发那些含强吸电子基团（如硝基、腈基和酯基）、苯基和乙烯基等的烯类单体聚合。

自由基聚合使用过氧化物和偶氮化合物等引发剂，引发剂分解的活化能比较高，所以要在较高温度下进行聚合反应。阴离子聚合引发剂为亲核试剂，在室温或更低温度就能解离出与单体分子加成的阴离子，或通过电子转移方式产生碳阴离子。阳离子聚合的引发剂是亲电试剂，多是 Lewis 酸，如金属卤化物等，大多需要助引发剂才能有效地引发。

链自由基受反应介质的影响很小，离子聚合受介质的影响很大。离子聚合的活性中心存在紧密离子对、疏松离子对和自由离子，大多数情况离子对和自由离子同时进行增长反应，它们的相对浓度取决于反应介质和温度等聚合条件。

离子聚合不会发生双基终止，非极性单体的阴离子聚合反应才是真正的活性聚合，活性聚合的聚合物分子量分布窄。终止阴离子聚合反应通常要外加终止剂，阳离子聚合活性中心的反离子是离子团，末端阳离子可与之或其中一部分结合而终止，还可以通过向单体或其他组分的链转移和自发终止等方式而终止。通过调节反离子和活性中心阳离子的相互作用，使具有引发活性的离子对或自由离子与无引发活性的离子对或共价键合物种处于快速动态交换平衡状态，也可以实现阳离子聚合的“活性”化。

活性阴离子聚合的动力学特征是对单体的一级反应，阳离子聚合动力学要根据引发方式和终止方式分别进行处理，稳态假定在离子型聚合中往往不成立。

离子型聚合反应对水、空气很敏感，因此需要严格的实验条件。活性阴离子聚合为合成端官能团化聚合物、分子量单分散聚合物和进行高分子设计与合成提供了有力的实验手段。

开环聚合反应是指环状单体通过环打开生成线形聚合物的聚合反应，环氧化物、环醚、内酯、内酰胺及环硅氧烷的开环聚合已经工业化。环单体能否进行开环聚合，首先取决于热力学因素，即环单体与线形聚合物的相对稳定性。从热力学观点分析开环聚合的可行性顺序为三元环、四元环＞八元环＞五元环、七元环＞六元环，此外还需考虑环的组成原子。从反应动力学考虑，环烷烃不存在易被活性种攻击的键而难以聚合，而内酰胺、内酯和环醚等环单体能够提供接受活性种进攻的亲核或亲电子部位，因此易发生开环的引发和增长反应。离子型开环聚合反应具有离子型链式聚合的一般特点，如溶剂和抗衡离子对聚合反应的影响，通过不同形式活性中心的增长和缔合现象等。开环聚合在链增长阶段只有单体加到增长链上；大部分开环聚合的聚合物分子量随着转化率的增加相当缓慢地提高，但是在大多数情况下呈线性关系；其动力学表达式通常类似于链式聚合的形式。很多开环聚合反应的聚合-解聚平衡常数较低，动力学方程比较复杂。

实验二十六　苯乙烯的阳离子聚合

一、实验目的

(1) 通过实验加深对阳离子聚合的认识。

(2) 掌握阳离子聚合的实验操作。

二、实验预习

1. 实验原理和实验背景

阳离子聚合反应由链引发、链增长和链终止三个基元反应构成。

链引发：

$$C + RH \rightleftharpoons H^+(CR)^- \tag{4.1a}$$

$$H^+(CR)^- + M \xrightarrow{k_i} HM^+(CR)^- \tag{4.1b}$$

其中，C、RH 和 M 分别为引发剂、助引发剂和单体。

链增长：

$$HM^+(CR)^- + M \xrightarrow{k_p} HM_nM^+(CR)^- \tag{4.1c}$$

链终止和链转移：

$$HM_nM^+(CR)^- \xrightarrow{k_t} HM_nM + H^+(CR)^- \tag{4.1d}$$

$$HM_nM^+(CR)^- + M \xrightarrow{k_{trM}} M^+(CR)^- + HM_nM \tag{4.1e}$$

$$HM_nM^+(CR)^- + S \xrightarrow{k_{trS}} S^+(CR)^- + HM_nM \tag{4.1f}$$

某些单体的阳离子聚合的链增长存在碳正离子的重排反应，绝大多数阳离子聚合的链转移和链终止反应多种多样，使其动力学表述较为复杂。温度、溶剂和反离子对阳离子聚合反应影响较为显著。

Lewis 酸是阳离子聚合常用的引发剂，在引发除乙烯基醚类以外单体进行聚合反应时，需要加入助引发剂(如水、醇、酸或氯代烃)。例如，使用水或醇作为助引发剂时，它们与引发剂(BF_3)形成络合物，然后解离出阳离子，引发聚合反应。

阳离子聚合对杂质极为敏感，杂质或加速聚合反应，或对聚合反应起阻碍作用，还能起到链转移或链终止的作用,使聚合物分子量下降。因此,进行离子型聚合,需要精制所用溶剂、单体和其他试剂,还需对聚合系统进行仔细干燥。

工业上通过阳离子聚合生产的高分子产品是聚异丁烯和丁基橡胶。

2. 实验操作

制备无水溶剂(苯)和单体(苯乙烯),实施阳离子聚合,进行阳离子聚合的终止。

3. 实验要求

以三氟化硼乙醚($BF_3 \cdot Et_2O$)作为引发剂、苯作为反应介质,通过阳离子聚合制备聚苯乙烯,验证不同终止剂对阳离子聚合的终止效果。

三、化学试剂与仪器

化学试剂:苯乙烯(精制,CaH_2 干燥),苯(精制,CaH_2 干燥),$BF_3 \cdot Et_2O$,甲醇。

仪器设备:100 mL 二颈瓶,直形冷凝管,注射器,注射针头,电磁搅拌器,真空系统,通氮系统。

四、实验步骤

1. 溶剂和单体的精制

单体精制参照实验十一,减压蒸馏前,加入 CaH_2,在室温下搅拌数小时。苯的精制可参照实验十一中"无水四氢呋喃的制备",在用回流干燥器除水前,苯需进行预处理。400 mL 苯用 25 mL 浓硫酸洗涤两次,以除去噻吩等杂环化合物,用 25 mL 5%的 NaOH 溶液洗涤一次,再用蒸馏水洗至中性,加入无水硫酸钠初步干燥。

2. 引发剂精制

$BF_3 \cdot Et_2O$ 长期放置,颜色会转变成棕色。使用前,在隔绝空气的条件下进行蒸馏,收集馏分。商品 $BF_3 \cdot Et_2O$ 溶液中 BF_3 的含量为 46.6%~47.8%,必要时用干燥的苯稀释至适当浓度。

3. 苯乙烯阳离子聚合

苯乙烯阳离子聚合装置如图 1.27 所示,所用玻璃仪器包括注射器、注射针头和磁子在内,预先置于 100 ℃烘箱中干燥过夜。趁热,将反应瓶连接到双排管聚合系统上,体系抽真空一通氮气,反复三次,并保持反应体系为正压。用合适的注射器先后注入 25 mL 苯和 3 mL 苯乙烯,开动电磁搅拌器,再加入 0.3 mL $BF_3 \cdot Et_2O$ 溶液(质量分数约为 0.5%)。控制水浴温度在 27~30 ℃,反应 4 h,得到黏稠的液体。用 100 mL 甲醇沉淀出聚合物,用布氏漏斗过滤,用甲醇洗涤,抽干,于真空烘箱内干燥,称重,计算产率。

4. 苯乙烯阳离子聚合的终止

预先在真空干燥箱中充分干燥对苯二酚和硝基苯,用 CaH_2 回流干燥氯仿,用金属钠制备无水乙醇,以纯化、干燥过的苯作为溶剂,配制上述物质的溶液。在苯乙烯阳离子聚合进行 1 h 时,用干燥的注射器吸取 2 mL 反应混合液,置于封闭、干燥的聚合管内,加入等物质的量的上述物质,在聚合温度下保持 3 h,测定聚苯乙烯的收率。

五、分析与思考

(1) 阳离子聚合反应有什么特点?

(2) 阳离子聚合在低温下进行,原因是什么?

(3) 痕量水的存在对本实验有何影响? 如何避免水分的引入?

(4) 查阅资料,了解哪些烯烃单体可以实现“活性”阳离子聚合,其聚合条件如何?

实验二十七　三聚甲醛的阳离子聚合

一、实验目的

(1) 通过实验了解三聚甲醛阳离子开环聚合的特点。

(2) 熟悉聚甲醛的制备和端基封锁的方法。

二、实验预习

1. 实验原理和实验背景

三聚甲醛可在质子酸或 Lewis 酸引发下进行阳离子开环聚合反应。由于三聚甲醛中常含有微量的杂质甲酸,因此可以不另加引发剂,采用加热的方法使它发生聚合反应。选用引发剂时,要求引发剂具有高活性,并能满足使反应达到高转化率、产物具有高分子量(30000～50000)以及操作完全等条件。较为适用的引发剂为三氟化硼乙醚络合物,它的活性高,易从聚合物中除去,室温为液态,能够溶解于二氯乙烷、石油醚等溶剂,适用于三聚甲醛的溶液聚合。

以 $BF_3 \cdot Et_2O$ 作引发剂时,三聚甲醛的聚合反应过程如下:

(1) 单体与引发剂发生络合交换反应形成活性中心,从而完成链引发反应:

$$BF_3 \cdot Et_2O + H_2O \rightleftharpoons H^+[BF_3OH]^- + Et_2O \tag{4.2a}$$

$$\begin{array}{ccc} & CH_2\text{—}O & \\ O & & CH_2 \\ & CH_2\text{—}O & \end{array} + H^+[BF_3OH]^- \longrightarrow \begin{array}{ccc} & CH_2\text{—}O & \\ H\text{—}O^+ & & CH_2 \\ [BF_3OH]^- & CH_2\text{—}O & \end{array} \tag{4.2b}$$

(2) 单体不断与活性中心反应,使聚合链进行增长:

$$\begin{array}{ccc} & CH_2\text{—}O & \\ H\text{—}O^+ & & CH_2 \\ [BF_3OH]^- & CH_2\text{—}O & \end{array} \longrightarrow HOCH_2OCH_2OCH_2^+[BF_3OH]^-$$

$$\xrightarrow{\text{(CH}_2\text{O)}_3} HOCH_2OCH_2OCH_2-\overset{+}{O}(CH_2O)_2CH_2\ [BF_3OH]^- \longrightarrow$$

$$HOCH_2OCH_2OCH_2-(OCH_2)_n-OCH_2^+[BF_3OH]^- \quad (4.2c)$$

(3) 链的终止反应一般是通过链转移进行的，如与水的链转移反应：

$$HOCH_2OCH_2OCH_2-(OCH_2)_n-OCH_2^+[BF_3OH]^- + H_2O \longrightarrow$$
$$HOCH_2OCH_2OCH_2(OCH_2)_nOCH_2OH \quad (4.2d)$$

从上述反应式可以发现聚甲醛的端基为半缩醛，导致聚甲醛的稳定性差。为了提高聚甲醛的稳定性，可以使用乙酸酐使聚甲醛端羟基酯化；也可以采用共聚的方法在聚合物链中引入稳定的链节，经热碱处理除去末端的半缩醛结构。

聚甲醛(polyformaldehyde,POM)是一种没有侧基、高密度、高结晶性的线形聚合物，具有优异的综合性能。聚甲醛吸水性小，尺寸稳定，有光泽，这些性能都比尼龙好。聚甲醛为高度结晶的树脂，在热塑性树脂中是最坚韧的。聚甲醛的抗热强度、弯曲强度、耐疲劳性强度均高，耐磨性和电性能优良。聚甲醛是一种表面光滑，有光泽的硬而致密的材料，它的耐磨性和自润滑性也比绝大多数工程塑料优越。聚甲醛有良好的耐油、耐过氧化物性能，不耐酸，不耐强碱，不耐太阳光紫外线的辐射。聚甲醛经端基稳定化处理后可耐热到 230 ℃。

聚甲醛可在 170～200 ℃的温度下加工，如注射、挤出、吹塑等。主要用作工程塑料，用于汽车、机械部件等。POM 具有很低的摩擦系数和很好的几何稳定性，特别适合于制作齿轮和轴承。由于它还具有耐高温特性，因此还用于管道器件(管道阀门、泵壳体)、草坪设备等。

2. 实验操作

无水操作，即反应物和溶剂经彻底除水、反应容器经彻底干燥后，在物料的移取和反应装置的搭置中采取足够手段以防止水分的引入，在绝对无水的条件下进行聚合反应。

3. 实验要求

合成出聚甲醛，并比较封端前后聚甲醛的热稳定性。

三、化学试剂与仪器

化学试剂：乙酸酐，三聚甲醛，二氯乙烷，丙酮，$BF_3 \cdot Et_2O$ 溶液(精制)，正庚烷，吡啶，硫酸铜。

仪器设备：二颈瓶，250 mL 三颈瓶，聚合管，注射器，玻璃砂芯漏斗，注射针头，电磁搅拌器，回流冷凝管。

四、实验步骤

1. 单体和溶剂的精制

使用二氯乙烷重结晶三聚甲醛，纯化的单体置于真空保干器中除溶剂并保存。溶剂二氯

乙烷使用无水 $CaCl_2$ 干燥后，蒸馏。

2. 三聚甲醛的阳离子开环聚合

在氮气流下，向干燥的二颈瓶中加入 4 g(0.0025 mol)经纯化干燥的三聚甲醛及 20 mL 二氯乙烷，塞上翻口橡皮塞，关闭氮气瓶。用注射器将 0.04 mL $BF_3 \cdot Et_2O$ 溶液注入到聚合瓶中，室温电磁搅拌下反应，观察现象。反应 1 h 后，有白色粉末状(或纤维状)沉淀，过滤，用 50 mL丙酮分两次洗涤，滤干后，于真空烘箱内 60 ℃干燥 1 h，计算产率。

3. 聚甲醛的端基封锁

取 3 g 聚甲醛、60 mL 正庚烷、6 mL 乙酸酐和 5 mL 吡啶，加入到带有回流冷凝管的 250 mL 三颈瓶中，于电磁搅拌下加热回流反应 3 h。过滤，用蒸馏水洗涤至中性，再用丙酮洗涤聚合物，滤干后，于真空烘箱内 60 ℃干燥 1 h，计算收率。

4. 聚甲醛热稳定性的比较

取两支试管，分别加入 0.1 g 聚甲醛和端基封锁的聚甲醛，再加入 5 mL 6%的 $CuSO_4$ 溶液，在酒精灯上小心加热，观察两支试管颜色的变化。

未封端和封端的聚甲醛经充分干燥后，使用热失重仪测定它们的热失重情况，进一步比较两者的热稳定性。

五、分析与思考

(1) 阳离子开环聚合反应有什么特点?

(2) 在三聚甲醛的阳离子开环聚合中单体能否完全聚合? 为什么?

(3) 在实验过程中，有哪些环节可能引入水分?

(4) 如何测定聚甲醛封端率?

(5) 比较聚甲醛封端前后的热稳定性，使用 $CuSO_4$ 溶液作为检测试剂，其原理是什么?

实验二十八 四氢呋喃的阳离子聚合

一、实验目的

(1) 通过实验了解四氢呋喃阳离子开环聚合的方法和原理。

(2) 通过聚四氢呋喃分子量和羟值的测定确定聚合物的官能度。

二、实验预习

1. 实验原理和实验背景

四氢呋喃的开环聚合是在 Lewis 酸和含氧酸引发下进行的，含氧酸有硫酸、高氯酸和三氟磺酸，Lewis 酸有 BF_3 和 $SbCl_5$ 等，并加入助引发剂，如乙醚、水和卤代烃等。聚合物的端基为羟基，分子量与引发剂类型有关。

与环氧化物相比较，四氢呋喃阳离子开环聚合的活性低，因此在聚合时往往需要加入少量活性环醚如环氧乙烷，首先生成活泼 $(Et_2O)_3^+BF_4^-$ 离子，继而引发活性小的单体 THF 聚合，这时活性环醚常被称为促进剂。以 $BF_3 \cdot Et_2O$ 为引发剂、环氧丙烷为促进剂的四氢呋喃聚合过程如下：

引发反应：

$$6Et_2O \cdot BF_3 + 3CH_3—\underset{\diagdown O \diagup}{CH—CH_2} \longrightarrow$$

$$3Et_2O^{+-}BF_4 + 2BF_3 + (C_2H_5OCH_2—\underset{\displaystyle CH_3}{\underset{|}{CH}}—O)_3B \tag{4.3a}$$

增长反应：

$$Et_3O^{+-}BF_4 + \boxed{\quad}O \longrightarrow \boxed{\quad}\underset{^-BF_4}{O^+}—Et + Et_2O \tag{4.3b}$$

终止反应以链转移反应为主：

$$\boxed{\quad}\underset{^-BF_4}{O^+}—(CH_2)_4O\sim\sim + \sim\sim(CH_2)_4—O—(CH_2)_4\sim\sim \longrightarrow$$

$$\sim\sim O(CH_2)_4—O(CH_2)_4—\overset{(CH_2)_4\sim\sim}{\underset{(CH_2)_4\sim\sim}{O^{+-}BF_4}} \xrightarrow{THF}$$

$$\boxed{\quad}\underset{^-BF_4}{O^+}—(CH_2)_4O\sim\sim + \sim\sim O(CH_2)_4—O(CH_2)_4—O(CH_2)_4\sim\sim \tag{4.3c}$$

在环醚的开环聚合反应过程中形成了大小不同的环低聚物，其生成量的多少和环的相对稳定性是一致的。在环氧乙烷的聚合反应中，二聚体二氧六环是主要的低聚物，有时高达80%。环氧丙烷得到的二聚体比环氧乙烷少，环四聚体是主要产物。氧杂环丁烷生成环状低聚物稍少一些，四氢呋喃则更少。

聚四氢呋喃作为聚醚二元醇，主要用作多嵌段的聚氨酯或聚醚-聚酯多嵌段共聚物的软链段。由平均分子量为 1000 的聚四氢呋喃制得的热塑性聚氨酯弹性体可用作轮胎、传动带、垫圈等；也可用于涂料、人造革、薄膜等。平均分子量为 2000 的聚四氢呋喃，可用以制备聚氨酯弹性纤维。近年来又发现，由聚四氢呋喃制成的嵌段聚氨酯具有良好的抗凝血性，可用作医用高分子材料。

2. 实验操作

本实验需要在无水条件下进行，溶剂和容器中残留的水或者操作过程中引入的水汽会对引发和聚合的反应过程、产物的结构等产生不良影响。

3. 实验要求

合成出数均分子量为 1000～2000 的聚四氢呋喃。

三、化学试剂与仪器

化学试剂：四氢呋喃(精制)，$BF_3 \cdot Et_2O$ 溶液，环氧丙烷(精制)。

仪器设备：二颈瓶，250 mL 三颈瓶，聚合管，注射器，玻璃砂芯漏斗，注射针头，电磁搅拌器，回流冷凝管。

四、实验步骤

1. 单体和引发剂的精制

四氢呋喃和环氧丙烷的精制见第一章第二节，使用时蒸出并用注射器加入到反应器中，引发剂使用前重新蒸馏。

2. 四氢呋喃的阳离子开环聚合

趁热将烘干的二颈瓶塞上翻口橡皮塞，并连接到双排管系统上，交替抽真空和充氮气，反复 3～4 次，每次 10～15 min。用注射器和细针头向烧瓶中加入 10 mL 四氢呋喃和 2 滴环氧丙烷，然后用冰水浴冷却 10 min。用注射器先估计每滴液体的质量，在电磁搅拌下，再向聚合体系中加入 0.17 g $BF_3 \cdot Et_2O$ 溶液，冰水浴反应 0.5 h，然后在氮气流下将烧瓶从双排管系统取下，迅速塞上橡皮塞，放入冰箱中过夜。将烧瓶从冰箱中取出，用少量盐酸/甲醇溶液终止聚合反应，再用 100 mL 甲醇沉淀，抽滤，用甲醇洗涤，滤干后，于真空烘箱内 60 ℃干燥 1 h，计算产率。

测定聚合物的羟值和数均分子量，计算聚合物的官能度。

五、分析与思考

(1) 聚合物的末端官能度定义为分子链所含有的端基官能团的平均数目。通过羟值来计算产物聚四氢呋喃的官能度，需要什么假设条件？

(2) 如何测定聚四氢呋喃的羟基官能度的真实值？可从核磁共振等方法考虑。

(3) 聚四氢呋喃的羟基官能度小于 2 意味着聚合过程中发生了什么？

(4) 如何测定聚四氢呋喃的绝对分子量？

实验二十九　阴离子聚合引发剂的制备

一、实验目的

(1) 了解阴离子聚合引发剂的特点和制备方法。

(2) 学习阴离子聚合引发剂浓度的测定。

二、实验预习

1. 实验原理和实验背景

阴离子聚合的引发反应可分为亲核引发和电子转移引发。

亲核引发剂多为碱性化合物,有金属氨化物、烷氧化合物、氢氧化物、胺化物和有机金属化合物(正丁基锂和格氏试剂),使用最多的是烷基锂。烷基锂与烯类单体发生加成反应,生成碳阴离子。烷基锂的引发活性高,反应速度快。除甲基锂以外,烷基锂均可以溶解在烃类溶剂中,纯烷基锂蒸气压很低,丁基锂在室温下是液体,因此常溶解在己烷中。在非极性溶剂中烷基锂呈缔合状态,多数情况下形成六聚体或四聚体,碳阴离子亲核性随缔合度的增大而递减,因此使阴离子聚合的反应级数出现分数,并导致分子量分布变宽。大分子的锂化合物也以缔合体存在,如聚苯乙烯锂为二聚体,聚丁二烯锂为四聚体。在极性溶剂中,有机锂的缔合现象完全消失,引发活性增加。加入 Lewis 碱和升高温度也可以降低烷基锂的缔合程度。

萘-钠体系是电子转移引发的一个典型例子,引发反应包括萘自由基阴离子的生成、萘自由基阴离子将电子转移给单体形成单体自由基阴离子、两个单体自由基阴离子偶合成双阴离子。萘-钠自由基阴离子在极性溶剂(如 THF)中是稳定的,而在非极性溶剂中不稳定,以苯置换 THF,萘-钠自由基阴离子则分解成萘和钠而析出。除萘外,还有蒽、酮类(不包括能产生烯醇化的酮)和亚甲胺类等可用作电子转移媒介剂。电子转移引发的增长链皆具有两个活性中心。

阴离子引发剂在制备和长期放置过程中,由于种种原因部分引发剂会被终止而失去引发活性,因此在引发聚合之前需要采用双滴定法测定其真实浓度。首先将引发剂溶液与水反应,用标准酸溶液滴定总碱量;再将引发剂与干燥的卤代烷反应,用标准酸溶液滴定非引发剂的碱量,两者之差为引发剂的碱量,由此可确定出引发剂的真实浓度。卤代烃多用溴乙烷或溴苄。

由于阴离子引发剂对水汽和空气很敏感,与许多化合物易发生反应而失效,因此应在无水、惰性气氛和无活泼杂质的条件下进行制备和存放。

2. 实验操作

无水操作,阴离子聚合引发剂的滴定。

3. 实验要求

可事先准备好无水溶剂,实验开始时现蒸现用;引发剂制备需使用碱金属,因此在实验过程中需严格操作程序,残余的碱金属需妥善处理。

三、化学试剂与仪器

化学试剂:锂,钠,溴丁烷,萘,正己烷,四氢呋喃,二溴乙烷,HCl 标准溶液。

仪器设备:二颈瓶,注射器,注射针头,电磁搅拌器,溶剂回流干燥装置,冷凝管,通氮系统。

四、实验步骤

1．溶剂和试剂的精制

正己烷和四氢呋喃的精制见第一章第二节，使用时蒸出并用注射器加入到反应器中。分析纯的萘用乙醇重结晶两次，在真空保干器中除去溶剂，使用前通氮恢复常压取出称量。溴丁烷在氢化钙存在下进行蒸馏，收集馏分，密封保存。

2．丁基锂的制备

将二颈瓶的一口用橡皮塞塞住，趁热连接到双排管系统上或按图 4.1 将反应装置趁热装配好，通氮—抽真空三次，每次间隔 10 min。如有条件，在抽真空时使用火焰烘烤整个装置。通氮，打开橡皮塞。在石油醚中，用小刀刮去锂表面的氧化物，并用减量法称取 0.7 g 锂(0.1 mol)加入到烧瓶中，用注射器将干燥好、刚蒸出的 50 mL 正己烷加入到反应瓶中，塞上橡皮塞，并停止通氮，接真空系统的出口换上计泡器。用注射器通过橡皮塞缓慢加入 7.9 g 溴丁烷(0.05 mol)，必要时用红外灯加热，待反应剧烈时移去红外灯。继续反应 4 h，静置、分层，用注射器在氮气气氛中将引发剂转移到密封容器中。

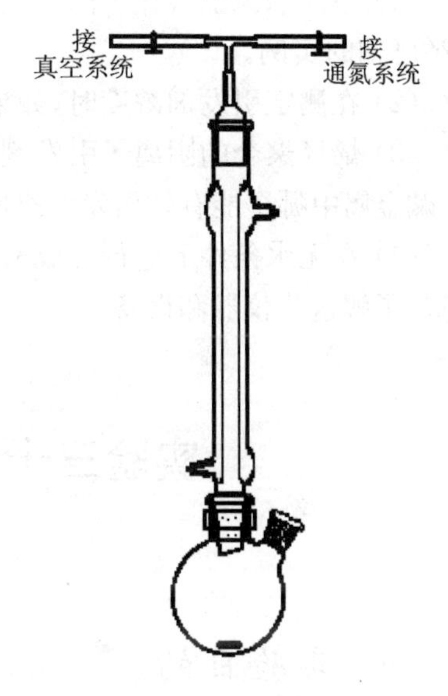

图 4.1　简易阴离子引发剂制备装置

3．萘-钠引发剂的制备

反应装置和步骤同上。在通氮条件下，用减量法称取 2.3 g 钠(0.1 mol)加入到烧瓶中，再加入干燥好、刚蒸出的 40 mL 四氢呋喃，然后加入14.4 g(0.12 mol)萘，塞上橡皮塞并停止通氮，接真空系统的出口换上计泡器。室温反应 6 h，随着反应进行，体系颜色逐渐变深，最后为深绿色溶液，用注射器在氮气气氛中将引发剂转移到密封容器中。

4．引发剂浓度测定

取两个干燥的 50 mL 烧瓶，趁热塞上橡皮塞，用注射器向烧瓶中加入等量的引发剂。然后向一个烧瓶中加入 5 mL 无水甲醇，待反应结束后，打开橡皮塞，将混合液转移到滴定用的锥形瓶中，并用 20 mL 蒸馏水洗涤烧瓶，加入 2～3 滴酚酞溶液，用盐酸标准溶液滴定，记录消耗的盐酸溶液体积(V_1，mL)。在另外一个烧瓶的橡皮塞上插一注射针头作为出气口，用注射器缓慢加入 5 mL 二溴乙烷，有大量热量生成，并导致液体沸腾(注意控制加入速度)。待反应结束后，打开橡皮塞，将混合液转移到滴定用的锥形瓶中，并用 20 mL 蒸馏水洗涤烧瓶，加入 2～3 滴酚酞溶液，用标准盐酸溶液滴定，记录消耗的盐酸溶液体积(V_2，mL)。

引发剂浓度为

$$(V_1 - V_2)C/V_0$$

其中，C 为盐酸的浓度(mol/L)，V_0 为引发剂的体积(mL)。

五、分析与思考

(1) 不同的碱金属在不同溶剂中,引发烯烃单体进行阴离子聚合,其引发机理存在差异。列举已知的实例。

(2) 在测定引发剂浓度时,如果所取引发剂体积不同,如何计算引发剂浓度?

(3) 烯烃聚合的阴离子引发剂也适用于环单体,对于环氧化物类单体,丁基锂能否引发?萘-碱金属中哪个能有效引发?查阅文献,回答问题。

(4) 在无水条件下进行合成反应,在实验室里有哪些常用设备和仪器?查阅资料,参观实验室,了解这些仪器和设备。

实验三十 苯乙烯阴离子聚合反应

一、实验目的

(1) 通过实验加深对阴离子聚合的了解。

(2) 掌握制备萘-钠引发剂和阴离子聚合的实验方法。

二、实验预习

1. 实验原理和实验背景

用萘-钠引发的苯乙烯阴离子聚合反应由链引发、链增长和链终止三个基元反应构成,增长链具有双活性中心。活性链在无水、无氧和没有其他链转移剂存在下不会终止,加入新的单体,链增长继续进行,是一种活性聚合。阴离子聚合反应速率和聚合物的聚合度可由下列各式表示:

$$R_p = k_p[M^-][M]$$

$$\overline{X_n} = n\frac{[M]_0 - [M]_t}{[M^-]}$$

其中,[M]为单体的浓度,[M⁻]为活性中心的浓度,可以用加入的引发剂浓度代替,n 为每个增长链所含活性中心的数目。

阴离子聚合反应速率远远大于自由基聚合的反应速率,这是由于阴离子聚合具有较高的活性中心浓度。阴离子聚合中活性中心浓度为 10^{-3}~10^{-2} mol/mL,而自由基聚合中自由基的浓度为 10^{-9}~10^{-7} mol/mL,相比来说,阴离子聚合反应速率大于自由基聚合 4~7 个数量级。阴离子聚合的活性中心会以自由离子、离子对等形式存在,溶剂的极性、反离子的类型和温度对它们的相对含量有很大影响,同时活性中心存在的形式对聚合物的立构规整性有一定影响。

苯乙烯的阴离子聚合很容易实现活性特征，由此获得分子量分布很窄的聚苯乙烯。长期以来，分子量单分散的聚苯乙烯一直是凝胶渗透色谱测定聚合物分子量的校正样品；随着研究的进展，（甲基）丙烯酸酯类和环氧乙烷也实现了“活性”聚合，因此通过凝胶渗透色谱，可以获得相应聚合物的绝对分子量。苯乙烯和丁二烯进行嵌段共聚物形成聚（苯乙烯-b-丁二烯-b-苯乙烯）（SBS树脂），是苯乙烯阴离子聚合的另一个重要用途。

2. 实验操作

无水实验操作，丙酮-液氮冷浴的使用。

3. 实验要求

制备出分子量分布指数低于1.10、分子量约为20000的聚苯乙烯，需使用凝胶渗透色谱测定分子量。

三、化学试剂与仪器

化学试剂：四氢呋喃，苯乙烯，乙醇。

仪器设备：100 mL二颈瓶，注射器，注射针头，电磁搅拌器，双排管系统，真空系统，通氮系统。

四、实验步骤

1. 溶剂和单体的精制

单体和溶剂的精制参照第一章第二节，引发剂制备见实验二十九。

2. 苯乙烯阴离子聚合

苯乙烯阴离子聚合的反应装置和准备工作同苯乙烯阳离子。在加热干燥后，如图2.7所示，趁热将玻璃仪器搭置好，或连接在双排管聚合装置上，体系抽真空、通氮气，反复两次，并保持体系中为正压。用合适的注射器先后注入25 mL四氢呋喃和3 mL苯乙烯，开动电磁搅拌器，加丙酮-液氮冷浴①。待反应混合液充分冷却后，再加入0.1 mL(3 mol/L)萘-钠溶液，可以观察到溶液颜色的变化。添加液氮，保持冷浴为糊状，继续反应5 min，用注射器加入1 mL乙醇终止聚合，观察体系颜色变化。

拆除反应装置，在搅拌条件下，将反应液逐滴加入到150 mL甲醇中进行沉淀，用布氏漏斗过滤，乙醇洗涤，抽干，于真空烘箱内干燥，称重，计算产率，并根据单体和引发剂浓度计算理论分子量。产品进一步纯化、干燥，使用凝胶渗透色谱测定分子量及其分布。

五、分析与思考

(1) 苯乙烯的阴离子聚合反应有什么特点？

(2) 从实验结果上看，活性聚合表现出哪些特征？

---

① 液氮不能加得过多，否则会使溶剂凝固，不利于聚合的进行。

(3) 从反应机制看，活性聚合对链引发、链增长、链终止和链转移各有哪些要求？

(4) 如制备端羟基的聚苯乙烯，采取阴离子聚合和环氧乙烷封端，应使用萘-锂、萘-钠和萘-钾中的哪一种？

(5) 查阅资料，走访从事金属有机合成的研究室，进一步了解无水、无氧的实验操作。

实验三十一　二苯甲酮-钠引发的苯乙烯阴离子聚合反应

一、实验目的

(1) 加深对阴离子聚合原理和特点的理解。

(2) 掌握二苯甲酮-钠引发阴离子聚合的实验方法。

二、实验预习

1. 实验原理和实验背景

阴离子引发剂可分为亲核引发剂(如烷基锂核格氏试剂)和电子转移引发剂(如萘-碱金属)，碱金属也可以单独引发阴离子聚合，其引发机理与碱金属的种类和溶剂性质有关。本实验采用二苯甲酮-钠作为引发体系，属于电子转移引发机理，具体过程如下。

碱金属与二苯甲酮反应，生成深蓝色的二苯甲酮-钠阴离子自由基，二苯甲酮-钠阴离子自由基进一步与钠反应生成紫红色的二苯甲酮二钠，如式(4.4a)和式(4.4b)所示。因此，在精制干燥溶剂时经常加入二苯甲酮作为指示剂，以溶剂中出现深蓝色作为溶剂中无水和其他杂质的标记。

$$\text{Na} + \text{C}_6\text{H}_5\text{–C(=O)–C}_6\text{H}_5 \longrightarrow \text{C}_6\text{H}_5\text{–}\dot{\text{C}}(\text{O}^-\text{Na}^+)\text{–C}_6\text{H}_5 \tag{4.4a}$$

$$\text{C}_6\text{H}_5\text{–}\dot{\text{C}}(\text{O}^-\text{Na}^+)\text{–C}_6\text{H}_5 + \text{Na} \longrightarrow \text{C}_6\text{H}_5\text{–C(Na)}(\text{O}^-\text{Na}^+)\text{–C}_6\text{H}_5 \tag{4.4b}$$

二苯甲酮二钠与苯乙烯反应生成红色的苯乙烯自由基阴离子，两个苯乙烯自由基阴离子偶合形成苯乙烯二聚体的双阴离子，它为真正的活性种。苯乙烯双阴离子进而与单体加成而进行聚合，聚合物数均聚合度为$[\text{M}]_0/[\text{I}]_0$的两倍。苯乙烯阴离子的颜色为深红色，由此可以判断聚合反应是否进行。

$$CH_2{=}CH(C_6H_5) + (C_6H_5)_2C(O^-Na^+)(Na) \longrightarrow (C_6H_5)_2\dot{C}(O^-Na^+) + [\dot{C}H_2{-}CH(C_6H_5)]^-Na^+ \quad (4.4c)$$

$$2[\dot{C}H_2{-}CH(C_6H_5)]^-Na^+ \longrightarrow Na^{+-}[CH(C_6H_5){-}CH_2{-}CH_2{-}CH(C_6H_5)]^-Na^+ \quad (4.4d)$$

二苯甲酮二钠具有很高的反应活性，可与含活泼氢的化合物反应生成二苯甲酮和NaOH，还具有很好的还原能力，可与含羰基的化合物等反应，因此在溶剂的回流干燥中，它常用作指示剂。

2．实验操作

本实验是简易的阴离子聚合的演习实验，涉及无水操作和引发剂的制备。

3．实验要求

制备出聚苯乙烯。由于在引发剂制备时，无法保证钠完全反应，因此钠的加入量应尽量少；聚合结束后进行终止，终止时间应充分。

三、化学试剂与仪器

化学试剂：甲苯，苯乙烯（精制并干燥），四氢呋喃（无水），钠，二苯甲酮，乙醇。

仪器设备：聚合管，注射器，注射针头。

四、实验步骤

1．溶剂和单体的精制

单体和溶剂的精制参照第一章第二节。

2．二苯甲酮-钠引发剂的制备

将7 mL无水甲苯加入到干燥的聚合管中，取0.15 g钠，用甲苯洗去表面油污，加入到聚合管内。在聚合管加橡皮塞的情况下，用试管夹夹紧聚合管，使用酒精灯加热聚合管，待甲苯接近沸腾时，小心操作，使金属钠熔化成小球，保持甲苯微沸1 min，注意聚合管口偏离火焰。然后迅速塞上橡皮塞，用手指压紧橡皮塞，趁钠处于熔化状态，用力振荡将金属钠分散成细粒状，继续振荡至钠粒凝固。若钠分散不够理想，可打开橡皮塞，重新操作。用注射器将聚合管中的甲苯吸出，并用少量四氢呋喃洗涤一次。取6 g二苯甲酮加入到250 mL干燥烧瓶中，塞上橡皮塞，用注射器加入100 mL四氢呋喃，振摇使二苯甲酮完全溶解。向聚合管中加入5 mL上述二苯甲酮-四氢呋喃溶液，不断振摇并观察溶液颜色变化，直至溶液呈深紫色。

3．苯乙烯阴离子聚合

在聚合管的橡皮塞上先插一注射针头，并将聚合管置于冰浴中，固定好后用注射器缓慢加入3 mL干燥苯乙烯，轻轻摇动，观察体系颜色变化和黏度变化，聚合过程中有大量热量生成，会导致聚合管发热。待体系温度恢复正常时，打开橡皮塞，加入 5 mL 四氢呋喃，使之与聚合液混合均匀，再加入 0.5 mL 乙醇终止反应，在烧杯中用 150 mL 乙醇沉淀聚合物，聚合管中残留物用少量四氢呋喃溶解洗出，一并沉淀。用布氏漏斗过滤，乙醇洗涤，抽干，于真空烘箱内干燥，称重，计算产率。

五、分析与思考

(1) 是否可以使用苯代替甲苯来制备二苯甲酮-钠引发剂，为什么？

(2) 说明单独使用碱金属引发阴离子聚合的引发机理。

(3) 如果在引发剂制备时有残留钠没有反应，那么在后续操作中应注意哪些问题？

(4) 聚合时在橡皮塞上插注射针头，其目的是什么？

实验三十二　丁基锂引发苯乙烯-异戊二烯嵌段共聚

一、实验目的

(1) 加深对阴离子聚合原理和特点的理解。

(2) 掌握活性聚合制备嵌段共聚物的原理和实验方法。

二、实验预习

1. 实验原理和实验背景

嵌段共聚物由两种或两种以上不同单体单元各自形成的长链段组成，根据嵌段的数目和排列方式，嵌段共聚物可以分为 AB 两嵌段共聚物、ABA 夹层三嵌段共聚物、ABC 三嵌段共聚物、$(AB)_n$ 多嵌段共聚物和 star-$(AB)_n$ 星形嵌段共聚物等。嵌段共聚物的合成方法有单体顺序活性聚合法、预聚物相互反应法和预聚物端基引发法。

在顺序活性聚合法中，阴离子聚合较早被应用于嵌段共聚物的合成和生产。对于可进行活性阴离子聚合的单体，在单体 A 聚合完毕后再加入单体 B，A 的聚合物链阴离子引发 B 单体聚合生成了 AB 两嵌段共聚物；若再加入单体 C，可继续引发聚合，生成 ABC 三嵌段共聚物。(甲基)丙烯酸酯的基团转移聚合和乙烯基醚的阳离子聚合也能很好地满足活性聚合的基本要求，也可以通过顺序活性聚合法制备嵌段共聚物。

两种遥爪预聚物的末端带有不同类型的官能团，官能团相互反应，从而生成嵌段共聚物，控制预聚物的官能度和相对用量可以用于合成多嵌段、三嵌段和两嵌段共聚物，但是要求官能团反应快而且定量，此时应使用高效的点击化学反应。遥爪预聚物还可以通过加入耦合剂来制备嵌段共聚物；同样聚合物阴离子用适当偶联剂终止，可以将不同聚合物链连接而形成嵌段共聚物。聚合物活性阴离子和聚合物活性阳离子相互反应，也能生成嵌段共聚物。

在预聚物端基引发法中，将单体A预聚体的端基转变成可以引发活性或可控聚合的引发基团，然后再在适当条件下引发单体B的聚合，由此形成嵌段共聚物。合成预聚体的聚合反应和单体B的聚合反应可以属于完全不同的类型，因此该方法可以结合不同聚合方法的优点，制备出一些特殊结构的嵌段共聚物，如大多数的甲基丙烯酸酯类单体难以实现活性阴离子聚合，将阴离子聚合和原子转移自由基聚合相结合，可以获得结构明确的聚苯乙烯-b-甲基丙烯酸酯。对逐步聚合物而言，预聚体的末端官能团与小分子的官能团发生聚合，也可以形成多嵌段共聚物，如聚氨酯和聚酯-聚醚等高分子。

在顺序活性阴离子聚合制备嵌段共聚物中，需注意单体的聚合顺序。引发剂与单体A反应后生成单体的阴离子，单体A增长链阴离子能否引发单体B聚合，取决于单体B增长链阴离子与单体A增长链阴离子的碱性强弱。表征增长链阴离子的碱性(即给电子能力)的参数为该阴离子共轭酸的pK_a值，例如乙基阴离子的共轭酸是乙烷。K_a为共轭酸pH的解离平衡常数，$pK_a = -\lg K_a$，K_a值大，则pK_a越小，化合物的碱性越弱。因此，pK_a值大的化合物能引发pK_a值小的单体进行阴离子聚合。单体的pK_a值是指单体被引发后形成的阴离子与质子结合产物的pK_a值，如单体苯乙烯的pK_a值实际上是$CH_3CH_2Ph \rightleftharpoons CH_3C^-HPh + H^+$平衡常数的负对数。单体中苯乙烯的$pK_a$值最大，它能引发所有的单体聚合，除双烯烃单体外，其他单体形成的增长链阴离子不能引发苯乙烯聚合。如果要采用活性阴离子聚合制备含苯乙烯、甲基丙烯酸甲酯和丙烯腈的嵌段共聚物，单体依次加入顺序为ST、MMA、AN，并且无法获得聚(MMA-b-ST-b-AN)嵌段共聚物。

2. 实验操作

顺序加料的阴离子聚合，嵌段共聚物和相应均聚物的分离。

3. 实验要求

采用丁基锂或萘-钠作为引发剂，在四氢呋喃中依次进行异戊二烯和苯乙烯的阴离子聚合，分别得到异戊二烯-苯乙烯两嵌段和苯乙烯-异戊二烯-苯乙烯三嵌段共聚物。要求苯乙烯嵌段和异戊二烯嵌段的长度接近，以比较嵌段序列对嵌段共聚物性能的影响。

三、化学试剂与仪器

化学试剂：苯乙烯(精制和除水)，异戊二烯(精制和除水)，四氢呋喃(精制和除水)，乙醇，丁基锂，萘-钠引发剂。引发剂浓度已进行标定。

仪器设备：二颈瓶，注射器，注射针头，双排管系统，真空聚合系统，通氮系统，溶剂回流干燥装置。

四、实验步骤

1. 异戊二烯-苯乙烯两嵌段共聚物的制备

二颈瓶在烘箱干燥后，趁热将一口用橡皮塞塞住，另一口连接到双排管系统上，或者趁热按图2.7搭置好反应装置，通氮—抽真空三次，每次间隔10 min。如有条件，在抽真空时使用火焰烘烤整个装置。用注射器向烧瓶中加入 80 mL 新蒸出的四氢呋喃和 3 g 异戊二烯，在电磁搅拌下，加入 0.1 mmol 丁基锂溶液，于室温反应 4 h，观察实验现象。然后在冰水浴下，加入新蒸出的 1.2 g 苯乙烯，观察反应进行情况。继续反应 15 min，加入 1 mL 无水甲醇终止聚合，聚合物溶液用 400 mL 乙醇沉淀，过滤、洗涤、抽干，最后置于真空烘箱中干燥，称重，计算收率。

2．苯乙烯-异戊二烯-苯乙烯三嵌段共聚物的制备

反应过程同上，引发剂改为萘-钠，用量为 0.1 mmol。

3．两嵌段共聚物和三嵌段共聚物性能比较

分别取 1 g 两嵌段共聚物和三嵌段共聚物，用 10 mL 甲苯溶解，然后将溶液倒入直径为 5 cm的培养皿中，待溶剂自然挥发后，置于真空烘箱中 40 ℃干燥 4 h，小心将聚合物薄膜取出，观察两者弹性的不同。

五、分析与思考

（1）如何用注射器定量加入 0.1 mmol 引发剂和定量单体？

（2）异戊二烯-苯乙烯两嵌段共聚物和苯乙烯-异戊二烯-苯乙烯三嵌段共聚物在物理性能上应该有什么不同？

（3）利用顺序活性聚合制备嵌段共聚物，采用本实验教案所述的操作，有什么不利因素？

（4）为什么在异戊二烯的聚合阶段和苯乙烯的聚合阶段聚合温度设定有差异？为什么两个聚合阶段，设定聚合时间有明显差异？

实验三十三　ε-己内酰胺的本体开环聚合

一、实验目的

（1）加深对开环聚合反应原理和特点的理解。

（2）掌握制备尼龙的新方法。

二、实验预习

1．实验原理和实验背景

内酰胺单体的聚合能力依赖于内酰胺的环大小。五元环的 γ-丁内酰胺能在低温下进行阴离子聚合，生成的聚酰胺在引发剂存在下于 60～80 ℃会发生解聚生成单体，六元环的 δ-戊内酰胺也能聚合。七元环的 ε-己内酰胺可以进行阳离子聚合，也可以在水的作用下先生成 ω-氨基己酸再生成聚合物，还可以进行阴离子聚合而生成高分子量的聚合物。内酰胺开环聚合生成线形聚合物可以采用多种方式进行，水引发(也被称为水解聚合)是内酰胺工业生产最常用的方法，阴离子引发特别适用于铸型聚合直接获取聚酰胺型材，阳离子引发由于转化率和聚合物分子量都相当低而没有应用价值。

工业上在质量分数为5%～10%的水存在下，将ε-己内酰胺在250～270 ℃加热12～14 h，进行水解聚合反应，常将ω-氨基己酸与水一起加入，从反应开始伯氨基和羧基就存在于反应体系中，而不必等内酰胺水解产生这些基团。己内酰胺转化为聚合物的总速率比ω-氨基己酸的速率要大一个数量级，所以开环聚合反应是生成聚合物的主要途径。为了得到高分子量的聚合物，在转化率达80%～90%时要将用于引发聚合的大部分水除去。

碱金属和金属烷氧化物可以通过生成内酰胺阴离子来引发内酰胺的聚合反应，聚合过程中与普通阴离子增长反应不同的是单体的阴离子加到增长链的内酰胺键上，增长速率取决于环酰胺阴离子和增长链的浓度。添加酰基化剂如酰氯、酸酐、异氰酸酯与环酰胺反应生成N-酰基内酰胺，可以缩短反应诱导期，提高反应速率。

己内酰胺在阴离子引发剂存在下高温聚合，聚合物的分子量开始就很高。随着反应混合物长时间加热而下降，最后达到平衡状态。分子量的这种变化是由于增长链与生成的聚酰胺分子间的酰胺基交换反应，即所谓的链段交换反应。

聚己内酰胺，商品名称为尼龙-6，其物理性质、力学性质和尼龙-66相似。然而，尼龙-6的熔点较低，加工温度范围较宽，抗冲击性和抗溶剂性比尼龙-66要好；尼龙-6的吸湿性较高，因此不适宜应用于吸湿性要求严格的制品。为了提高尼龙-6的使用性能，经常加入各种改性剂。加入玻璃纤维可以提高其力学强度、降低纤维方向的收缩率；加入乙丙橡胶(EPDM)和丁苯橡胶(SBR)等橡胶可以提高其抗冲击性能。

2. 实验操作

真空和熔融状态下的聚合操作，钠引发的己内酰胺阴离子聚合。

3. 实验要求

本实验采用本体聚合方法，分别以ω-氨基己酸和钠作为引发剂进行己内酰胺的开环聚合，可以分组进行不同条件下的聚合，然后综合比较。

三、化学试剂与仪器

化学试剂：己内酰胺，ω-氨基己酸，环己烷，钠，二甲苯，间甲苯酚。

仪器设备：二颈瓶，三颈瓶，机械搅拌器，冷凝管，真空系统，通氮系统。

四、实验步骤

1. ω-氨基己酸作为引发剂

己内酰胺用环己烷重结晶两次，并于室温下经P_2O_5真空干燥48 h。如图1.25所示，在100 mL三颈瓶上装配机械搅拌器、温度计、通氮导管和冷凝管，抽真空、充氮气三次以除去反应瓶中的空气，在氮气流下加入18 g己内酰胺和2 g ω-氨基己酸，用加热套加热至体系熔融。于140 ℃下开动机械搅拌器，不断升温至250 ℃。继续反应5 h，生成几乎无色的高黏度的熔融物，用玻璃棒蘸少许聚合物可以拉出长丝。趁聚合物处于熔融状态，迅速将产物倒入烧杯中冷却，所得尼龙-6在216℃左右熔融，其中含有少量环状低聚物，可用热水萃取除去。在间甲苯酚中测定聚合物的黏度。

2. 阴离子引发剂引发

在50 mL二颈瓶上接一玻璃套管，另一口塞上橡皮塞，如图4.2所示，然后抽真空—充氮气三次。在氮气流下加入15 g己内酰胺，将烧瓶加热到90℃左右，使单体熔融，并将玻璃套管上的毛细管插入液体中，缓慢通入氮气，另一口改接干燥管。按照实验三十一所述方法，将0.1 g钠分散在5 mL二甲苯中形成细粒，然后加入到熔融的己内酰胺中。升高温度至260℃，自行开始的聚合约在5 min后结束，可以通过氮气泡在反应体系中上升速率来观察。趁热将聚合物迅速倒入烧杯中冷却，在间甲苯酚中测定黏度。如果聚合物在260℃保持时间过长，链降解变得明显。

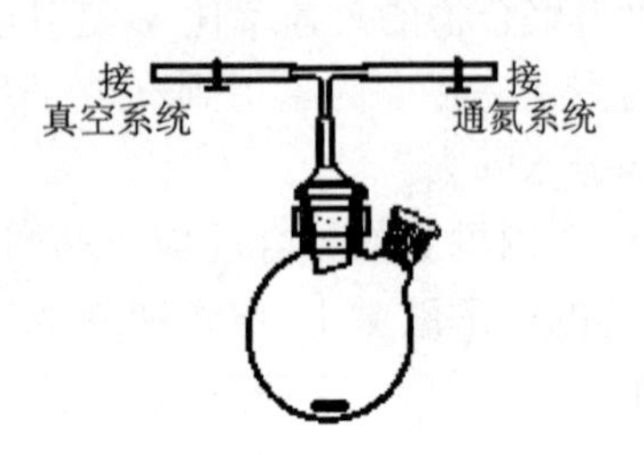

图4.2 己内酰胺开环聚合简易装置

五、分析与思考

(1) 比较三种己内酰胺开环聚合方式的不同。

(2) 根据己内酰胺阴离子开环聚合的特点，提出新的实验方案，以便在较低的温度下进行聚合，能否给出必要的反应条件？

实验三十四 ε-己内酯的开环聚合

一、实验目的

(1) 了解内酯的开环聚合反应原理和特点。

(2) 掌握制备聚ε-己内酯的方法。

二、实验预习

1. 实验原理和实验背景

内酯能发生阴离子或阳离子聚合反应生成聚酯，除了五元环内酯(γ-丁内酯)不能聚合和六元环内酯(δ-戊内酯)能够聚合外，内酯的反应性规律与其他环状单体相同。丙交酯和乙交酯分别是2-羟基丙酸(乳酸)和羟基乙酸的二聚体，是特殊的内酯，但它们也能进行开环聚合反应。

大多数烯烃聚合的阴离子引发剂可引发内酯聚合，几乎所有内酯的阴离子聚合均通过酰氧键断裂来进行，这从甲氧基负离子引发聚合产物的两端分别为酯甲基和羟基的实验结果中得到证实；若聚合是通过烷氧键断裂来进行的，端基将是甲氧基和羧基，此外β-丁内酯的聚合可保留构型不变也证明是酰氧断键。大部分内酯的阴离子聚合反应，特别活性较低的配位引发剂引发的聚合反应具有活性特征，高活性引发剂（Mg、Zn 和 Ti 的烷氧化物）引发的内酯开环聚合反应存在明显的酯交换反应，分子量分布变宽，并有环化物产生。β-丙内酯由于环张力，可用叔胺引发聚合，开环发生在烷氧键，增长链为两性离子；用较强的亲核试剂做引发剂时，同时发生烷氧键和酰氧键断裂。

在内酯阳离子聚合中，活性中心阳离子进攻内酯的环外氧原子而形成二氧碳阳离子，接着烷氧键断裂进行增长反应。由于阳离子聚合存在着分子内酯交换（环化）以及链转移反应，因此难以获得高分子量的聚酯。

内酯的聚合物皆有很好的生物降解性，且有良好的生物相容性，特别是聚乳酸和聚羟基乙酸，它们的单体皆是生物体生成代谢的产物。这些特点使得聚乳酸、聚羟基乙酸和聚己内酯以及它们的共聚物是非常好的生物医学材料，引起广泛的研究兴趣。

聚ε-己内酯在土壤和水环境中，6～12 个月内可完全分解成 CO_2 和 H_2O，其 T_g 为 −60 ℃，熔点为 60～63 ℃，可在低温成型。除作为可控释药物载体、细胞和组织培养基架、可降解手术缝合线外，还可应用于塑料的低温冲击性能改性剂、增塑剂、医用造型材料和热熔胶合剂等场合。

2. 实验操作

辛酸亚锡的纯化，己内酯的本体开环聚合，无水操作。

3. 实验要求

单体和引发剂的纯化可由助教在实验课之前完成，学生完成聚合过程，得到设定分子量的聚己内酯。

三、化学试剂与仪器

化学试剂：ε-己内酯，双-(2-乙基乙酸)亚锡（辛酸亚锡），甲苯，氢化钙，4 Å 分子筛。

仪器设备：二颈瓶，电磁搅拌器，真空系统，通氮系统，注射器，针头。

四、实验步骤

1. 辛酸亚锡的纯化[①]

商品辛酸亚锡含质量分数为 4.5%的 2-乙基己酸和 0.5%的水，因此在聚合前需进行纯化和干燥。将 40 mL 辛酸亚锡溶于 150 mL 无水甲苯中，经无水 $MgSO_4$ 和活化的 4 Å 分子筛回

① Storey R F, Sherman J W. Kinetics and Mechanism of the Stannous Octoate-Catalyzed BulkPolymerization of ε-Caprolactone[J]. Macromolecules, 2002, 35: 1504-1512; Kricheldorf H R, Kreiser-Saunders I, Stricker A. Polylactones 48. $SnOct_2$-Initiated Polymerizations of Lactide: A Mechanistic Study[J]. Macromolecules 2000, 33: 702-709.

流干燥后，过滤。滤液先在常压下进行甲苯/水的共沸蒸馏，然后减压蒸馏除去大部分甲苯，冷却后置于密闭的容器内，称量，计算混合液中辛酸亚锡的浓度，如此精制的辛酸亚锡可作为一般反应物使用。完全精制需除去2-乙基辛酸，在完全除去甲苯后，继续在0.133 Pa下进行减压蒸馏，2-乙基乙酸为前馏分，收集150～160 ℃、0.133 Pa的馏分，得到干燥、纯净的辛酸亚锡，将其溶解于适量无水甲苯中，标记出引发剂的质量浓度。

2. ε-己内酯的纯化

取150 mL干燥烧瓶，加入100 mL ε-己内酯和2～3 g CaH_2，烧瓶口配置干燥管，于室温搅拌24小时后，减压蒸馏。在纯化的ε-己内酯内加入活化的4 Å分子筛，密封保存。

3. ε-己内酯的开环聚合

如图4.2所示，将干燥好的100 mL二颈瓶装配好，在干燥氮气流的保护下，加入含12.5 mg辛酸亚锡的甲苯溶液，通过干燥氮气流使甲苯挥发，然后在减压条件下完全除去甲苯。加入25 g纯化的己内酯和一个干燥过的磁子，二颈瓶的剩余口塞上橡皮塞，通过油浴加热，在130 ℃下聚合，1 h后冷却至室温。

以四氢呋喃为溶剂，以乙醇为沉淀剂，进行产物的纯化。

五、分析与思考

(1) 内酯开环聚合与内酰胺开环聚合有什么异同?

(2) 查阅资料，了解聚乳酸、聚羟基乙酸和聚己内酯等聚酯的发展现状。

(3) 查阅文献，了解辛酸亚锡引发内酯聚合的详细机理。

(4) 在内酯聚合中，常使用引发剂量的羟基化合物。例如，加入聚乙二醇，可以获得聚乙二醇和聚内酯的嵌段共聚物。查阅文献，了解这些羟基化合物在聚合反应中的作用。

实验三十五 苯乙烯的RAFT聚合

一、实验目的

(1) 了解“活性”自由基聚合的本质和类型。

(2) 了解可逆加成-断裂-链转移(RAFT)聚合。

(3) 掌握封管聚合的操作。

二、实验预习

1. 实验原理和实验背景

自由基聚合难以实现“活性”/可控性的主要症结在于：① 自由基聚合的活性中心不可避

免地要发生终止反应和链转移反应；② 自由基聚合常用引发剂产生自由基的速率很低；③ 自由基寿命很短，难以使增长链等机会增长。但是，自由基聚合有许多优点，其活性中心对环境敏感性很低，自由基聚合的单体适用范围广，可采取多种聚合实施方法，水是它常用的反应介质。因此，实现自由基聚合的“活性”化有着十分重要的意义。

从终止反应角度考虑，自由基聚合中链终止速率与链增长速率之比为

$$\frac{R_t}{R_p}=\frac{2k_t[M\cdot]^2}{k_p[M\cdot][M]}=\frac{2k_t[M\cdot]}{k_p[M]}$$

其中 k_t/k_p 为 $10^4\sim10^5$。如果 $R_t/R_p\ll1$，则终止速率相对于增长反应可以忽略，其对聚合反应的影响很小。降低 R_t/R_p 就需要控制自由基浓度，一般而言[M·]为 10^{-8} mol/L，聚合速率仍很可观。因此，如何维持如此低的活性中心浓度是必须解决的课题。

自由基 R· 与物种 X 发生反应生成不具有引发活性的休眠种 R—X，活性种和休眠种处于快速的动态平衡中，如式(2.16)所示。此时，可以通过改变 X 的类型和浓度来调节体系中总的自由基浓度。当 k_1 和 k_{-1} 不小于 k_p 时，从整体效果看 R—X 轮流分解产生自由基，每个增长链可视为“同时引发，同时增长”，从而实现分子量的可控性。这是实现“活性”自由基聚合的基本思路。

$$R\cdot + X \underset{k_{-1}}{\overset{k_1}{\rightleftharpoons}} R-X \quad (R\cdot\text{为初级自由基或增长链自由基}) \tag{4.5}$$

近三十年来，“活性”自由基聚合取得了长足的发展，可控自由基聚合的方法有原子转移自由基聚合(ATRP)、可逆加成-断裂链转移自由基(RAFT)聚合、氮氧自由基介导的自由基聚合等。可逆加成-断裂-链转移(RAFT)自由基聚合是利用高链转移常数的链转剂(如二硫代羧酸酯或三硫代碳酸酯)的可逆加成-断裂-链转移反应来实现“活性”自由基聚合的。几乎所有的烯类单体都可以进行 RAFT 聚合；除可以采用本体和溶液聚合以外，还可以用水作为反应介质进行悬浮和乳液聚合。常用的二硫代羧酸酯有如下的类型：

单官能度二硫代羧酸酯：

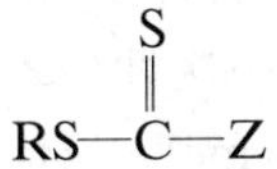

RS—C(=S)—Z　Z = Ph, CH_3

R = $C(CH_3)_2Ph$, $CH(CH_3)Ph$, CH_2Ph, $CH_2PhCH=CH_2$

$C(CH_3)_2CN$, $CH(CH_3)CNCH_2CH_2OH$, $CH(CH_3)CH_2CH_2COOH$

双官能度二硫代羧酸酯：

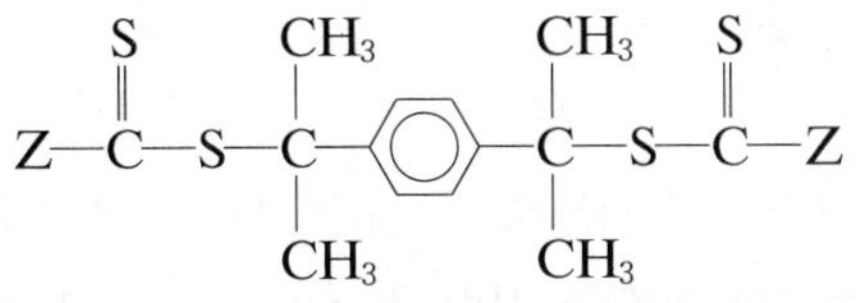

Z—C(=S)—S—C(CH_3)$_2$—C_6H_4—C(CH_3)$_2$—S—C(=S)—Z

多官能度二硫代羧酸酯：

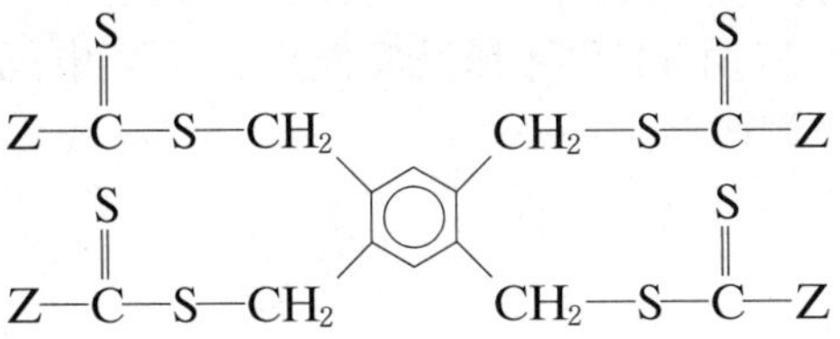

C_6H_2(1,2,4,5-)[CH_2—S—C(=S)—Z]$_4$

Z 基团应能活化 C═S 双键，易于与自由基发生加成反应，如芳基或烷基；R 则应为活泼的自由基离去基团，其形成的自由基能有效地引发聚合，如异丙苯基、腈基异丙基等。

2. 实验操作

（1）制备 RAFT 试剂（本实验为三硫代碳酸酯）时，需使用硫醇和二硫化碳等恶臭的化学试剂，它们附着在玻璃仪器壁上、残留在色谱分离介质或填料中或者弥散在空气中，都会给自己和他人带来诸多不便。因此，在制 RAFT 试剂时，一定要在通风效果良好的通风柜中进行，所使用的玻璃仪器和试剂接触到的其他物品都必须妥善处理。

（2）封管聚合。

3. 实验要求

合成出聚合度在 50～200 的三种聚苯乙烯，分子量分布指数不高于 1.10。建议分组进行不同分子量聚苯乙烯的合成实验。

三、化学试剂与仪器

化学试剂：十二烷基硫醇，甲基三辛基氯化铵（Aliquot 336），丙酮，二硫化碳，NaOH，氯仿，浓盐酸，异丙醇，正已烷，苯乙烯，四氢呋喃。

仪器设备：250 mL 圆底烧瓶，磁力恒温反应器，5 mL 封管，真空泵。

四、实验步骤

1. S-十二烷基-S′-(α,α-二甲基乙酸基)三硫代碳酸酯(DMP)的合成

将十二烷基硫醇(0.1 mol,20.2 g)、甲基三辛基氯化铵(0.4 mmol,1.62 g)、丙酮(0.83 mol,48 g)加入到反应瓶中，通氮气，冷却到 0 ℃，20 min 内逐滴加入 50% 的 NaOH(0.105 mol,8.4 g)水溶液，反应 15 min，反应液为乳白色。20 min 内逐滴加入 CS_2(0.1 mol,7.6 g)的丙酮溶液(0.1725 mol,10 g)，反应 10 min，反应液逐渐透明，变成透明褐色溶液。一次性加入氯仿(0.15 mol,17.925 g)，然后 30 min 内逐滴加入 50% 的 NaOH 溶液(40 g,0.5 mol)，反应液变红。反应过夜。抽干丙酮，加入 150 mL 水，再加入约 25 mL 浓盐酸酸化，收集固体，溶于 250 mL异丙醇中，过滤除去不溶物，滤液浓缩，抽干，得到的固体在正已烷中重结晶两次，真空干燥得到亮黄色固体。计算收率。

2. 苯乙烯的 RAFT 聚合

将一定量的 DMP、St、AIBN 和 THF 按照比例(物质的量比 DMP/AIBN ＝ 10∶1，THF/St＝1∶1)加入到 5 mL 封管中，放入液氮中冷冻，抽真空，在水中解冻，再冷冻—抽真空—解冻，共循环 3 次，用酒精喷灯封管，待管子冷却后放入 80 ℃的油锅中反应 3 h，取出封管，用冷水浴冷却终止反应，打开封管，用 THF 稀释反应液后在甲醇中沉淀，过滤收集固体，真空干燥，得到粉末状固体产物，计算产率。见表 4.1。

表 4.1　苯乙烯 RAFT 聚合的物料

编号	DMP (mg)	AIBN (mg)	苯乙烯 (mL/mmol)	THF (mL)	转化率为 100%时的理论聚合度
1	63	2.8	2/17	2	100
2	32	1.4	2/17	2	200
3	21	0.9	2/17	2	300

3. 分子量测定

使用凝胶渗透色谱测定产物的分子量及其分布，使用核磁共振氢谱测定核磁分子量。

五、分析与思考

(1) 查阅其他“活性”自由基聚合所使用的引发体系和适用的单体。

(2) 如何理解实现“活性”自由基聚合的基本思路？它与阴离子活性聚合有什么差异？

(3) RAFT 试剂在聚合中起到哪些作用？

(4) 查阅资料，了解 RAFT 聚合的研究进展。

(5) 分析本实验产物的核磁共振氢谱，并利用特征峰的积分高度和 GPC 结果，计算三硫代碳酸酯端基的官能度。

实验三十六　苯乙烯的原子转移自由基聚合

一、实验目的

(1) 了解原子转移自由基聚合(ATRP)的发展，理解可控自由基聚合的基本原理。

(2) 了解 ATRP 引发剂、催化剂、配体及聚合条件对聚合可控性的影响。

二、实验预习

1. 实验原理和实验背景

原子转移自由基聚合(atom transfer radical polymerization，ATRP)的理念源于有机化学中原子转移自由基加成反应(atom transfer radical addition，ATRA)，Matyjaszewski 等依据 ATRA 反应过程及实验现象提出了 ATRP 可控聚合的反应机理，如下：

引发：

$$R—X + Cu(Ⅰ)/L \underset{k_{-d}}{\overset{k_d}{\rightleftharpoons}} R\cdot + Cu(Ⅱ)X/L$$

$$R\cdot \xrightarrow[k_i]{+M}$$

$$R—M—X + Cu(Ⅰ)/L \rightleftharpoons R—M\cdot + Cu(Ⅱ)X/L$$

增长：

$$R—M_n—X + Cu(Ⅰ)/L \rightleftharpoons R—M_n\cdot + Cu(Ⅱ)X/L$$

$$R—M_n—X \not\xrightarrow{+M} \qquad R—M_n\cdot \xrightarrow[k_p]{+M}$$

ATRP 的引发剂有 α-卤代芳基化合物，如苄基卤和 α-卤代乙苯；α-卤代羰基化合物，如 α-丁酸酯和其他 α-羧酸酯；α-卤代腈，如卤代乙腈和 α-卤代丙腈。根据需要，还可使用具有上述结构的双官能度、多官能度的引发剂。值得注意的是，只有当引发剂的 C—X 断裂能低于聚合物末端 C—X 断裂能时，才能具有较高的引发效率，聚合物的分子量分布才比较窄。例如，使用 $ClCH_2CN$ 和 Cl_3COOCH_3 作为引发剂时，数均分子量的实验值与理论值较为接近，分子量分布指数在 1.2～1.45；使用 $ClCH_2COOR$ 作为引发剂时，数均分子量的实验值大大高于理论值，分子量分布指数接近 1.90。用 $PhCH_2X/CuX/byp$ 引发 St 聚合，结果较为理想；而引发 MMA 聚合，引发效率仅为 0.2。

ATRP 最初使用的催化体系由 CuX 和配体 2,2′-联吡啶（bpy）组成，为非均相体系；联吡啶上引入烷基（R_4～R_9），则成为均相体系，以此进行 ATRP 聚合可获得近似单分散的 PSt（数均分子量为 8800，分子量分布指数接近 1.05）。但是这种取代的联吡啶价格昂贵，相应的聚合速率也较低。现在，过渡金属已拓展到 Fe、Ni 和 Ru 体系，配位体也使用易于合成的多胺，如五甲基二亚乙基三胺（PMDTA）和双（二）甲氨基乙基醚等。文献报道的可进行 ATRP 的单体包括苯乙烯类、（甲基）丙烯酸酯类、（甲基）丙烯酰胺类和乙烯基吡啶类。

ATRP 可进行本体聚合和溶液聚合，在水介质中的聚合也取得了令人鼓舞的进展，如乳液聚合和悬浮聚合。为了提高 ATRP 的可控性、降低铜盐用量和拓宽单体适用范围，改进的 ATRP 技术不断出现，如逆向 ATRP、SR&NI ATRP（simultaneous reversed and normal initiation ATRP）、ARGET ATRP（activators regenerated by electron transfer ATRP）和双金属催化体系的 ATRP。

2．实验操作

溴化亚铜的精制，封管聚合，ATRP 聚合产物的纯化（铜盐的除去）。

3．实验要求

合成出聚合度在 50～200 内的三种聚苯乙烯，分子量分布指数不高于 1.10。建议分组进行不同分子量聚苯乙烯的合成实验。

三、化学试剂与仪器

化学试剂：α-溴代乙苯，2,2′-联吡啶，溴化亚铜，苯乙烯，四氢呋喃。

仪器设备：5 mL 聚合管，三通活塞，氮气钢瓶，酒精喷灯，真空泵。

四、实验步骤

称取 0.059 g α-溴代乙苯、0.118 g 联吡啶和 0.044 g CuBr，加入到聚合管；量取 4.2 mL 苯乙烯和 2.5 mL 四氢呋喃，加入到聚合管，最后放入一颗磁子。将三通活塞连接在聚合管上，另两口分别接氮气钢瓶和真空泵，在液氮环境下抽真空，取出解冻，通入少量氮气后抽真空，再液氮冷冻，重复真空—冷冻—解冻—通氮操作三次，最后在抽真空环境下取出，使用酒精喷灯封管。

将封好的聚合管置于 110 ℃ 油浴中，磁力搅拌，聚合 3.5 h。冰水冷却，截断封管，加入少量四氢呋喃，磁力搅拌，倾出反应混合物，进一步用四氢呋喃稀释至 30 mL。混合液过中性三氧化二铝柱子以除去铜盐，在搅滤下将滤出液加入到 150 mL 乙醇中，静置，抽滤，真空干燥，计算产率。

使用凝胶渗透色谱测定产物的分子量及其分布，使用核磁共振氢谱测定核磁分子量。

五、分析与思考

(1) ATRP 聚合过程中为什么要脱氧？

(2) 最终的聚合体系为什么是绿色的，如何进行纯化？

(3) 查阅铜盐的生理特性，了解降低 ATRP 中铜盐使用量的原因；查阅文献，了解具体方法。

(4) 如何利用核磁共振氢谱测定所得产物的数均分子量？

第五章 基础性实验——高分子化学反应实验

高分子化学反应包括高分子的官能团转化反应、聚合度增加的反应（嵌段反应、接枝反应和交联反应）和聚合度降低的反应（聚合物的热解、光解和化学降解等）。通过高分子化学反应，可以对聚合物进行改性，可以获得新的高分子材料，也可制备品种繁多的嵌段和接枝共聚物，同时对高分子化学反应的研究有助于了解高分子老化的原因。

高分子的官能团能进行与相应小分子同样的反应，但是由于高分子的结构特性，使得高分子的化学反应具备三个基本特点：产物结构的不均一性、反应场所的不均一性和高分子结构效应。

对不同的分子链而言，它们的官能团转换程度以及其他的反应程度会有所不同。例如，聚乙酸乙烯酯的醇解反应，当酯基转变成羟基的总转化率为80%时，该值只是一个平均值；除不同分子链的反应程度不同外，某个分子链中乙酸乙烯酯结构单元和乙烯醇结构单元也有一定的概率分布。对降解、接枝和嵌段聚合而言，产物的结构也往往不是均一的。

受高分子的交联结构、聚集态结构和链构象的影响，高分子化学反应就反应的场所而言是不均一的。交联程度高的区域难以进行反应，因此需要对交联高分子进行充分的溶胀或使交联高分子形成多孔结构，如离子交换树脂的制备时就使用多孔的PSt树脂；晶区相对于无定形区域而言，难以进行反应；分子链的构象也对高分子的化学反应产生影响，紧密的线团构象不利于反应，如聚乙烯的氯化反应体系，随着氯化反应的进行，产物氯含量增加，溶解度也增加，直到氯含量增至30%；产物氯含量继续增加，溶解度降低，直到含氯量超过50%～60%时，溶解度又增加。高分子链的末端由于受到分子链的包埋，与侧基官能团相比其反应能力大大降低。

实际上，上述两点就是高分子的结构特性对化学反应影响的最佳实例，即高分子结构效应的体现。无论是从反应程度、反应速率还是反应的选择性来看，高分子的结构效应无处不在。基团的孤立效应：当高分子侧基官能团两两参与化学反应时，由于随机性，在已反应的官能团之间残留未反应的孤立官能团，因此存在最大转化率。空间位阻效应：高分子主链对侧基的反应具有空间位阻作用，较大的侧基对官能团的反应也有阻碍，小分子试剂有较大的刚性基团时，高分子反应的活性也将受到空间位阻的影响。静电效应：当高分子的化学反应涉及电荷变化时，静电效应对反应会产生影响。不带电荷的官能团转变为带电荷的官能团，其反应活性随转化率的增加而降低，如聚4-乙烯基吡啶的季铵化反应。邻近基团效应：指的是高分子链上官能团的反应活性受邻近基团的影响，如聚甲基丙烯酸甲酯在碱性溶液中的皂化反应，先皂化的羧基与相邻的酯基反应形成环酸酐，从而加速反应进行。协同效应：不同组分共同作用的效果远远超过它们各自作用效果之和，在高分子催化剂中常常见到，酶的高效性也与之相关。

高分子结构效应还反映在许多其他方面，如基团隔离效应、模板效应和包结效应等，因此以高分子作为载体的有机合成化学备受重视，在固相合成、不对称合成和组合化学等领域得到广泛应用。

嵌段共聚物的合成除通过单体的依次阴离子活性聚合外，还可以在已有的聚合物末端引入引发基团，由此引发新单体的可控/活性聚合，这些都属于单体依次聚合法。聚合物阴离子活性末端和聚合物阳离子活性末端之间的偶联反应、聚合物的离子活性末端以偶联终止剂终止以及不同聚合物链末端官能团之间的化学反应也可以生成嵌段共聚物。

接枝共聚物的合成可通过三类基本方法进行。在主链引发法中，将引发基团通过高分子的化学反应引入到主链的侧基或者经过聚合物的链转移反应在聚合物主链中产生引发位点，再引发其他单体聚合。主链-支链偶联法通过主链侧基与支链端基的化学反应或者支链的活性离子末端与主链基团的反应完成接枝聚合物的形成。此外，还可以合成末端含可聚合基团的聚合物，以此作为大分子单体与常规单体进行共聚反应，形成接枝共聚物。大分子单体的可聚合基团可以是碳碳双键（如苯乙烯末端、甲基丙烯酰基）、环结构（如环氧基团、己内酯末端）等。

实验三十七　羧甲基纤维素的合成

一、实验目的

了解纤维素的化学改性、纤维素衍生物的种类及其应用。

二、实验预习

1. 实验原理和实验背景

天然纤维素由于分子间和分子内存在很强的氢键作用，难以溶解和熔融，加工成型性能欠佳，限制了纤维素的使用。天然纤维素经过化学改性后，引入的基团可以破坏这些氢键作用，使得纤维素衍生物能够进行纺丝、成膜和成型等加工工艺，因此在高分子工业发展初期占据非常重要的地位。纤维素的衍生物按取代基的种类可分为醚化纤维素（纤维素的羟基与卤代烃或环氧化物等醚化试剂反应而形成醚键）和酯化纤维素（纤维素的羟基与羧酸或无机酸反应形成酯键）。羧甲基纤维素是一种醚化纤维素，它是氯乙酸和纤维素在碱存在下进行反应而制备的。

由于氢键作用，纤维素分子有很强的结晶能力，难以与小分子化合物发生化学反应，直接反应往往得到取代不均一的产品。通常纤维素需在低温下用 NaOH 溶液进行处理，破坏纤维素分子间和分子内的氢键，使之转变成反应活性较高的碱纤维素，即纤维素与碱、水形成的络合物。低温处理有利于纤维素与碱结合，并可抑制纤维素的水解，碱纤维素的组成将影响到醚化反应和醚化产物的性能。纤维素的吸碱过程并非是单纯的物理吸附过程，葡萄糖单元的羟基能与碱形成醇盐。除碱液浓度和温度外，某些添加剂也会影响到碱纤维素的形成，如低级脂肪醇的加入会增加纤维素的吸碱量。纤维素的碱化反应：

$$[C_6H_7O_2(OH)_3]_n + n\text{NaOH} \longrightarrow [C_6H_7O_2(OH)_2ONa]_n + nH_2O \qquad (5.1a)$$

醚化剂与碱纤维素的反应是非均相反应，醚化反应取决于醚化剂在碱水溶液中的溶解和扩散渗透速率，同时还存在纤维素降解和醚化剂水解等副反应。碘代烷作为醚化剂，虽然反应活性高，但是扩散慢、溶解性能差；高级氯代烷也存在同样问题。硫酸二甲酯溶解性好，但是反应效率低，只能制备低取代的甲基纤维素。碱液浓度和碱纤维素的组成对醚化反应有很大影响，原则上碱纤维素的碱量不应超过活化纤维素羟基的必要量，尽可能降低纤维素的含水量也是必要的。醚化反应结束后，用适量的酸中和未反应的碱以终止反应，经分离、精制和干燥后得到所需产品。醚化反应式：

$$[C_6H_7O_2(OH)_2ONa]_n + n\text{ClCH}_2\text{COONa} \longrightarrow [C_6H_7O_2(OH)_2OCH_2COONa]_n + n\text{NaCl} \qquad (5.1b)$$

羧甲基纤维素(CMC)为无毒无味的白色絮状粉末，易溶于水，其水溶液为中性或碱性透明黏稠液体，可溶于其他水溶性胶及树脂，不溶于乙醇等有机溶剂。羧甲基纤维素是纤维素醚类中产量最大、用途最广、使用最为方便的产品，俗称“工业味精”，可作为黏合剂、增稠剂、悬浮剂、乳化剂、分散剂、稳定剂、上浆剂等，应用于石油和天然气的井系、纺织和印染工业，在造纸工业可作为纸面平滑剂和施胶剂，在医药和食品工业作为增稠剂和表面活性剂，在日化、建筑和陶瓷工业也获得广泛应用。

2. 实验操作

纤维素的碱化，纤维素衍生物的纯化。

3. 实验要求

纤维素的羧甲基取代度控制在2～3。

三、化学试剂与仪器

化学试剂：95%异丙醇，甲醇，氯乙酸，氢氧化钠，微晶纤维素或纤维素粉，盐酸。

反应监测：0.1 mol/L标准NaOH溶液，0.1 mol/L标准盐酸溶液，酚酞指示剂，$AgNO_3$溶液，pH试纸。

仪器设备：机械搅拌器，三颈瓶，酸式滴定管，温度计，锥形瓶，通氮装置，研钵。

四、实验步骤

纤维素的醚化：将60～120 g 95%的异丙醇和9.8 g 45%的NaOH水溶液加入到装有机械搅拌器的三颈瓶中，通入氮气并开动搅拌器，缓慢加入6 g微晶纤维素，于30 ℃剧烈搅拌40 min，即可完成纤维素的碱化。将氯乙酸溶于异丙醇中，配制成75%的溶液，向三颈瓶中加入6.8 g该溶液。充分混合后，升温至75 ℃反应40 min。冷却至室温，用10%的稀盐酸调节混合液的 pH 为 4,用甲醇反复洗涤除去无机盐和未反应的氯乙酸。干燥,粉碎,称重,计算取代度。

取代度的测定:用 70%的甲醇溶液配制 1 mol/L 的 HCl/CH_3OH 溶液,取 0.5 g 醚化纤维素浸于 20 mL 上述溶液中,搅拌 3 h,使纤维素的羧甲基钠完全酸化,抽滤,用蒸馏水洗至溶液无氯离子,真空干燥,得到完全酸化的羧甲基纤维素。用过量的标准 NaOH 溶液溶解上述羧甲基纤维素,得到透明溶液,以酚酞作指示剂,用标准盐酸溶液滴定至终点,计算取代度,并与重量法进行比较。

$$取代度 = 0.162A/(1-0.058A)$$

其中,A 为每克羧甲基纤维素消耗的 NaOH 毫摩尔数。

五、分析与思考

(1) 纤维素中葡萄糖单元有三个羟基,哪一个最容易与碱形成醇盐? 碱浓度过大对纤维素醚化反应有何影响?

(2) 二级和三级氯代烃为什么不能作为纤维素的醚化剂?

(3) 取代度计算公式是如何得到的?

(4) 查阅资料,了解纤维素和淀粉的衍生物及其用途。

(5) 查阅文献,了解纤维素和淀粉的绿色改性工艺。

实验三十八　聚乙烯醇的制备(聚乙酸乙烯酯的醇解)

一、实验目的

(1) 了解聚乙酸乙烯酯的醇解反应原理、特点及影响醇解反应的因素。

(2) 通过实验加深对高分子反应的理解。

(3) 获得聚乙烯醇,将其作为制备聚乙烯醇缩甲醛的原料。

二、实验预习

1. 实验原理和实验背景

聚乙烯醇(PVA)不能直接通过烯类单体聚合得到,而是经过聚乙酸乙烯酯(PVAc)的高分子反应获得的。与水解法相比,经醇解法生成的聚乙烯醇精制容易,纯度较高,产品性能较好,因而工业上多采用醇解法。

本实验采用甲醇为醇解剂,氢氧化钠为催化剂进行醇解反应,并在较为缓和的醇解条件下进行,以适应教学要求。PVAc 在 $NaOH/CH_3OH$ 溶液中的醇解,进行的主要反应为

$$\sim\sim CH_2-\underset{\underset{OCOCH_3}{|}}{CH}\sim\sim + CH_3OH \xrightarrow{NaOH} \sim\sim CH_2-\underset{\underset{OH}{|}}{CH}\sim\sim + CH_3COOCH_3 \tag{5.2a}$$

在主反应中 NaOH 仅起催化剂作用,但是 NaOH 还可能参加以下反应:

$$CH_3COOCH_3 + NaOH \longrightarrow CH_3COONa + CH_3OH \tag{5.2b}$$

$$\sim\sim CH_2-\underset{\underset{OCOCH_3}{|}}{CH}\sim\sim + NaOH \longrightarrow \sim\sim CH_2-\underset{\underset{OH}{|}}{CH}\sim\sim + CH_3COONa \tag{5.2c}$$

当反应体系含水量较大时,这两个副反应明显增加,消耗大量的 NaOH,从而降低主反应的催化效能,使醇解反应进行不完全。因此为了避免这些副反应,对物料的含水量应严格控制,一般在 5%以下。

聚乙酸乙烯酯的醇解反应实际上是甲醇与高分子 PVAc 之间的酯交换反应,这类使高聚物分子结构发生改变的化学反应称为高分子化学反应。PVAc 的醇解反应(或酯交换反应)的机理和低分子酯的酯交换反应相同。PVAc 的醇解反应生成的 PVA 不溶于甲醇,以絮状物析出,从而影响醇解反应的继续进行。

为了获取高醇解度的聚乙烯醇,应选择合适的工艺条件。

(1) 甲醇的用量(PVAc 的浓度)对醇解影响很大。随聚合物浓度增加,醇解度下降;但是聚合物浓度过低,溶剂用量大,溶剂损失和回收工作量大。工业生产选用的聚合物浓度为 22%。

(2) 工业上 NaOH 用量为 PVAc 的 0.12(物质的量比)倍。碱用量过高,醇解速率和醇解度受影响不大,反而增加体系中乙酸钠的含量,影响产品质量。

(3) 醇解温度提高可加速醇解反应,缩短反应时间,但是副反应也明显加快,从而导致碱的消耗量增加,使 PVA 中残存的乙酸根的量增加,影响产品的质量。因此,工业上采用的醇解温度为 45～48 ℃。

(4) PVAc 溶于甲醇,而 PVA 不溶于甲醇,因此在反应过程中反应体系会转变成非均相,各种反应条件都会影响该转变发生的时间,进一步影响到随后的醇解反应的难易和醇解度的高低。为保证本实验的顺利进行,当反应体系刚出现胶冻时,必须强力搅拌,将胶冻分散均匀。

聚乙烯醇为白色片状、絮状或粉末状固体,无味,其物理性质受化学结构、醇解度和聚合度的影响。聚乙烯醇的聚合度分为超高聚合度(分子量为 250000～300000)、高聚合度(分子量为 170000～220000)、中聚合度(分子量为 120000～150000)和低聚合度(分子量为 25000～35000)。醇解度一般有 78%、88%、98%三种。部分醇解的醇解度通常为 87%～89%,完全醇解的醇解度为 98%～100%。常取平均聚合度的千、百位数放在前面,将醇解度的百分数放在后面,如“17-88”即表示聚合度为 1700,溶解度为 88%。一般来说,聚合度增大,水溶液黏度增大,成膜后的强度和耐溶剂性提高,但水中溶解性、成膜后伸长率下降。

聚乙烯醇溶于水,为了完全溶解一般需加热到 65～75 ℃。聚乙烯醇不溶于烃类溶剂、二氯乙烷、四氯化碳、丙酮、醇类溶剂等,微溶于二甲基亚砜,120～150 ℃可溶于甘油,但冷至室温时成为胶冻。溶解聚乙烯醇时,应先将物料在搅拌下加入室温水中。分散均匀后再升温加速溶解,这样可以防止结块、加快溶解。聚乙烯醇的水溶液(质量分数为 5%)对硼砂、硼酸很敏感,易引起凝胶化,当硼砂达到溶液质量的 1%时,就会产生不可逆的凝胶化。

聚乙烯醇可用作乙酸乙烯乳液聚合的乳化稳定剂，用于制造白乳胶，也可用作淀粉胶黏剂的改性剂，还可用于制备感光胶和耐苯类溶剂的密封胶，在脱模、工业加工介质中也获得广泛应用。聚乙烯醇 17-92 主要用作乳液聚合的乳化稳定剂和水性胶黏剂，聚乙烯醇 17-99 又称浆纱树脂（sizing resin），主要用作生产高黏度聚乙烯醇缩丁醛、浆纱料的分散剂以及耐苯类溶剂的密封胶。医药级聚乙烯醇可制成水凝胶，在眼科、伤口敷料和人工关节等方面获得应用，还可用于人工肾膜、药物制剂。聚乙烯醇制膜性能好，与碘复合后可制成偏光膜，用于显示屏。

2. 实验操作

聚乙酸乙烯酯的非均相醇解。

3. 实验要求

通过调整物料比例、醇解时间，获得不同醇解度的聚乙烯醇。分组实验或分期取样，达到该目的。

三、化学试剂与仪器

化学试剂：聚乙酸乙烯酯，甲醇，氢氧化钠，石油醚。

仪器设备：250 mL 三颈瓶，机械搅拌器，回流冷凝管，滴液漏斗，温度计，布氏漏斗，抽滤瓶。

四、实验步骤

在装有机械搅拌器和冷凝管的 250 mL 三颈瓶中加入 60 g 26% 的 PVAc 的甲醇溶液[①]，在 30 ℃和搅拌下缓慢加入 15 mL 3% 的 NaOH/CH_3OH 溶液，水浴温度控制在 32 ℃进行醇解，反应 1.5 h 后体系出现胶冻。强力搅拌[②]，继续反应 0.5 h。打碎胶冻，加入 5 mL 3% 的 NaOH/CH_3OH 溶液，32 ℃下保温 0.5 h，再升温到 60 ℃反应 1 h。用真空水泵减压除去大部分甲醇，在搅拌下将混合液加入到 60 mL 石油醚中，产物颗粒逐渐变硬。抽滤，并用 20 mL 甲醇洗涤，压干后进行真空干燥。

醇解度的测定：取少许干燥样品，以氘代水作溶剂，测试其核磁共振氢谱。

五、分析与思考

(1) 在 PVAc 醇解反应过程中为什么会出现凝胶？它对醇解有什么影响？

(2) 影响 PVAc 醇解度的因素有哪些？如何才能获得高醇解度的产品？

(3) 如何配制 3% NaOH/CH_3OH 溶液？

---

① 溶解 PVAc 时，先加入甲醇，在搅拌下缓慢将 PVAc 碎片加入，否则会黏结成团，影响溶解。

② 搅拌是本实验的关键。当 PVAc 的醇解度达到 60%左右时，大分子从完全溶解状态转变成不溶解状态，体系的外观发生突变而成胶冻状。此时必须强力搅拌，将胶冻均匀分散，才能使醇解反应进行完全。

(4) 使用核磁共振氢谱测定聚乙烯醇的醇解度，请设计一个可行的实验方法，解释其原理。

(5) 查阅资料，了解聚乙烯醇的感光胶的组成和工作原理。

实验三十九　聚乙烯醇缩甲醛的制备与分析

一、实验目的

通过实验进一步加深对高分子化学反应的理解，掌握分析缩醛含量的方法。

二、实验预习

1. 实验原理和实验背景

聚乙烯醇缩甲醛是利用聚乙烯醇与甲醛在酸催化作用下而制备的，其反应如下：

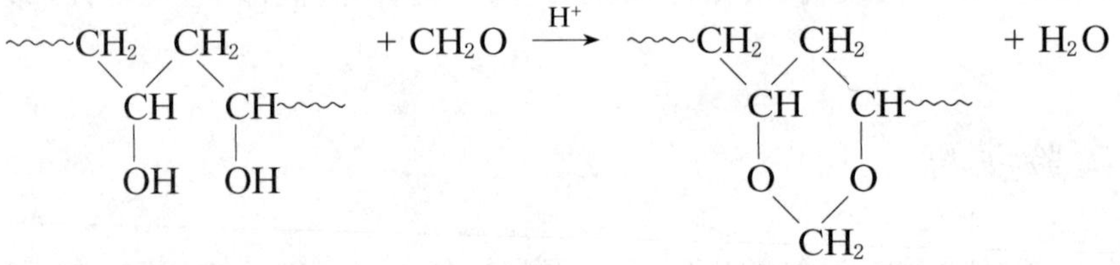

$$\begin{array}{l}\sim\!\sim CH_2\quad CH_2 \\ \quad\ \ \diagdown\ \diagup\ \ \diagdown \\ \quad\ \ CH\quad\ CH\sim\!\sim \\ \quad\ \ \ |\qquad\ \ | \\ \quad\ \ OH\quad\ OH\end{array} + CH_2O \xrightarrow{H^+} \begin{array}{l}\sim\!\sim CH_2\quad CH_2 \\ \quad\ \ \diagdown\ \diagup\ \ \diagdown \\ \quad\ \ CH\quad\ CH\sim\!\sim \\ \quad\ \ \ |\qquad\ \ | \\ \quad\ \ \ O\qquad O \\ \quad\ \ \ \ \diagdown\ \ \diagup \\ \quad\ \ \ \ \ CH_2\end{array} + H_2O \tag{5.3a}$$

聚乙烯醇是水溶性的，用甲醛进行缩醛化，随着缩醛化程度的增加，水溶性降低。通常用酸作催化剂，由于孤立基团效应，缩醛化程度不完全。作为维尼纶纤维的聚乙烯醇缩甲醛，反应程度一般控制在75%～85%，它不溶于水，性能优良。水溶性的聚乙烯醇缩甲醛的缩甲醛化程度较低，主要用于制备胶水。

用水蒸气蒸馏方法破坏聚乙烯醇缩甲醛的缩醛键，生成小分子甲醛，收集产物并测定含量，即可确定聚乙烯醇缩甲醛的缩醛度。相应的化学反应如下：

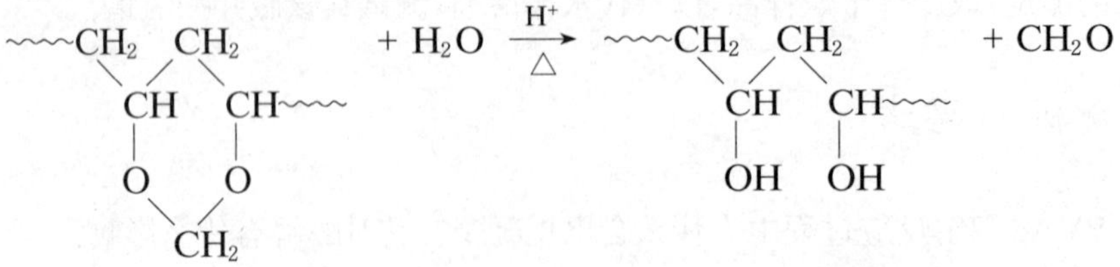

$$\begin{array}{l}\sim\!\sim CH_2\quad CH_2 \\ \quad\ \ \diagdown\ \diagup\ \ \diagdown \\ \quad\ \ CH\quad\ CH\sim\!\sim \\ \quad\ \ \ |\qquad\ \ | \\ \quad\ \ \ O\qquad O \\ \quad\ \ \ \ \diagdown\ \ \diagup \\ \quad\ \ \ \ \ CH_2\end{array} + H_2O \xrightarrow[\triangle]{H^+} \begin{array}{l}\sim\!\sim CH_2\quad CH_2 \\ \quad\ \ \diagdown\ \diagup\ \ \diagdown \\ \quad\ \ CH\quad\ CH\sim\!\sim \\ \quad\ \ \ |\qquad\ \ | \\ \quad\ \ OH\quad\ OH\end{array} + CH_2O \tag{5.3b}$$

$$CH_2O + Na_2SO_3 + H_2O \longrightarrow H_2\overset{\displaystyle OH}{\overset{|}{C}}—SO_3Na + NaOH \tag{5.3c}$$

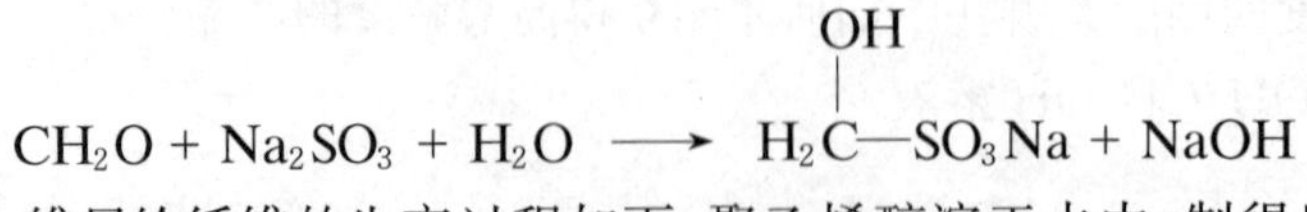

工业上维尼纶纤维的生产过程如下：聚乙烯醇溶于水中，制得质量分数为15%左右的水溶液，通过0.07 mm左右孔径的喷丝头，在饱和的硫酸钠水溶液凝固浴中制得纤维，再经拉伸及热处理，提高强度及耐热水性；然后在催化剂硫酸存在下，与甲醛进行缩醛化反应，温度约

70 ℃,时间 20～30 min,经水洗和上油,即得维尼纶纤维。维尼纶纤维具有强度高、韧性好、耐磨、耐酸碱、湿强度高、不怕霉蛀等优点;缺点是弹性、染色性和尺寸稳定性较差。维尼纶纤维主要用来制作衣服,也可用于制造各种缆绳,帆布,农用防风、防寒纱布等。

2. 实验操作

聚乙烯醇的溶解,水蒸气蒸馏。

3. 实验要求

聚乙烯醇的缩甲醛度不低于 80%。

三、化学试剂与仪器

化学试剂:聚乙烯醇,98%硫酸,35%～38%的甲醛水溶液。

反应监测:麝香草酚酞液,0.5 mol/L 亚硫酸钠溶液,0.05 mol/L 硫酸。

仪器设备:机械搅拌器,1000 mL 的烧瓶,布氏漏斗,水蒸气蒸馏装置,锥形瓶,酸式滴定管。

四、实验步骤

1. 聚乙烯醇酸性溶液的配制

2 g 聚乙烯醇溶于 170 g 40%的硫酸,方法如下:取 30～50 mL 蒸馏水,在 70～80 ℃将聚乙烯醇调成浆,将计算量中剩余的水稀释所需的 98%硫酸溶液,然后于 30 ℃将两者混合。

2. 聚乙烯醇缩甲醛的制备

聚乙烯醇缩甲醛的制备:在装有机械搅拌器的 1000 mL 烧杯或在配有磁力搅拌器的 250 mL 的锥形瓶中,加入上述聚乙烯醇的硫酸溶液,然后加入 8 mL 35%～38%的甲醛水溶液,在室温下搅拌反应 2 h,仔细观察反应过程的变化。在搅拌下加入约 200 mL 水,析出沉淀。使用布氏漏斗过滤,水洗固体产物至滤液中无 SO_4^{2-}。置于表面皿上,在常压 40 ℃初步干燥,再于真空下彻底干燥,计算产率。

3. 聚乙烯醇缩甲醛的分析

搭置水蒸气蒸馏装置,将 1.00 g 聚乙烯醇缩甲醛加入到圆底烧瓶中,加入 150 g 40%的硫酸,进行水蒸气蒸馏,用锥形瓶收集 250 mL 馏出液,此时聚乙烯醇缩甲醛已全部溶解。取 25.00 mL 馏出液,加麝香草酚酞液两滴,用稀碱调节至中性。加入 20 mL 0.5 mol/L 的亚硫酸钠溶液,混合后静置 10 min,再加入一滴麝香草酚酞液,以 0.05 mol/L 的硫酸滴定至终点,记录硫酸用量(V_2)。以 30 mL 0.5 mol/L 的亚硫酸钠溶液做空白实验,记录硫酸用量(V_1),计算样品中甲醛的百分含量(w_{CH_2O})和聚乙烯醇缩甲醛的缩醛化度。

$$w_{CH_2O} = \frac{(V_1 - V_2) \times M \times 30}{W \times 1000} \times \frac{a}{b}$$

其中,M 为硫酸溶液的物质的量浓度,W 为试样质量,a 和 b 分别为容量瓶和分析溶液的体积。

该分析过程耗时过长,有条件的教学单位可使用核磁共振氢谱测定缩醛化程度。

五、分析与思考

(1) 聚乙烯醇溶解于硫酸时温度为什么不能超过 60 ℃？
(2) 计算缩醛化反应物料的物质的量比，并说明甲醛过量的原因。
(3) 为什么要洗去产品中的 SO_4^{2-}？
(4) 聚乙烯醇进行缩醛化时，羟基转化率能否达到 100%？为什么？
(5) 如何以系统命名法命名聚乙烯醇缩甲醛？

实验四十　线形磺化聚苯乙烯的制备及其性质

一、实验目的

(1) 了解线形聚苯乙烯的磺化反应，了解聚电解质的制备方法。
(2) 观察线形磺化聚苯乙烯的亲水性对 pH 的依赖性，了解聚电解质的性质。

二、实验预习

1. 实验原理和实验背景

聚电解质(polyelectrolyte)，顾名思义，为具有电离能力的聚合物，是聚合物类的电解质。由于聚电解质的结构特点，与非电解质聚合物相比，它有许多特殊的性质，如聚电解质具有亲水性、能够在水中溶解而不溶于大多数有机溶剂。聚电解质的水溶液性质强烈依赖于溶液的离子强度和 pH，这些溶液性质包括聚电解质的电离程度、溶液中构象、分子链之间相互作用和溶液黏度等。在本体状态，聚电解质的离子基团会松散地缔结在一起，并从碳氢链的基质中分离出来，形成离子微区(离子簇)。离子簇的存在起到了物理交联点的作用，抑制主链的运动，导致聚电解质的玻璃化转变温度上升，对材料的力学性能(强度和弹性)有很大影响。

聚电解质根据可电离基团种类分为阳离子聚电解质、阴离子聚电解质和两性聚电解质。阳离子聚电解质的可电离基团多为氨基和含氮杂环，如聚乙烯基吡啶、聚甲基丙烯酸 N,N-二甲氨基乙酯等，前者为弱碱性的聚电解质，后者碱性较强。阴离子聚电解质的可电离基团基本为羧酸根和磺酸基团，如聚(甲基)丙烯酸和聚苯乙烯磺酸，前者为弱酸性，后者为强酸性；两性聚电解质不多见，如聚甲基丙烯酸 N,N-二甲基-N-磺丙基乙酯，该聚合物含有一个季铵阳离子和一个磺酸根离子，其制备过程如下：

$$-\!\!\left[CH_2-\underset{\underset{COOCH_2CH_2N(CH_3)_2}{|}}{\overset{\overset{CH_3}{|}}{C}}\right]_n \xrightarrow[\text{THF}/25\,^\circ\text{C}]{\text{1,3-丙基磺酸内酯}} -\!\!\left[CH_2-\underset{\underset{COOCH_2CH_2\overset{\overset{CH_3}{|}}{\underset{\underset{CH_3}{|}}{N^+}}-(CH_2)_3SO_3^-}{|}}{\overset{\overset{CH_3}{|}}{C}}\right]_n \tag{5.4}$$

聚电解质的合成方法分为两类：可电离基团单体的聚合反应和高分子的离子化。在常见的烯类单体中，(甲基)丙烯酸和乙烯基吡啶分别含有羧基和吡啶基团，它们分别在碱性或者酸性条件下发生电离，形成羧酸根负离子或铵正离子，它们的聚合物可以通过对应单体聚合生成。通过高分子侧基的化学反应，可以将非电解质聚合物转变成聚电解质，如聚苯乙烯的季铵化和磺化反应，在聚苯乙烯的苯环上分别引入季铵离子和磺酸根离子；又如上述的两性聚电解质则是通过聚甲基丙烯酸二甲氨基丙酯(DMAPMA)与1,3-丙基磺酸内酯反应，在原叔胺基团季铵化的同时，引入磺酸根。

若两种聚合物链分别引进带相反电荷的离子基团，则由于离子基团间的相互作用，可明显改善两种不相容聚合物的相容性。聚电解质还可以在水处理、医药和食品等领域获得应用。上世纪50年代，Brown以固特异公司制造的丁二烯-丙烯腈-丙烯酸三元共聚物为基础，用阳离子络合其中的酸根离子，得到了含有“离子交联”的材料。1965年DuPont公司将乙烯/甲基丙烯酸共聚物的锌盐或钠盐用于包装和涂料领域。DuPont公司开发的全氟磺酸型离聚物(Nafion)、美国Exxon公司的磺化乙烯-丙烯共聚物以及日本Asahi Glass公司的全氟羧酸型离聚物(Flemion)等，作为高分子分离膜具有广泛的应用。聚电解质还可用作食品、化妆品、药物和涂料的增稠剂、分散剂；作为皮革和纺织品的整理剂、纸张增强剂和织物抗静电剂；用作污水处理时的絮凝剂，在石油开采时用作油井钻探的泥浆稳定剂。许多聚电解质显示出生理作用，可以作为药物使用，如低分子量的季铵化聚苯乙烯具有抗炎症疗效。

在制备阳离子交换树脂时，使用氯磺酸或浓硫酸作为磺化试剂，而使线形聚苯乙烯磺化时需相对温和的磺化条件，如使用乙酰基磺酸，这种磺化试剂由乙酸酐和硫酸反应生成。磺化聚苯乙烯的磺化度(D_S)定义为磺化苯乙烯结构单元占所有结构单元的摩尔分数。

线形聚苯乙烯的磺化速率受磺化试剂的扩散速率、局部浓度、静电效应和邻近基团效应等因素的影响，磺化速率较低，磺化度也很难达到100%。当线形磺化聚苯乙烯的磺化度超过0.5时可以溶于水，它可以作为高分子共混的增容剂、离子交换材料、反渗透膜和混凝土改性剂等用于工业、民用和医药的领域。

2. 实验操作

本实验在二氯乙烷中进行磺化反应，由于磺化产物在反应介质中不溶解，因此当磺化度超过一定值时，聚合物就会从反应体系中析出，影响进一步磺化。

3. 实验要求

通过控制磺化试剂用量和磺化时间，在均相情况下进行线形聚苯乙烯的磺化，得到低磺化度的磺化聚苯乙烯；继续延长磺化时间，待有大量固体析出后终止磺化，得到较高磺化度的磺化聚苯乙烯。故此,可安排不同实验组,制备不同磺化度的产物,通过比较了解磺化度对磺化聚苯乙烯性质的影响。

三、化学试剂与仪器

化学试剂:聚苯乙烯,乙酸酐,98%硫酸,氢氧化钠,0.1 mol/L 氢氧化钠/甲醇溶液,甲醇,苯,二氯乙烷,酚酞溶液。

仪器设备:100 mL 三颈瓶,电磁搅拌器,滴液漏斗,平衡滴液漏斗,布氏漏斗,抽滤瓶。

四、实验步骤

1. 磺化剂的制备

将 20 mL 二氯乙烷和 4.5 g 乙酸酐加入到 100 mL 三颈瓶中,用冰水浴控制温度为10 ℃。在不断搅拌的条件下,于 20 min 内通过滴液漏斗逐滴加入 2.7 g 95%硫酸,得到透明的乙酰基磺酸溶液。

2. 磺化反应

向 100 mL 三颈瓶中加入 20 mL 二氯乙烷和 2.0 g 聚苯乙烯,电磁搅拌并升温至 40 ℃以利于聚合物的溶解。待聚合物全部溶解后,继续升温至 65 ℃,通过平衡滴液漏斗缓慢滴加上述磺化剂溶液(0.5~1.0 mL/min)。滴加完毕后,于 65 ℃继续搅拌反应 90~100 min,得到浅棕色液体。以 700 mL 沸水作为沉淀剂,在搅拌下将反应液缓慢加入到水中,磺化聚苯乙烯以小颗粒的形式析出。用布氏漏斗过滤,以温热的蒸馏水洗涤,干燥,称重,由此可初步确定基团转化率(磺化度)。

3. 磺化度的测定

取 0.5 g 磺化聚苯乙烯溶于适量的苯/甲醇(80/20, V/V)混合溶剂中,配成 5%的溶液,以酚酞作为指示剂,以 0.1 mol/L 的氢氧化钠/甲醇标准溶液滴定,记录滴定液的体积消耗(V_2),滴定过程中应无聚合物析出。以相同体积的混合溶剂作为空白样,进行滴定,记录相应的滴定液体积消耗(V_1)。磺化聚苯乙烯的磺化度(D_S)为

$$\frac{D_S}{1-D_S}=\frac{(V_1-V_2)\times M\times M_{ST}}{W-(V_1-V_2)\times M\times M_{ST'}}$$

其中,M_{ST}和 $M_{ST'}$分别为苯乙烯结构单元和磺化聚苯乙烯结构单元的分子量,M 为标准溶液的物质的量浓度。

4. 磺化聚苯乙烯的水溶性

选取不同磺化度的产物,以蒸馏水为溶剂,观察不同产物的溶解性;选取上述溶解性好的产物,以浓盐酸和 10%的 NaOH 水溶液调节溶液的 pH,观察聚合物水溶性的变化。

5. 线形磺化聚苯乙烯的成盐反应

PST-SO_3Na 的制备:取约 0.5 g 磺化聚苯乙烯溶于适量的苯/甲醇(80/20, V/V)混合溶剂中,配成质量分数为 5%的溶液,加入等物质的量的 0.1 mol/L 的氢氧化钠/甲醇溶液。电

磁搅拌，观察反应体系变化。0.5 h 后，以水/甲醇作为沉淀剂，在搅拌下沉淀出聚合物。洗涤，干燥，称重，并使用红外光谱观察基团的转变。

$PST-SO_3Ni$ 的制备：取约 0.5 g 磺化聚苯乙烯溶于适量的苯/甲醇(80/20，V/V)混合溶剂中，配成质量分数为 5%的溶液，加入等物质的量的 0.1 mol/L 乙酸镍-四氢呋喃溶液。电磁搅拌，观察反应体系变化。0.5 h 后，以水/甲醇作为沉淀剂，在搅拌下沉淀出聚合物。洗涤，干燥，称重，并使用红外光谱观察基团的转变。

五、分析与思考

(1) 如果用重量法测定聚苯乙烯磺化度，需要注意哪些问题？

(2) 使用红外光谱如何测定聚苯乙烯磺化反应过程中基团的转变？

(3) 设计完整实验方案，确定磺化线形聚苯乙烯水溶性对磺化度、pH 的依赖性。

(4) 查阅文献，了解聚电解质领域的研究进展，特别是作为环境响应性高分子材料的应用。

(5) 从所学的高分子溶液理论角度，理解聚电解质的特殊性质，如黏度对离子强度、pH 的依赖性。

实验四十一　原子转移自由基聚合制备嵌段共聚物

一、实验目的

(1) 通过大分子引发剂制备嵌段共聚物。

(2) 了解原子转移聚合的基本原理。

二、实验预习

1. 实验原理和实验背景

嵌段共聚物可以通过多种途径合成，如单体顺序活性聚合法、嵌段偶合法和末端引发聚合法等，其中单体顺序加料的阴离子聚合能够获得结构确定的嵌段共聚物，因此，阴离子聚合是最早使用的、有效的合成嵌段共聚物的方法。尽管非极性单体的阴离子聚合具有无终止和无转移的特点，易实现活性聚合，但是它的单体适用范围过窄、聚合条件要求苛刻，限制了它的应用。随着高分子化学的发展，基团转移聚合、可控阳离子聚合和可控自由基聚合等方法不断出现，使得对高分子结构的控制能力逐步提高。

可控自由基聚合，从实验结果上看，具有满足一级反应动力学、分子量随转化率线性增加和分子量分布窄等特点，也可以进行嵌段共聚反应，这些与真正的活性聚合是一致的。然而，它和活性阴离子聚合最本质的差别是链转移、链终止反应的存在。在可控自由基聚合中，通过可逆的链终止或链转移反应，使活性增长链（活性种）和失活增长链（休眠种）处于快速的交换平衡中，降低偶合终止概率，实现各分子链等概率生长，使可控自由基聚合表现出活性聚合的动力学特征。停止聚合反应时，分子链处于休眠状态，当改变实验条件后，休眠种部分转变成活性种，聚合又可继续进行，因此可以进行嵌段共聚。

可控自由基聚合包括原子转移自由基聚合（ATRP）、可逆加成断裂转移聚合（RAFT）和氮氧自由基介导聚合（NMP）等类型，其聚合机理、引发条件和单体适用范围存在不同程度的差异。典型的原子转移自由基聚合的基本原理如下：

引发：

$$\mathrm{R{-}X} + \mathrm{Mt}^n \rightleftharpoons [\mathrm{R}^* + \mathrm{Mt}^n\mathrm{X}] \tag{5.5a}$$

$$\mathrm{R{-}X} \xrightarrow{\;\mathrm{M}\;}\!\!\!\!\!\!\times \qquad [\mathrm{R}^* + \mathrm{Mt}^n\mathrm{X}] \xrightarrow{k_i,\ \mathrm{M}}$$

$$\mathrm{R{-}M{-}X} + \mathrm{Mt}^n \rightleftharpoons [\mathrm{R{-}M}^* + \mathrm{Mt}^{n+1}\mathrm{X}] \tag{5.5b}$$

增长：

$$\mathrm{M}_n{-}\mathrm{X} + \mathrm{Mt}^n \rightleftharpoons [\mathrm{M}_n^* + \mathrm{Mt}^{n+1}\mathrm{X}]$$

$$\mathrm{M}_n{-}\mathrm{X} \xrightarrow{\;\mathrm{M}\;}\!\!\!\!\!\!\times \qquad [\mathrm{M}_n^* + \mathrm{Mt}^{n+1}\mathrm{X}] \xrightarrow{k_p,\ \mathrm{M}} [\mathrm{M}_{n+1}^* + \mathrm{Mt}'^{\,n+1}\mathrm{X}] \tag{5.5c}$$

引发时处于低氧化价态的过渡金属络合物 Mt^n 从有机卤化物（R—X）中夺取卤原子 X，生成自由基 R· 及高价态的金属络合物 Mt^{n+1}—X；链增长时，聚合物链末端的 C—X 键与 Mt^n 反应也可生成增长链自由基 M_n· 和 Mt^{n+1}—X。与此同时，自由基又可与 Mt^{n+1}—X 发生失活反应生成有机卤化物（R—X，M_n—X）和 Mt^n。换而言之，在聚合反应过程中，存在自由基活性种 M_n· 与有机大分子卤化物休眠种 M_n—X 之间的快速、动态平衡反应。这种聚合反应包含卤原子从有机卤化物→金属络合物→有机卤化物的反复循环的原子转移过程，且活性中心为自由基，故称之为原子转移自由基聚合。

原子转移聚合所使用的引发剂为有机卤化物，通常是 α-卤代芳烃（如苄溴）和 α-卤代羧酸酯（α-氯代异丁酸酯）；适用催化剂为卤代亚铜，以胺或含氮杂环化合物（如五甲基二亚乙基三胺和 2,2′-联吡啶）作为配体。这些组分的结构、各组分之间的组合、聚合温度、溶剂对聚合的可控性和聚合速率有影响。

除采取单体顺序加料聚合制备嵌段共聚物外，还可以在已有聚合物末端引入 ATRP 的引发基团，进行烯烃单体的 ATRP，生成嵌段共聚物。

2. 实验操作

封管聚合的操作过程包括封管的准备、物料的加入、氧气的排除和真空密封。封管使用前，建议使用铬酸洗液清洗，用蒸馏水除去残留洗液，然后干燥。加入物料时，宜遵循先固体、后液体的原则，氯化亚铜易被氧化，操作时应留意其颜色变化。氧气的排除通过液氮冷冻—解冻—真空多次循环完成，严格的操作程序是在真空—解冻之间充入惰性气体，但是宜留意惰性气体在液氮冷冻期间被凝固，如果这样，在下一个解冻阶段因温度上升、气体膨胀而引起封管爆裂或爆炸。所以，建议使用液氮冷冻—解冻—真空多次循环的排除氧气的方法。最后，在真空状态，用酒精喷灯等烧熔管壁。

3．实验要求

本实验中，用端羟基聚醚与 α-卤代丁酰氯进行酯化反应，生成大分子 ATRP 引发剂，然后在溴化亚铜和联吡啶存在下进行苯乙烯的原子转移自由基聚合，从而制备出聚醚-b-聚苯乙烯嵌段共聚物。

三、化学试剂与仪器

化学试剂：α-溴代丁酸，氯化亚砜，聚乙二醇单甲醚（分子量为3000），溴化亚铜，联吡啶，苯乙烯，甲醇，苯。

仪器设备：100 mL 三颈瓶，平衡滴液漏斗，减压蒸馏装置，水泵，分液漏斗，封管，烧杯。

四、实验步骤

1．大分子引发剂的合成

将 0.04 mol α-溴代丁酸加入到 100 mL 三颈瓶中，通过平衡滴液漏斗逐滴加入 0.06 mol 氯化亚砜，50 ℃反应 2 h。反应装置改换成减压蒸馏装置，用水泵减压蒸馏除去未反应的氯化亚砜，得到 α-溴代丁酰氯。将经真空干燥的聚乙二醇单甲醚（羟基物质的量为 0.05 mol）加入 100 mL二颈瓶中，加热至熔融（约 40 ℃），通过平衡滴液漏斗加入 α-溴代丁酰氯，同时开动电磁搅拌器并减压。α-溴代丁酰氯在 0.5 h 加入完毕，然后在熔融状态下继续反应 2 h。冷却至室温，得到略带黄色的 α-溴代丁酸聚乙二醇单甲醚酯（大分子引发剂），其中含有未反应的聚乙二醇单甲醚，不会影响下一步聚合。

2．溴化亚铜的制备

实验过程参见实验八。

3．嵌段共聚物的合成

在封管中加入 0.08 g CuBr 和 0.26 g 联吡啶，混合均匀后在暗处络合 0.5 h，得到黑色固体。称取 1.50 g 大分子引发剂，将其溶解在 3.3 mL 苯乙烯中，放入磁子。用一个三通连接聚合管、氮气袋和真空泵，先用液氮冷却，使聚合管中的溶液凝固；再调节三通管，抽真空 3 min，再通入氮气直至固体融化为止，以排除冻在其中的氧气，抽真空后冷冻。如此反复三次，除净氧气，最后抽真空，用煤气灯封管。切记：不能在充入氮气时用液氮冷冻，否则解冻时因封管内的氮气固体急速升华而导致封管爆炸。将封好的聚合管置于预热到 110 ℃的油浴中，搅拌使其反应，约 8 h 后停止聚合。小心砸破聚合封管，用 20 mL 氯仿溶解聚合物，过滤除去不溶物，滤液沉淀于 160 mL 乙醇中，过滤，真空干燥。再进行溶解—沉淀纯化 2～3 次，得到白色聚（乙二醇-β-苯乙烯），必要时可用中性氧化铝色谱柱吸附无机离子，使聚合物脱色。

使用核磁共振氢谱测定产物的组成，进一步计算聚合度。

五、分析与思考

（1）查阅文献，了解不同类型可控自由基聚合的基本原理、体系组成和单体使用范围。

(2) 查阅文献,了解 ATRP 的最新发展。

(3) 从自由基的稳定性出发,分析乙酸乙烯酯能否进行活性自由基聚合,并说明原因。

(4) 本实验合成出的嵌段共聚物,从亲水性角度看,其结构有什么特点? 有哪些特殊的性质和性能?

(5) 查阅文献,了解嵌段共聚物的自组装。

实验四十二 淀粉类高吸水性树脂的制备

一、实验目的

(1) 学习使用铈盐引发接枝聚合反应的方法。

(2) 了解淀粉接枝聚丙烯腈的水解反应及其产物的吸水特性。

二、实验预习

1. 实验原理和实验背景

高吸水性树脂能够吸收自身重量几百倍至千倍的水分,保水能力强,具备强亲水性、轻度交联和高离子含量的结构特征。从合成原料上看,可分为淀粉/纤维素接枝共聚物类、聚丙烯酸类、聚丙烯酰胺类和聚乙烯醇类。1961 年,美国农业部北方研究所 C. R. Russell 完成淀粉-g-聚丙烯腈的合成后,进行部分水解得到高吸水性树脂,最后由 Henkel 公司实现工业化。高吸水性树脂广泛用于农林业、园林绿化、抗旱保水和防沙治沙等领域,它可在植物根部形成"微型水库";还能吸收肥料和农药,并缓慢释放以延长肥效和药效。此外,高吸水性树脂还可应用于医疗卫生、石油开采、建筑材料和交通运输等行业。

淀粉接枝共聚主要采用自由基引发接枝聚合的合成方法,引发方式有:

(1) 铈离子引发体系:Ce^{4+} 盐(硝酸铈铵)溶于稀硝酸中,与淀粉形成络合物,并与葡萄糖单元的羟基反应生成自由基,自身还原成 Ce^{3+},其可能的机理如式(5.6a)。使用 Ce^{4+} 盐作为引发剂,单体的接枝效率较高。

(2) Fenton's 试剂引发:由 Fe^{2+} 和 H_2O_2 组成的溶液,两者之间发生氧化还原反应,生成羟基自由基,进一步与淀粉中葡萄糖单元的羟基反应生成大分子自由基。

(3) 辐射法:紫外线和 γ 射线可使淀粉中葡萄糖单元的羟基脱氢生成大分子自由基。

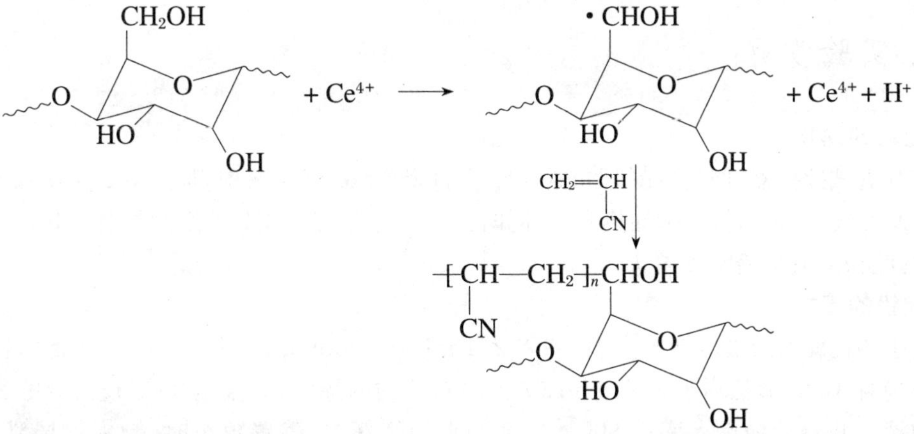

CH₂OH ring (淀粉葡萄糖单元) + Ce^{4+} ⟶ ·CHOH ring + Ce^{4+} + H^+

$\xrightarrow{CH_2{=}CH(CN)}$ $-[CH(CN)-CH_2]_n-$CHOH ring

(5.6a)

淀粉接枝聚丙烯腈本身没有高吸水性，将聚丙烯腈接枝链的氰基转变成亲水性更好的酰胺基和羧基后(式(5.6b))，淀粉接枝共聚物的吸水性会显著提高，世界上首例高吸水性树脂就是这样合成的。使用丙烯酸代替丙烯腈进行接枝聚合，直接得到含大量羧基的淀粉接枝共聚物，可以免去水解步骤，有许多专利技术和产品。高吸水性树脂的吸水率可高达几千倍，但是由于在制备过程中残留盐分难以除尽，吸水率会有不同程度的降低。此外吸水性树脂的吸水率也与水分的含盐量有关，盐度越高吸水率越低。

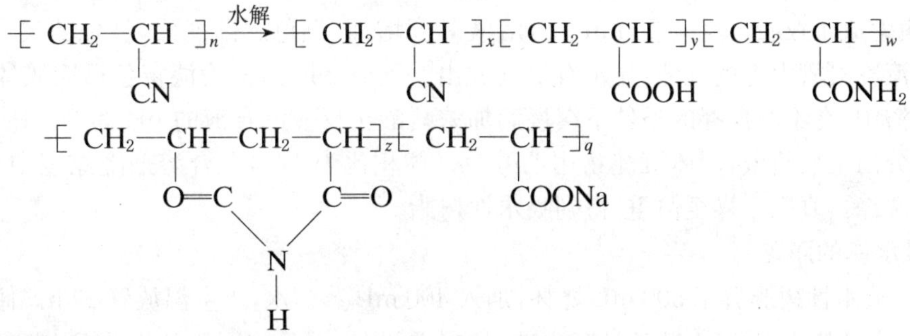

$$-[CH_2-CH(CN)]_n- \xrightarrow{\text{水解}} -[CH_2-CH(CN)]_x-[CH_2-CH(COOH)]_y-[CH_2-CH(CONH_2)]_w-$$
$$-[CH_2-CH-CH_2-CH]_z-[CH_2-CH(COONa)]_q- \quad \text{(两个CH上的 C=O 经 N–H 相连成环)} \tag{5.6b}$$

2. 实验操作

淀粉的熟化，氧化还原接枝聚合，聚丙烯腈的水解。

3. 实验要求

本实验可分为两次完成，最后测定高吸水树脂对纯水和盐水的吸收率。

三、化学试剂与仪器

化学试剂：淀粉，硝酸高铈铵，丙烯腈，二甲基甲酰胺，质量分数为8%的 NaOH 溶液，pH 试纸，乙醇。

仪器设备：机械搅拌器，回流冷凝管，250 mL 三颈瓶，脂肪抽提器，中速离心机，红外灯，研钵。

四、实验步骤

1. 淀粉的熟化

在装有机械搅拌器、回流冷凝管和氮气导管的 250 mL 三颈瓶中，加入 5 g 淀粉和 80 mL 蒸馏水。通氮气 5 min 后，开始加热升温，同时开动搅拌器，在 90 ℃下继续搅拌 1 h 使淀粉熟化，熟化的淀粉溶液呈透明黏糊状。

2. 淀粉的接枝

将上述熟化淀粉溶液冷却至室温，加入 2.1 mL 0.1 mol/L 的硝酸高铈铵溶液①，在通氮气情况下搅拌 10 min，然后加入 9.4 mL(7.5 g)新蒸的丙烯腈，升温至 35 ℃反应 3 h，得到乳白色悬浊液。将悬浊液倒入盛有 800 mL 蒸馏水的烧杯中，静置数小时，倾去上层乳液，过滤，蒸馏水洗涤沉淀物至滤液呈中性②，真空干燥，称重。将上述沉淀物置于脂肪抽提器中，用 100 mL 二甲基甲酰胺(DMF)抽提 5～7 h，除去均聚物③。取出 DMF 不溶物，再用水洗涤以除去残留的 DMF，于 70 ℃和真空下干燥，称重，计算接枝率和单体的接枝效率。

3. 淀粉接枝聚丙烯腈的水解

在装有机械搅拌器和回流冷凝管的 250 mL 三颈反应瓶中，加入 4.2 g 经干燥的淀粉接枝聚丙烯腈和 166 mL 8% NaOH 溶液。开动搅拌器并升温至 95 ℃，反应约 5 min 后，溶液呈橘红色，表明生成了亚胺。反应 20 min 后，溶液黏度增加，颜色逐渐变浅，红色消失。用 pH 试纸检测回流冷凝管上方的气体，显示有氨气放出。反应 2 h，溶液为淡黄色透明胶体。将产物置于冰盐浴中，在不断搅拌的条件下缓慢滴加浓盐酸至反应混合液的 pH 为 3～4。用中速离心机离心分出上层清液，固体沉淀物用乙醇/水(体积比为 1/1)混合溶剂洗涤至中性，最后用无水乙醇洗涤。真空干燥至恒重，得到吸水性树脂。

4. 吸水率的测定

取 2 g 吸水性树脂置于 500 mL 烧杯，加入 400 mL 蒸馏水，于室温放置 24 h。倾去可流动的水分，并计量其体积，可大致估计吸水性树脂的吸水率。采用同样的方式，测定吸水树脂对盐水的吸收率，比较其差异。

五、分析与思考

(1) 铈盐引发的接枝聚合反应有何特点？查阅文献，了解其他氧化还原体系引发淀粉接枝共聚的引发机理(会有不同于高分子化学教材所述的发现)。

(2) 淀粉接枝聚丙烯腈的水解产物为什么具有高吸水性？分析高吸水性树脂结构特征与吸水性能之间的关系。

(3) 如何准确测定吸水性树脂的吸水率？

---

① 0.1 mol/L 硝酸高铈铵溶液配制：13.9 g 硝酸高铈铵溶于 250 mL 1 mol/L 的 HNO_3 溶液中。

② 过滤较为困难，可采用静置和倾去上层清液方法，但是产物损失较大。

③ 丙烯腈及其均聚物皆溶于 DMF 中，在某些情况下，可用 DMF 浸泡洗涤 2～3 次，无需进行抽提。

(4) 除高吸水性树脂外,高吸油树脂也是一类具有强吸附性的高分子材料,试分析高吸油树脂的结构要素,查阅相关资料。

实验四十三 高抗冲聚苯乙烯的制备

一、实验目的

(1) 掌握本体-悬浮法制备高抗冲聚苯乙烯的原理和实验操作。
(2) 了解高抗冲聚苯乙烯的结构特性。

二、实验预习

1. 实验原理和实验背景

聚苯乙烯类的高分子材料品种多,因共聚单体的类型、材料的组成、共聚物的链构筑和材料的相态结构等而具备不同的力学性能。苯乙烯的均聚物虽有许多优异性能,但是脆性较大;丁苯橡胶是苯乙烯和丁二烯的无规共聚物,是产量最大的合成橡胶;SBS树脂是苯乙烯(S)和丁二烯(B)的线形三嵌段共聚物,具有热塑性弹性体性质;ABS树脂是工程塑料,是苯乙烯、丁二烯和丙烯腈(A)的三元共聚物的混合物,其组成因合成过程而有所差异。

高抗冲聚苯乙烯(high impacted polystyrene, HIPS)是多组分、多相高分子共混体系。在聚丁二烯存在下进行苯乙烯的聚合,在形成聚丁二烯-g-聚苯乙烯的同时,体系中有大量聚苯乙烯均聚物。由于聚苯乙烯和聚丁二烯两种分子链相容性差,体系发生微相分离(microphase separation),其中聚丁二烯橡胶相为分散相,如同孤岛一样被聚苯乙烯的连续相包围。采用适当的合成条件,可使橡胶相均匀地分散在聚苯乙烯基质中,并可控制橡胶相的颗粒大小。这种分散的橡胶相起到增韧作用,当材料受冲击时,橡胶分散相吸收能量,并阻碍裂纹进一步扩张,从而避免了脆性聚苯乙烯的破坏,故称之为高抗冲聚苯乙烯。

高抗冲聚苯乙烯是采用接枝聚合的方法制备的。将聚丁二烯橡胶溶解在苯乙烯单体中,形成均相溶液。在聚合反应发生以后,苯乙烯进行均聚,与此同时在橡胶链双键的 α 位置上还进行接枝聚合反应,如下:

$$\sim\sim CH_2-CH=CH-CH_2\sim\sim \xrightarrow{R\cdot} \sim\sim CH_2-CH=\dot{C}H-CH\sim\sim + RH$$

$$\xrightarrow{ST} \sim\sim CH_2-CH=CH-\underset{\underset{\underset{C_6H_5}{|}}{CH_2-CH\sim\sim}}{\underset{|}{CH}}\sim\sim \quad (5.7a)$$

（接枝共聚物）

$$CH_2=\underset{\underset{C_6H_5}{|}}{CH} \xrightarrow{R\cdot} \lbrack CH_2-\underset{\underset{C_6H_5}{|}}{CH} \rbrack_n \quad (5.7b)$$

（线形均聚物）

当单体的转化率达到1%～2%时，发生微相分离，可以观察到体系逐渐转变成浑浊状。此时，聚苯乙烯量少，是分散相。随着聚合反应的进行，苯乙烯转化率不断增加，体系越来越浑浊，体系的黏度也越来越大，导致“爬杆”现象出现。当聚苯乙烯相的体积分数接近橡胶相的体积分数时，给予剧烈搅拌，在剪切力的作用下聚合体系发生相反转，即原来为分散相的聚苯乙烯转变成连续相，而原来为连续相的橡胶相转变成分散相。由于聚苯乙烯的苯乙烯溶液黏度小于相应橡胶的苯乙烯溶液黏度，因而在相转变同时，体系黏度下降，“爬杆”现象消失。相转变开始，橡胶相颗粒大且不规整，存在聚集的倾向。在适当剪切力作用下，随着聚合反应的继续进行，体系黏度增加，橡胶颗粒逐渐变小，形态也愈趋完善。此时，苯乙烯的转化率达到20%～25%，聚合反应为本体聚合。为了散热方便，需将反应转变成悬浮聚合，直至苯乙烯全部聚合为止，故这种制备HIPS的方法称为本体-悬浮法。

2. 实验操作

本体聚合和悬浮聚合的连续操作过程，实验过程需高效机械搅拌。

3. 实验要求

本实验采用两步法制备高抗冲聚苯乙烯，需时较长，建议分两次进行。

三、化学试剂与仪器

化学试剂：苯乙烯，顺丁橡胶（未进行硫化），过氧化苯甲酰，聚乙烯醇，叔丁硫醇。

仪器设备：机械搅拌器，250 mL三颈瓶，回流冷凝管，通氮装置。

四、实验步骤

1. 本体聚合

取8 g剪碎的顺丁橡胶和85 g苯乙烯，加入到装有机械搅拌器和回流冷凝管的250 mL三颈瓶中，开动搅拌器使橡胶充分溶胀。调节水浴温度至70 ℃，通氮气，继续缓慢搅拌使橡胶完全溶解。升温至75 ℃，调节搅拌速度为120 r/min，加入90 mg BPO（溶于2.5 mL苯乙烯）和50 mg叔丁硫醇。半小时后，体系由透明变得浑浊；继续聚合，体系黏度逐渐增加，并出现“爬杆”现象。待该现象消失时，发生相反转。继续聚合至体系为白色细糊状。

2. 悬浮聚合

向装有机械搅拌器、冷凝管和通氮管的 500 mL 三颈瓶中加入 250 mL 蒸馏水、4 g PVA 和 1.6 g 硬脂酸，通氮，升温至 85 ℃，继续通氮 10 min。向上述预聚混合液中加入 0.3 g BPO（溶于 4.5 g 苯乙烯），均匀混合后在搅拌条件下加入到三颈瓶中，调节搅拌速度使预聚液分散成珠状。聚合 4～5 h，粒子开始沉降，再升温熟化：95 ℃保持 1 h，100 ℃保持 2 h。停止反应，冷却，产物用 60～70 ℃水洗涤三次，冷水洗涤两次，滤干。

3. 注意事项

(1) 应正确判断相反转是否发生，一定要在相反转完成一段时间后再终止本体聚合反应。
(2) 在相反转前后一段时间内，要特别控制好搅拌速度。

五、分析与思考

(1) 为什么在本体聚合阶段结束反应体系呈白色？
(2) 如何将接枝共聚物从聚苯乙烯均聚物中分离出来？
(3) 为什么高抗冲聚苯乙烯具有良好的抗冲击性能？

实验四十四　聚乙二醇大分子单体的合成及其共聚

一、实验目的

(1) 掌握大分子单体的制备方法。
(2) 了解接枝共聚物的合成原理和实验手段。

二、实验预习

1. 实验原理和实验背景

除主链引发接枝聚合外，大分子单体共聚和主链-支链偶联也是合成接枝共聚物的常用方法。在主链引发接枝聚合中，主链上引发活性中心往往是通过链转移反应随机形成的，在伴随大量均聚物生成的同时，接枝点和接枝链的长度难以控制。因此，利用主链的高分子化学反应，在主链上形成引发基团或活性中心，避免均聚物的生成，如在淀粉接枝聚丙烯腈中，Ce^{4+}和淀粉的氧化还原反应使淀粉主链产生自由基；但是，接枝链的长度还是多分散的。如果要制备出结构较为规整的接枝共聚物，主链的形成和接枝聚合皆需是可控聚合，例如，先通过活性聚合制备出分子量窄分布的主链聚合物，再经过高分子反应在主链上形成活性中心，然后进行接枝链单体的可控聚合，从而获得主链分子量和接枝链分子量皆均一的接枝共聚物。由于高分子化学反应不均一性的特点，这种方法不能控制接枝点的分布。

大分子单体的共聚能够保证接枝链长度的均一性，但是由于大分子单体及其共聚单体在竞聚率上的差异，接枝链的分布不能得到很好地控制。然而，由于合成过程相对简单，各种聚合方式可进行不同的组合，单体适用范围广，因此大分子单体共聚是很重要的接枝共聚物的合成方法。

大分子单体可以通过活性聚合并加入带双键的终止剂终止聚合反应来制备，也可以通过适当引发剂引发单体聚合来获得，它能保证每个大分子单体皆具有一个末端双键；还可以通过聚合物末端官能团与某些小分子单体反应来制备(表5.1)。

表5.1　大分子单体的制备方法

<table>
<tr><th>双键引入方式</th><th>聚合方式</th><th>实例</th><th>评述</th></tr>
<tr><td rowspan="3">终止剂法</td><td>阳离子聚合</td><td>p-甲氧基苯乙烯以 ZnI_2-HI 引发，(甲基)丙烯酸 2-羟乙酯终止</td><td rowspan="3">(1) 较易进行；
(2) 亲核性过强的碳阴离子需要降低其活性，如加入 2,2-二苯基乙烯；
(3) 可以先引入其他功能端基，再引入双键。</td></tr>
<tr><td>阴离子聚合</td><td>BuLi 引发 ST 聚合，以(甲基)丙烯酰氯或 p-氯甲基苯乙烯终止</td></tr>
<tr><td>基团转移聚合</td><td>烯酮硅缩醛引发 MMA 聚合，p-氯甲基苯乙烯终止</td></tr>
<tr><td rowspan="3">引发剂法</td><td>阳离子聚合</td><td>甲基丙烯酸 2-氯乙酯-$SnCl_4$-$n$$Bu_4$NCl 引发(甲基)苯乙烯聚合，以甲醇终止</td><td rowspan="3">(1) 双键官能度可达 100%；
(2) 引发剂的功能基在聚合过程中稳定；
(3) 引发剂合成较为复杂。</td></tr>
<tr><td>阴离子聚合</td><td>带烷氧基阴离子的烯类化合物引发环单体聚合</td></tr>
<tr><td>基团转移聚合</td><td>使用化合物带碳碳双键的烯酮硅缩醛引发 MMA 聚合</td></tr>
</table>

主链-支链偶联法可以将不同主链和支链键接在一起形成接枝共聚物，不受单体聚合类型的制约，主链和支链分子量以及支链数目可以随意调节，但是接枝点无规分布，并且难以确定不同分子的支化点数目是否均一，同时还会受到键接反应效率的制约，故高效的点击化学反应被广泛采用。活性聚合物阴离子与主链高分子亲电基团的反应、支链聚合物与主链聚合物官能团的相互反应常被用来制备接枝共聚物。

2. 实验操作

大分子单体的溶液共聚合。

3. 实验要求

本实验采用聚乙二醇单甲醚与甲基丙烯酰氯反应制备大分子单体，大分子单体的末端官能度不低于95%；然后在苯中进行甲基丙烯酸聚乙二醇酯大分子单体与甲基丙烯酸甲酯的自由基共聚反应，生成聚甲基丙烯酸甲酯-g-聚乙二醇。

三、化学试剂与仪器

化学试剂：甲基丙烯酸(精制)，聚乙二醇单甲醚(分子量为3000)，甲基丙烯酸甲酯，氯化亚砜，过氧化苯甲酰(精制)，苯，四氢呋喃。

仪器设备：电磁搅拌器，100 mL 三颈瓶，回流冷凝管，减压蒸馏装置，通氮装置。

四、实验步骤

1. 大分子单体的合成

将0.04 mol甲基丙烯酸和少量对苯二酚加入到100 mL三颈瓶中,通过平衡滴液漏斗逐滴加入0.06 mol氯化亚砜,然后回流反应2 h。改换减压蒸馏装置,用水泵除去未反应的氯化亚砜,进一步减压蒸馏得到甲基丙烯酰氯。将干燥的聚乙二醇单甲醚(羟基物质的量为0.01 mol)加入到100 mL三颈瓶中,并加入20 mL干燥苯和0.03 mol三乙胺,冰水浴下通过平衡滴液漏斗缓慢加入0.03 mol甲基丙烯酰氯,同时开动电磁搅拌器。甲基丙烯酰氯在0.5 h加入完毕,然后继续反应2 h。过滤,除去不溶固体,旋转蒸发除去溶剂,得到大分子单体甲基丙烯酸聚乙二醇单甲醚酯和未反应的聚乙二醇混合物,不经纯化直接进行下一步聚合。

2. 大分子单体共聚

取1 g上述混合物重新溶解在50 mL苯中,加入到100 mL三颈瓶中,然后加入10 g甲基丙烯酸甲酯和10 mg过氧化苯甲酰。通氮10 min后,电磁搅拌并水浴加热至70 ℃,继续反应6 h。聚合溶液用300 mL甲醇沉淀,过滤并洗涤产物,将产物置于真空烘箱内干燥,称量,计算收率。

3. 共聚产物的自胶束化

称取0.1 g产物,溶于100 mL四氢呋喃中。使用注射器吸取产物溶液,在低速电磁搅拌下,缓缓将产物溶液滴入盛放50 mL蒸馏水的烧杯中,使用激光笔的激光束观察蒸馏水的光路变化。

称取0.1 g聚甲基丙烯酸甲酯,进行上述操作。

五、分析与思考

(1) 比较不同接枝共聚物合成方法,并举出实例。

(2) 比较不同大分子单体的制备方法,举出实例并写出反应式。

(3) 如何利用核磁氢谱确定本实验大分子单体的甲基丙烯酰基的官能度和接枝产物中接枝链的数量?

(4) 查阅文献,给出通过主链的引发基团实施接枝聚合的实例。

(5) 将聚甲基丙烯酸甲酯-g-聚乙二醇和聚甲基丙烯酸甲酯的四氢呋喃溶液分别滴加到水中,会观察到不同的实验现象。查阅高分子自组装的文献,了解其中的原因。

实验四十五　聚甲基丙烯酸甲酯的热降解

一、实验目的

(1) 了解高分子降解的类型、机制和影响因素。

(2) 学习用水蒸气蒸馏法纯化单体。

二、实验预习

1. 实验原理和实验背景

高分子的降解是指在化学试剂(酸、碱、水和酶)或物理机械能(热、光、辐射和机械力)的作用下,高分子的化学键断裂而使聚合物分子量降低的现象,包括侧基的消除反应和高分子裂解。高分子的裂解可以分为三种类型:主链随机断裂的无规降解;单体依次从高分子链上脱落的解聚反应;上述两种反应同时发生的情况。聚合物的热稳定性、裂解速度以及单体的回收率和聚合物的化学结构密切相关,实验事实表明含有季碳原子和取代基团受热不易发生化学变化的聚合物较易发生解聚反应,即单体的回收率很高,例如聚甲基丙烯酸甲酯、聚 α-甲基苯乙烯和聚四氟乙烯。与之对应,聚乙烯进行无规降解,聚苯乙烯的裂解则存在解聚和无规裂解两种方式。利用天然高分子的裂解,可从蛋白质中制取氨基酸,从淀粉和纤维素中制取葡萄糖;应用于合成高分子,可从废旧塑料中回收某些单体或其他低分子化合物,例如汽油等燃料,减少白色污染。

聚甲基丙烯酸甲酯在热作用下发生解聚,其过程按照自由基机理进行。甲基丙烯酸甲酯聚合时发生歧化终止,产生末端含双键的聚合物,它在热的作用下形成大分子自由基;也有可能高分子主链中某个 C—C 键发生断裂而产生大分子自由基(式(5.8))。产生大分子自由基后,分子链逐步从高分子链上脱去单体,如同聚合反应的逆反应。

$$\sim\sim CH_2-\underset{COOCH_3}{\overset{CH_3}{C}}-CH_2-\underset{COOCH_3}{\overset{CH_3}{C}}-CH=\underset{COOCH_3}{C}\sim\sim \xrightarrow{\triangle} \sim\sim CH_2-\underset{COOCH_3}{\overset{CH_3}{C}}-CH_2-\underset{COOCH_3}{\overset{CH_3}{C}}\cdot + \cdot CH=\underset{COOCH_3}{C}\sim\sim$$

$$\sim\sim CH_2-\underset{COOCH_3}{\overset{CH_3}{C}}-CH_2-\underset{COOCH_3}{\overset{CH_3}{C}}-CH_2-\underset{COOCH_3}{\overset{CH_3}{C}}\sim\sim \xrightarrow{\triangle} \sim\sim CH_2-\underset{COOCH_3}{\overset{CH_3}{C}}-CH_2-\underset{COOCH_3}{\overset{CH_3}{C}}\cdot + \cdot CH_2-\underset{COOCH_3}{\overset{CH_3}{C}}\sim\sim$$

$$\downarrow$$

$$n\ CH_2=\underset{COOCH_3}{\overset{CH_3}{C}} \tag{5.8}$$

除单体以外,有机玻璃解聚还会产生少量低聚体、甲基丙烯酸和少量作为添加剂加入到成品中的小分子化合物。为在精馏前除去这些杂质,需要对有机玻璃裂解产物进行水蒸气蒸馏,否则杂质的存在会使精馏温度过高,导致单体再次聚合。

2. 实验操作

惰性气氛下有机玻璃的热解,水蒸气蒸馏,减压蒸馏。

3. 实验要求

从有机玻璃中回收甲基丙烯酸甲酯单体,要求回收单体纯度高,回收率在 80%以上。

三、化学试剂与仪器

化学试剂:有机玻璃边角料,浓硫酸,饱和碳酸钠溶液,饱和氯化钠溶液,无水硫酸钠。

仪器设备:250 mL 圆底烧瓶,三颈瓶,水蒸气蒸馏装置,分液漏斗,电热套,真空泵,阿贝折射仪。

四、实验步骤

1. 聚甲基丙烯酸甲酯的解聚

称取 50 g 有机玻璃边角料,加入到 250 mL 短颈圆底烧瓶中,以加热套加热,缓慢升温。反应体系温度达到 240 ℃时有馏分出现,温度维持在 260 ℃左右进行解聚,馏出物经冷凝管冷却,接收到另一烧瓶中。必要时,提高解聚温度,使馏出物逐滴流出。解聚完毕约需 2.5 h,称量粗馏物,计算粗单体收率。

2. 单体的精制

将粗单体进行水蒸气蒸馏,收集馏出液直至不含油珠为止。将馏出物用浓硫酸洗两次(用量为馏出物的 3%~5%),洗去粗产物中的不饱和烃类和醇类等杂质。然后用 25 mL 蒸馏水洗两次,除去大部分酸,再用 25 mL 饱和碳酸钠溶液洗两次,进一步除去酸类杂质,最后用饱和氯化钠洗至单体呈中性。用无水硫酸钠干燥,以进行下一步精制。

将上述干燥后的单体进行减压蒸馏,收集 39~41 ℃、108 kPa 的馏分,计算产率,测定折光率,检验其纯度。

注:(1) 为便于传热,有机玻璃边角料需要进行粉碎处理。

(2) 对少量裂解产物进行水蒸气蒸馏时可以简化操作,仅需要在产物中加入一定量的蒸馏水后加热蒸馏,必要时补加蒸馏水。

五、分析与思考

(1) 裂解温度的高低及裂解速度对产品质量和收率有何影响?

(2) 裂解粗馏物为什么首先采用水蒸气蒸馏?

(3) 可以采用哪些方法研究聚合物的热降解?

(4) 查阅资料,了解废弃高分子材料的再利用途径。

实验四十六　室温硫化硅橡胶

一、实验目的

(1) 了解高分子的交联方法和原理。

(2) 掌握硅橡胶交联的实验手段。

二、实验预习

1. 实验原理和实验背景

聚合物的交联可以提高材料的某些性能。天然橡胶在硫化前是分子量很大的高分子，抗张强度低、易氧化；只有在硫化后才具有高弹性、足够的强度和一定的耐热性，能适应各方面的使用要求。聚合物的化学交联有三种方式：① 交联反应与聚合反应相同并同时进行；② 天然或合成线形高聚物与小分子交联剂(称硫化剂或固化剂)发生交联反应；③ 预先合成含有可反应官能团的低聚物，再与小分子多官能团化合物反应生成体形网络结构。除化学交联外，还存在物理交联，如热塑性弹性体的形成。

天然橡胶的交联剂有硫黄、含硫化合物、有机过氧化物和金属氧化物等。过氧化物交联的橡胶具有更好的热稳定性，但是过氧化物价格比硫黄贵，所以工业上多用硫黄，对于饱和聚烯烃等则采用过氧化物作交联剂。遥爪液体橡胶为分子链两端有官能团的低聚物，如端羟基聚丁二烯低聚物和端羧基丁腈低聚物，它们的交联剂分别为氮丙啶类化合物或环氧树脂、二异氰酸酯或多异氰酸酯。无官能团液体聚丁二烯仅含有碳碳双键，涂成薄膜可在适当条件下被空气氧化而固化。

聚硅氧烷在非常宽的温度范围内(－100～250 ℃)能保持其物理特性，它的 T_g 低至－127 ℃，具有杰出的低温柔韧性。它耐高温、耐氧化，在化学和生理环境中稳定性好，其耐候性、斥水性及介电性能也好。聚硅氧烷的用途十分广泛，液体产物被用作消泡剂、纤维憎水整理剂、表面活性剂、润滑剂、真空脂和加热油浴。树脂被用作清漆、油漆、脱模剂、黏合剂及绝缘材料等。弹性体用作密封材料、电绝缘材料、垫圈及管子等，也可用作医用材料，如人工心脏瓣膜、起搏器、接触眼镜和血浆瓶内涂层等。与其他有机弹性体材料相比，聚硅氧烷弹性体强度比较差，所以加入填料增强更为重要。

聚硅氧烷弹性体分为室温硫化硅橡胶(聚合度为 200～1500)和高温硫化硅橡胶(聚合度为 2500～11000)。单组分室温硫化硅橡胶由端羟基聚硅氧烷、交联剂($CH_3Si(OEt)_3$)和催化剂(月桂酸二丁基锡酯)组成，空气中的湿气可使交联剂水解成 $CH_3Si(OH)_3$，它与聚硅氧烷的端羟基反应，可在室温下完成固化过程。双组分室温硫化硅橡胶的两个组分是含乙烯基的聚硅氧烷和含 Si—H 的化合物(如含氢硅油)，在铂催化剂作用下，Si—H 和乙烯基进行加成反应。在锡盐催化作用下,Si—H 和 Si—OH 也可以反应，并有 H_2 放出。

2. 实验操作

液体聚合物的萃取操作,双组分交联聚合物的固化。

3. 实验要求

采用水解缩聚法制备甲基含氢硅油,并与实验十中制备的甲基乙烯基硅油组成双组分硫化橡胶,在铂催化剂作用下进行室温硫化,得到硅橡胶。

三、化学试剂与仪器

化学试剂:六甲基二硅氧烷,甲基二氯硅烷,甲基乙烯基硅油(实验十中制备),氯铂酸($H_2PtCl_6 \cdot 6H_2O$),四甲基二乙烯二硅氧烷,盐酸,浓硫酸。

仪器设备:烧瓶,回流冷凝管,电磁搅拌器,烧杯,培养皿。

四、实验步骤

1. 甲基含氢硅油的制备

向 250 mL 烧瓶中加入 100 mL 20%盐酸溶液,然后在电磁搅拌下按物质的量比为 1∶4 滴加 20 g 六甲基二硅氧烷和甲基二氯硅烷的混合物,温度控制在 10 ℃以下。加料完毕后继续搅拌 1 h,静置分层,除去水溶液。有机相用水洗涤至中性,然后用无水氯化钙干燥。向水解产物中加入 2 g 浓硫酸,于室温搅拌 6 h,使反应达到平衡,再加入 2 mL 蒸馏水,继续搅拌 2 h。静置分层,除去水层,有机层用蒸馏水洗涤至中性,无水氯化钙干燥后,过滤。滤液于 110 ℃以下和 133 kPa 真空下除去低沸物,剩余物为甲基含氢硅油。改变六甲基二硅氧烷和甲基二氯硅烷的投料比,可以获得不同 Si—H 含量的甲基含氢硅油。

2. 铂催化剂的制备

将 1 g 氯铂酸($H_2PtCl_6 \cdot 6H_2O$)和 50 g 四甲基二乙烯二硅氧烷加入 100 mL 烧瓶中,加热至 120 ℃,回流反应 1 h。冷却,过滤,除去黑色固体物。将所得浅黄色酸性滤液水洗至中性,然后用无水氯化钙干燥,过滤得到乙烯基硅氧烷铂络合物,可作为室温硫化硅橡胶的催化剂,其用量以铂计量为聚合物质量的 0.005%。

3. 硅橡胶的硫化

取 10 g 甲基乙烯基硅油和 1 g 含氢硅油混合均匀,组成第一组分;取 10 g 甲基乙烯基硅油与 2 mg 铂催化剂混合均匀,组成第二组分。然后将两组分混合均匀,倾倒于干净的培养皿中,室温放置 24 h,即可得到透明的硅橡胶。

用玻璃棒接触硅橡胶表面,比较由不同甲基乙烯基硅油获得的硅橡胶的硬度,由此可大致判断它们交联程度的大小。

五、分析与思考

(1) 计算甲基含氢硅油和甲基乙烯基硅油的配比。

(2) 简述聚合物交联方法并举出实例。

(3) 如何表征和测定聚合物的交联程度?

(4) 查阅资料,了解有机硅材料的使用。

实验四十七　双重响应性聚乙烯基亚胺水凝胶

一、实验目的

(1) 了解水凝胶这种软材料及其应用。

(2) 了解环境响应性高分子的结构特征及其应用。

(3) 制备一种具有 pH 和氧化还原双重响应的水凝胶。

二、实验预习

1. 实验原理和实验背景

水凝胶(hydrogel)是一种在水中溶胀、但不溶于水、并能保持一定水分的高分子三维网络软材料。它具有良好的生物相容性,还具有较高的水渗透性,有一定的强度,类似于生物体的软组织,这些特征使水凝胶可作为生物材料在药物负载和释放、生物传感器、皮肤治疗、细胞和组织培养等领域得到广泛研究和应用。

普通水凝胶对环境的变化不敏感,即水凝胶的溶胀率不随外界条件的变化而改变。环境响应性水凝胶能感知外界环境的物理和化学变化,如 pH、温度、压力、光、电、磁、离子强度、特异化学物质等,通过体积的溶胀和收缩来响应上述环境刺激,并引起水凝胶的其他性质变化。利用这些特性,可设计并获得不同仿生材料(人工肌肉等)、化学机械体系、生物传感器、药物控制释放体系等。

不同类型的环境响应性水凝胶,除亲水性和交联性这些共同结构特征外,还具备不同的结构特点:

(1) 温度敏感性水凝胶的高分子具有一定比例的亲水和疏水基团,温度可改变分子链的氢键作用和疏水相互作用的相对强弱。聚 N-异丙基丙烯酰胺是典型的温敏性聚合物,它的酰胺为亲水基团、异丙基为疏水基团。在环境温度低于临界溶解温度(LCST)时,凝胶网络中高分子链通过氢键与水分子结合,凝胶吸水溶胀;温度上升时,这种氢键作用减弱,而高分子链的疏水相互作用相对加强,凝胶逐渐收缩。

(2) pH 敏感性水凝胶的高分子本质上是弱的聚电解质,为聚(甲基)丙烯酸、聚乙烯基吡啶、聚(甲基)丙烯酸、N,N-二烷基乙酯等。聚(甲基)丙烯酸水凝胶在酸性介质中处于收缩状态,在弱碱性介质中羧基电离,水凝胶的溶胀率急剧增大。

(3) 化学物质敏感性水凝胶的高分子含有特殊化学结构,当水凝胶吸收某些化学物质时,高分子与之发生化学反应，导致水凝胶的结构变化。聚乙烯醇（PVA）的羟基可与苯硼酸反应生成内硼酸酯，从而形成PVA水凝胶，水凝胶的溶胀度较小；当水凝胶吸收葡萄糖后，葡萄糖竞争性地与苯硼酸生成内硼酸酯，使PVA水凝胶交联程度降低，导致溶胀度增加；当葡萄糖经过体内代谢而浓度降低时，苯硼酸又更多地与PVA键合。这种PVA-苯硼酸凝胶可作为胰岛素的载体，感知体内葡萄糖浓度的变化，实现胰岛素的智能释放。

本实验使用聚乙烯亚胺（PEI）作为水凝胶的主体组分，PEI具有pH响应性，在酸性环境PEI的氨基被质子化，亲水性加强。实验使用含二硫键的双丙烯酰胱胺作为交联剂，它的丙烯酰基可与PEI的氨基发生Machiel加成反应，从而使PEI交联，形成水凝胶；它的二硫键（S—S）可在还原性介质中被还原成两个巯基（—SH），导致水凝胶交联点的断裂，因而本实验的PEI水凝胶同时具备pH和氧化还原响应性。

2．实验操作

丙烯酰氯的非均相反应，凝胶介质的置换，溶胀率的测定。

3．实验要求

双丙烯酰胱胺可由学生独立制备，如学时不充足则由教师、助教事先合成。将合成出的PEI水凝胶在不同的水溶液中测定其溶胀率，检测其响应性。

三、化学试剂与仪器

化学试剂：支化聚乙烯亚胺（分子量为1800），二硫叔糖醇（DTT），丙烯酰氯（97%，经减压蒸馏精制），NaOH，盐酸（36%），二氯甲烷，甲醇。胱胺盐酸盐（98.5%），使用前用水和乙醇的混合溶剂（25/75，V/V）重结晶。

仪器设备：三口烧瓶（250 mL），广口试剂瓶或样品瓶，恒压滴液漏斗，分液漏斗，磁力搅拌器，旋转蒸发仪。

四、实验步骤

1．合成双丙烯酰胱胺（BACy）

将胱胺盐酸盐（11.6 g，0.05 mol）和50 mL蒸馏水先后加入到250 mL三颈瓶中，磁力搅拌溶解，加冰盐浴（0～5 ℃）冷却。将丙烯酰氯（9.3 g，0.1 mol）溶解于10 mL二氯甲烷中，将NaOH（8.0 g，0.2 mol）溶解于20 mL蒸馏水中。在磁力搅拌下，通过两个平衡滴液漏斗，将丙烯酰氯-二氯甲烷溶液和NaOH水溶液同时滴加到三颈瓶中，控制滴加时间为1 h，保证体系温度为0～5 ℃。滴加完毕后，继续在室温下搅拌反应2 h。用分液漏斗分出水相，用二氯甲烷萃取（3×100 mL），合并有机相，并用无水Na_2SO_4干燥。过滤后，旋转蒸发除去二氯甲烷，得到白色粉末状的双丙烯酰胱胺产物。如时间充裕，用乙酸乙酯/正庚烷混合溶液（1/2，V/V）重结晶，得到纯产物。

2．聚乙烯基亚胺水凝胶的制备

按表5.2的投料，将支化PEI和双丙烯酰胱胺溶于适量甲醇中，所得溶液装入体积合适的玻璃瓶中，通氮气15 min除去体系里的空气。将反应瓶平稳放入40 ℃恒温水浴中，反应

48 h。将制备的PEI凝胶浸渍于蒸馏水中,间隔一段时间更换一次蒸馏水,完全置换出甲醇。最后将样品冷冻干燥,称量干燥前、后的质量,计算水凝胶收率。

表5.2 双丙烯酰胱胺交联聚乙烯基亚胺凝胶的制备

水凝胶编号	BACy(g)	PEI(g)	CH_3OH(mL)	水凝胶质量(g)	干态凝胶质量(g)	饱和溶胀率
Gel-100	1.00	1.00	5.0			
Gel-75	0.75	1.00	5.0			
Gel-50	0.50	1.00	5.0			
Gel-25	0.25	1.00	5.0			

3. 凝胶饱和溶胀率的测定

通过质量法测定凝胶溶胀率。将三份一定质量(约0.5 g,W_d)的干态凝胶分别置于三个烧杯中,加入蒸馏水,使用盐酸或者NaOH水溶液调节水的pH,使三个烧杯中水的pH依次为2、7和10。观察凝胶的溶胀情况,监测水的pH,对于酸性水溶液必要时补加盐酸以维持pH为2。

15 min后取出溶胀的凝胶,用滤纸或者面巾纸擦去样品表面的水,称重。随后,每隔5 min重复上述操作,直至溶胀凝胶的质量不再变化,记录此时溶胀凝胶的质量(W_s),由(W_s-W_d)/W_d得到凝胶的饱和溶胀率(SD_e)。

如表5.2所示,交联剂用量不同,凝胶的饱和溶胀率不同;水的pH不同,凝胶对水的溶胀率也不一样。为此,建议按凝胶的交联程度进行分组,各组测定同一交联程度的凝胶在不同pH下的溶胀率。

4. 聚乙烯基亚胺凝胶的降解

将饱和溶胀的水凝胶从烧杯中取出,放入含有DTT的甲醇溶液(0.1 mol/L)中,通氮气15 min后密封,观察凝胶的变化。

五、分析与思考

1. 温度和pH响应的高分子应具备怎样的结构特征?
2. 查阅资料,进一步了解环境响应性水凝胶的特性和应用。
3. 为什么测定本实验水凝胶在酸性水中的溶胀率需补加少量盐酸?
4. 查阅资料,了解Michael加成反应在高分子合成方面的应用。
5. 查阅资料,了解蛋白质的巯基和二硫键的相互转化。

实验四十八　聚乙烯表面接枝聚乙烯基吡咯烷酮

一、实验目的

（1）掌握聚合物表面接枝改性的方法和原理。
（2）了解聚合物表面性质表征手段。

二、实验预习

1．实验原理和实验背景

聚烯烃是一类用途广泛的高分子材料，但是它们的极性普遍较低，往往限制了它们的使用。例如，聚乙烯、聚丙烯和聚对苯二甲酸乙二醇酯等包装材料在使用过程中存在难印刷和难黏接的问题，在印刷前需要进行特殊处理，然后使用昂贵的油墨，成本高且印刷质量差。作为农用薄膜的聚乙烯因表面张力小，容易形成雾滴，从而降低薄膜的透光效果。作为布料纤维使用时，纯的聚丙烯和聚对苯二甲酸乙二醇酯等因染色问题不能商业化。

表面接枝改性是在保持材料原性能前提下，通过材料表面的接枝聚合来改善其表面性能的过程，包括提高表面极性、亲水性和黏合性等。其他的表面改性手段还有表面涂敷法、表面化学处理法和射线辐照法等。以紫外光引发的表面接枝聚合具有两个突出特点：

（1）与高能辐射相比，紫外光对材料的穿透能力低，接枝聚合可严格地限定在材料的表层，不会损坏材料的本体性能。

（2）紫外辐射的光源和光接枝聚合设备成本低，易于连续化操作，极富工业发展前景。

进行表面接枝聚合的首要条件是在材料表面生成引发中心（多为自由基），表面自由基的产生有三种方式：

（1）含光敏基团的聚合物光照分解。含光敏基团（如羰基）的聚合物在吸收一定波长的紫外光后发生如下反应，产生的表面自由基可以引发烯类单体聚合，同时生成接枝共聚物和均聚物。

$$\text{/////}(\text{C}{=}\text{O})\text{—R} \xrightarrow{h\nu} \begin{cases} \text{/////}\cdot + \cdot\text{C}(=\text{O})\text{—R} \\ \text{/////}\text{—}\cdot\text{C}{=}\text{O} + \cdot\text{R} \end{cases}$$

（2）自由基链转移。安息香类光引发剂在紫外光照射下发生均裂产生两种自由基，在单体浓度很低时，自由基向聚合物发生链转移反应，从而在表面生成聚合物自由基，进而引发单体聚合形成表面接枝链。

(3) 夺氢反应。芳香酮及其衍生物(如二苯甲酮)吸收紫外光后跃迁到激发态,夺取聚合物表面的氢而被还原成羟基,同时在聚合物表面生成自由基。这种芳香酮的光还原反应可以定量进行,一个芳香酮分子可以产生一个表面自由基,表面自由基的活性较大,可以达到较高接枝效率。这种方法可以应用于所有有机材料的表面接枝。

光接枝反应可以采用气相法和液相法。气相法是在密闭容器中进行,加热使反应组分形成蒸气,因而自屏蔽效应小,由于单体浓度低,接枝效率高,但是反应时间长。液相法是将光敏剂、单体等溶解在适当溶剂中,直接将聚合物置于溶液中进行光接枝聚合,这种方法反应时间短,但是单体的接枝效率低。

2. 实验操作

高压汞灯的使用,紫外光接枝聚合。

3. 实验要求

通过红外光谱确认接枝反应的进行,通过测定接触角确定表面亲水性的改变。

三、化学试剂与仪器

化学试剂:聚乙烯薄膜(厚度 0.06 mm),二苯甲酮,丙酮,乙烯基吡咯烷酮。

仪器设备:高压汞灯(1000 W),石英玻璃,小暗箱,表面接触角测定仪。

四、实验步骤

一步法:将 0.2 g 二苯甲酮溶解于 20 g 乙烯基吡咯烷酮中,然后将溶液倒入直径为 7 cm 的培养皿中,溶液高度约 0.5 cm,将一块大小适当的聚乙烯薄膜浸于溶液中,盖上石英玻璃片。将高压汞灯放入小暗箱中,然后将样品置于距汞灯 20 cm 处,经紫外光照射 5 min 后取出,用丙酮和热蒸馏水洗涤除去残余的光敏剂、单体和均聚物,真空干燥,称重,计算接枝量。

两步法:将 2 g 二苯甲酮溶解于 18 g 丙酮中,将溶液倒入直径为 7 cm 的培养皿中,溶液高度约 0.5 cm,将一块大小适当的聚乙烯薄膜浸于溶液中,盖上石英玻璃片。将样品置于距汞灯 20 cm 处,经紫外光照射 40 min 后取出,用丙酮洗去残余的光敏剂,晾干后得到含光敏基团的聚乙烯薄膜。另取一培养皿,加入约 0.5 cm 高的乙烯基吡咯烷酮,将上述薄膜浸于其中,盖上石英玻璃片。将样品置于距汞灯 20 cm 处,经紫外光照射 5 min 后取出,用热蒸馏水洗去表面残余单体和均聚物,真空干燥,称重,计算接枝量。

表面接枝的表征:测定聚乙烯薄膜在接枝前后的红外光谱并加以比较,薄膜接枝后应出现 1673 cm^{-1} 羰基吸收峰。

接触角测定:取一块洁净的载玻片,将聚乙烯膜或接枝活性膜平展贴附于载玻片上,然后装配到接触角测定仪载物台上。利用微量进样针将 2 μL 蒸馏水或植物油滴加到膜表面,通过测定仪的照相机观察,利用测定仪配套软件确定接触角。

五、分析与思考

(1) 试设计简单的方法比较接枝前后薄膜亲水性的差异。

(2) 比较上述两种光接枝方法有什么不同。
(3) 查阅文献,列出材料表面性质所包括的内容。

实验四十九　炭黑的表面接枝改性

一、实验目的

进一步了解材料表面接枝改性。

二、实验预习

1. 实验原理和实验背景

出于环保的考虑,水性涂料和水性油墨越来越受到欢迎。炭黑具有优异的着色性、耐候性和化学稳定性,来源丰富、价格低廉,是最重要的黑色着色剂。但是,炭黑原生粒子尺寸小(10～500 nm)、表面能高,易聚集,难以稳定分散于不同体系中,限制了炭黑性能的充分发挥。因此,增强炭黑亲水性以提高其在水中的分散性能显得很重要。

炭黑是烃类物质不完全燃烧或裂解的产物,按生产方式可分为炉黑、槽黑及热裂黑,主体元素是碳,质量分数占90%以上,另有少量的氧、氢和硫元素,槽黑的含氧量比炉黑和热裂黑要高得多,达到5%～8%。炭黑的主体呈非极性,对水的润湿性差,在水中难以分散。炭黑的氧原子主要存在于炭黑表面,主要以羧基、酚羟基、醚键和醌等形式存在,其中羧基对炭黑在水中分散起主要作用,它会引起炭黑表面溶剂化层的形成,同时吸附阳离子构成双电层,阻碍炭黑颗粒的凝聚。

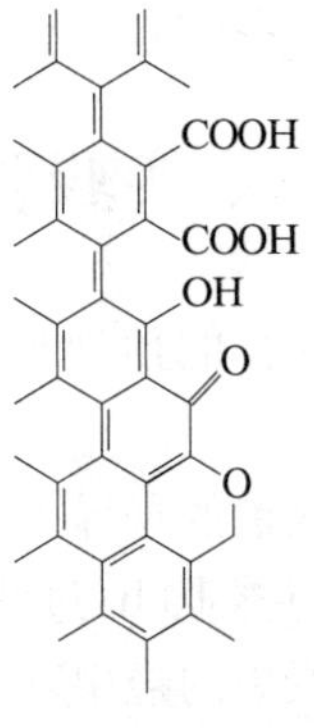

图 5.1　炭黑中氧、氢元素存在的形式

槽黑含氧量较高,亲水性优于炉黑与热裂黑,但槽黑生产对环境污染严重,产率极低,在不少国家已经禁产,对炉黑进行亲水改性是大势所趋。炭黑的亲水改性包括表面氧化、表面键合亲水性官能团、表面接枝亲水性聚合物等。表面氧化改性有气相氧化、液相氧化和阳极氧化等方式,增加表面羧基、羟基、醌等极性基团的含量。

炭黑的稠环芳香结构,特别是醌式结构,具有捕获链自由基的能力,即在自由基聚合中,通过炭黑的醌、酚结构的阻聚作用,在炭黑表面接枝上聚合物链。为了提高炭黑的接枝率,利用炭黑表面的芳香环、羟基、羧基等引入引发基团,然后引发单体进行接枝聚合,所引入的引发基团包括偶氮基团和羟烷基,其中羟烷基与 Ce^{4+} 组成氧化还原引发体系。利用炭黑的稠环结构和甲醛的反应,可以引入羟甲基;炭黑与过氧化苯甲酰、异丙醇反应,可引入异羟丙基。

利用炭黑表面的官能团,使其与含羟基、氨基和环氧基等官能团的聚合物进行反应,也是进行炭黑接枝改性的可行方法。

炭黑是极其重要的工业材料,被广泛应用于橡胶、塑料、涂料和油墨等行业,如作为橡胶的填料制造轮胎和防静电涂层。橡胶用炭黑占炭黑总产量的94%,其中约60%用于轮胎制造。炭黑粒径越小,其补强性能越优越;细粒径的炭黑主要用于轮胎胎面,赋予轮胎优良的耐磨性能;轮胎的其他部位一般选用粒径较大的炉黑。色素用槽黑广泛用于油墨、涂料和塑料中,新闻油墨主要使用中色素槽黑,高色素槽黑能赋予高级汽车面漆极好的黑度和光泽;中色素槽黑也常用作聚烯烃的紫外光屏蔽剂。此外,在电极、干电池、电阻器、日化产品中,炭黑也是重要的辅助剂。

2. 实验操作

炭黑的预处理,炭黑表面的官能团化,炭黑的表面接枝。

3. 实验要求

经过多步操作,完成炭黑的接枝改性,改善炭黑的亲水性。

三、化学试剂与仪器

化学试剂:中色素炭黑,过氧化苯甲酰,异丙醇,甲醛水溶液,氢氧化钠,丙烯酰胺,0.2 mol/L硝酸高铈水溶液。

仪器设备:三颈瓶,磁力恒温反应器,通氮系统,回流冷凝管,温度计,超声清洗器,真空干燥箱,分光光度计。

四、实验步骤

炭黑的预处理:炉法炭黑在苯中超声清洗后,于60 ℃真空干燥48 h,保存于干燥器中待用。

炭黑的羟异丙基化:在三颈瓶中加入1.0 g炭黑、1.0 g BPO和40.0 mL异丙醇,于45 ℃加热搅拌10 h,过滤,用氯仿抽提后,真空干燥,得到羟异丙基化炭黑。

炭黑的羟甲基化:在装有冷凝器、搅拌器和温度计的三颈瓶中,加入10 g炭黑、70 mL甲醛和0.5 g催化剂氢氧化钠。升温至50 ℃反应1～9 h,反应结束,炭黑经过滤后水洗至中性,置于烘箱中于50 ℃条件下真空干燥20 h,密封贮存于棕色瓶中,置于冰箱中备用。

炭黑接枝聚丙烯酰胺:将1.0 g羟烷基化炭黑、27.0 mL丙烯酰胺水溶液(浓度6.0 mol/L)加入到圆底烧瓶,通氮除氧5 min。加入3.0 mL 0.2 mol/L的硝酸铈铵浓度(用1.0 mol/L硝酸配制),于30 ℃反应3 h,过滤,蒸馏水洗涤至中性,真空干燥,计算单体转化率。

自然沉降实验:取未接枝炭黑和接枝改性炭黑,用适量蒸馏水分散,置于容量瓶中稀释至250 mL,用分光光度计在波长428 nm处测定透光率,通过透光率的变化了解炭黑在水溶液中的分散稳定性。

五、分析与思考

(1) 利用羟基测定原理,设计合适的操作规程,测定羟烷基化炭黑的烷羟基含量。
(2) 查阅资料,给出两种炭黑羟烷基化的可能反应式。
(3) 为了得到可信的实验结果,在“自然沉降实验”中,炭黑的用量如何确定?

实验五十　聚苯胺的电化学合成

一、实验目的

(1) 了解电化学聚合的原理和特点。
(2) 掌握制备聚苯胺的电化学聚合方法。
(3) 观察聚苯胺薄膜的电致变色现象。

二、实验预习

1. 实验原理和实验背景

聚苯胺是一种研究较多的、导电能力较强的聚合物,由于其具有特征结构、电活性高、空气中稳定以及实用性强等特点,在日用商品及高科技等方面具有许多应用价值。

聚苯胺合成主要有两大类方法:化学氧化法与电化学合成法。化学氧化法制备聚苯胺通常是在酸性介质中,采用水溶性氧化剂促使单体发生氧化聚合,所得聚苯胺可以通过酸性质子掺杂提高其导电率。电化学法制备聚苯胺是在含苯胺的电解质溶液中,选择适当的电化学条件,使苯胺在阳极上发生氧化聚合反应,生成黏附于电极表面的聚苯胺薄膜或沉积在电极表面的聚苯胺粉末。电化学法简便易行,聚合物的聚合—掺杂—成膜过程可一步完成,通过调整电解液组成和改变相关工艺参数,可以方便地得到不同结构和性能的聚合物膜层。

聚苯胺的形成是通过阳极偶合机理完成的,具体过程可由下式表示:

$$C_6H_5NH_2 \xrightarrow[-H^+]{-e^-} C_6H_5NH\cdot \longrightarrow (=NH)$$

$$2\,(=NH) \longrightarrow C_6H_5\text{-}NH\text{-}C_6H_4\text{-}NH \longrightarrow C_6H_5\text{-}NH\text{-}C_6H_4\text{-}NH_2 \longrightarrow PAN$$

聚苯胺链的形成是活性链端($—NH_2$)反复进行上述反应,不断增长的结果。由于在酸性条件下,聚苯胺链具有导电性质,保证了电子能够通过聚苯胺链传导至阳极,使增长继续。只有头-头偶合反应发生,形成偶氮结构,才使得聚合停止。

电化学聚合法制备得到的聚苯胺的性能与苯胺单体浓度、聚合电势、聚合电流、溶液 pH、电解质和溶剂种类、电极材料以及电极表面状态密切相关。依据主链中氧化态的不同,聚苯胺(PAN)有 4 种不同的存在形式,其电导和颜色均随氧化态发生变化(见表 5.3)。苯胺能够经过电化学聚合形成绿色的叫作翡翠盐的 PAN 导电形式。当膜形成后,PAN 的 4 种形式都能得到,并可以非常快地进行可逆的电化学相互转化。完全还原形式的无色盐可在低于 −0.2 V 时得到,翡翠绿在 0.3~0.4 V 时得到,翡翠基蓝在 0.7 V 时得到,而紫色的完全氧化形式在 0.8 V 时得到。因此,可通过改变外加电压实现翡翠绿和翡翠基蓝之间的转化,也可以通过改变 pH 来实现。聚苯胺光学性质是由苯环和喹二亚胺单元的比例决定的,它能通过还原或质子化程度来控制。

表 5.3 PAN 的不同化学结构及其相应的颜色

名称	结构	颜色	性质
无色翡翠盐	$\left[\mathrm{C_6H_4{-}NH{-}C_6H_4{-}NH{-}C_6H_4{-}NH{-}C_6H_4{-}NH}\right]_n$	无色	完全还原,绝缘
翡翠绿	$\left[\mathrm{C_6H_4{-}NH^+{=}C_6H_4{=}NH^+{-}C_6H_4{-}NH{-}C_6H_4{-}NH}\right]_n$	绿色	部分氧化,质子导体
翡翠基蓝	$\left[\mathrm{C_6H_4{-}N{=}C_6H_4{=}N{-}C_6H_4{-}NH{-}C_6H_4{-}NH}\right]_n$	蓝色	部分氧化,绝缘
完全氧化聚苯胺	$\left[\mathrm{C_6H_4{-}N{=}C_6H_4{=}N{-}C_6H_4{-}N{=}C_6H_4{=}N}\right]_n$	紫色	完全氧化,绝缘

电化学法包括循环伏安法、恒电流法、恒电势法、脉冲电流法等。本实验采用两节 1.5 V 电池简易装置,将 ITO 导电玻璃作为工作电极(正极),铜导线作为对电极(负极),不仅可以把电化学聚合的电压控制在 0.6~0.7 V,得到质量较好的膜,而且能够提供展现聚苯胺 4 种形式所需的全部电压。

实验条件,如外加电压、所用酸的种类及浓度等,会影响膜的形成速度、形态以及电变色的循环周期。因此,实验中应对各种条件进行控制。

聚苯胺膜的光谱分析证明,PAN 的最初氧化,即从无色盐氧化到绿色盐,与极化中心相关。在这个过程中,每个苯胺单元得 0.35~0.45 个电子。在 PAN 的导电区(0.3~0.7 V),定域的极化中心逐渐转变为非定域的自由电子,同时,随着电压的增加,极化中心逐渐氧化,形成喹二亚胺单元。这个过程每个苯胺单元得到的电子数为 0.1~0.3。最后,在 0.7 V 和 0.8 V 之间,每个苯胺单元得 0.35~0.45 个电子,PAN 完全氧化。以上的电子得失数基于 PAN 从完全还原形式转化为完全氧化形式时得到 1 个电子。这样形成的醌式结构再经水解,得到最终产物苯喹酮，如图 5.2 所示。

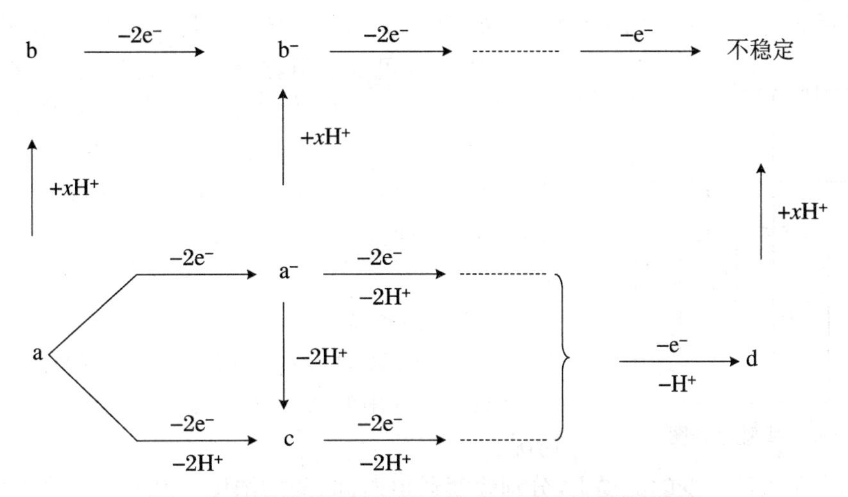

图 5.2　聚苯胺的不同质子化和氧化形式间的相互转化

a. 无色翡翠盐；b. 翡翠绿；c. 翡翠基蓝；d. 完全氧化聚苯胺。

2. 实验操作

用电化学聚合方法制备聚苯胺膜。

3. 实验要求

用电化学聚合方法在导电玻璃片上制备出均匀致密的聚苯胺膜；观察聚苯胺薄膜的电致变色现象。

三、化学试剂与仪器

化学试剂：苯胺（浅黄色），浓 HNO_3，固体 KCl。

仪器设备：150 mL 烧杯 2 只，ITO 导电玻璃（工作电极：A，正极），铜导线（B，负极），2 节 1.5 V 电池，万用电表，可变电阻器（$0\sim1\times10^5\ \Omega$）。

四、实验步骤

1. 配制电解液

(1) 配制 50 mL 3 mol/L HNO_3 溶液：量取 6.8 mL 浓 HNO_3，以蒸馏水稀释至 50 mL。

(2) 配制 0.1 mol/L HNO_3 和 0.5 mol/L KCl 混合溶液：量取 1.5 mL 3 mol/L HNO_3，用蒸馏水稀释至 45 mL，再加入 1.7 g KCl，搅拌、溶解、混合均匀。

(3) 烧杯中加 40 mL 3 mol/L HNO_3 溶液和 3 mL 苯胺，搅拌混合均匀。

2. 电化学聚合

(1) 按照图 5.3 连接电路，调节可变电阻，使电压为 0.6～0.7 V。

(2) 闭合电路，通电 20～30 min 后断电；在导电玻璃工作电极表面，可以观察到形成一层绿色的 PAN 镀层。

3. 电致变色

(1) 将两电极移入盛有 0.5 mol/L KCl 和 0.1 mol/L HNO_3 混合溶液的烧杯中。

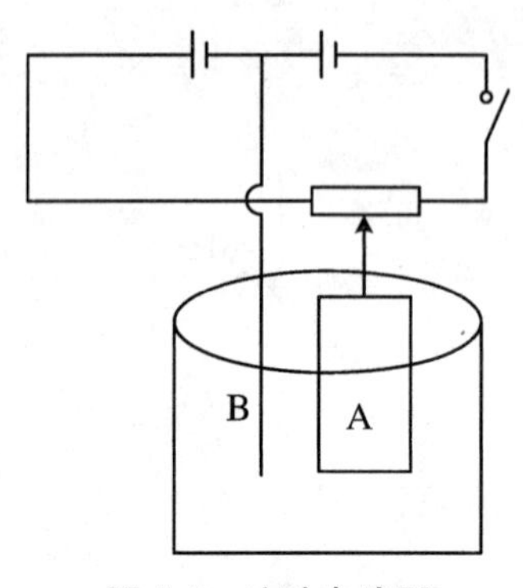

图 5.3 实验电路图

(2) 改变可变电阻,观察聚苯胺薄膜颜色变化。先把电压设置到 1.15 V,PAN 膜表现出紫色的完全氧化形式,随之改变电压,它的 4 种氧化还原态相对应的 4 种颜色依次出现,当电压降到 0.17 V 时,膜完全无色。颜色改变发生在秒数量级,并且可以循环多次,直至膜的降解发生。

4. 实验条件影响

将得到的表面形成一层浅绿色薄膜的导电玻璃取出、干燥,然后用紫外分光光度计表征其对紫外的吸收情况。

在其他实验条件不变的前提下,分别改变通电时间、酸的浓度、酸的类型、盐的浓度、盐的类型以及加在电化学池上的电压来考察以上条件对实验的影响。

5. 实验注意事项

(1) 苯胺应为浅黄色,这表明有低聚物存在。高纯无色的难以发生聚合,黑色的在使用前要进行真空蒸馏纯化。

(2) 观察电致变色现象的膜厚度最合适的聚苯胺膜在通电 20~30 min 后得到。如果膜太厚,则颜色太深,很难观察清楚。

(3) HNO_3 可以用其他常用的无机或有机酸代替。

(4) 镀膜电压选在 0.6~0.7 V,虽然较小,镀膜速度不是很快,但形成膜的质量较好。更为重要的是,当电压超过 0.7 V 时,聚合物的电解反应将不可忽略。

五、分析与思考

(1) 化学氧化法制备聚苯胺和电化学合成法制备聚苯胺各有什么优缺点?

(2) 查阅文献,了解通电时间、酸的类型和酸的浓度等因素对所制备的聚苯胺膜质量的影响。

第六章　综合性实验

实验课程是素质教育和人才培养必不可少的环节，相对于理论教学而言，实验教学的主要特点就是实践性、直观性和综合性的统一。在传统的验证性和指导性的实验教学中，学生们能加深对理论知识的理解，熟悉高分子化学实验的特点，掌握基本实验操作和实验技能，锻炼实验现象的观察和分析能力，试图解决实验过程中遇到的难题。然而，大学教育的最终目的是培养出能够解决实际问题的人才，就科学研究而言，实验教学的最高境界是激发学生科学研究的兴趣、把握科学研究的基本规律、培养创新科研能力。

科研创新是大胆设想、巧妙构思和严谨求证的过程。以充足的学科知识储备作为理论基础，以适用、实用的研究路线和研究手段作为技术支撑，以严谨的科学态度作为保证，科研创新才能得以实现。科研创新，是期待学生理解并掌握的能力，也是获得有价值的科研成果所必备的科研素质。在实验教学过程中，科研创新的点点滴滴可以潜移默化地为学生所接触、认识和接受，并最终为他们所掌握。实验五十一结合中国科学技术大学高分子化学教学实验室开设的“冷冻聚合制备高分子量聚合物”综合性实验阐述在综合性实验教学中的一些体会。此外，本章也将中国科学技术大学高分子化学教学实验室开设的综合性实验分享给大家。

实验五十一　冷冻聚合制备高分子量聚合物

一、实验开设的目的

本实验是将实验十六“丙烯酰胺的冷冻聚合”和高分子物理的“黏度法测定分子量”实验相结合的综合性实验。在本实验中，通过冷冻聚合这一特殊的聚合反应实施方法，制备超高分子量的水溶性高分子(聚丙烯酰胺和聚丙烯酸)，并使用黏度法表征高分子的表观分子量。为此，需要运用自由基聚合中分子量控制原理，理解冷冻聚合的特殊机理，掌握微量引发剂的称取和物料的混合，正确使用高分子的分离和纯化方法。同时，由于分子量-特性黏数的 MHS 经验式有一定的分子量测定范围，对待测溶液的浓度也有严格的要求，因此需要在理解高分子溶液理论的基础上，通过测试条件的控制，获得真实的特性黏数，而超高分子量聚合物的分子量已超过文献报道经验式的分子量范围，其真实分子量的确定需要借助绝对分子量的测定方法，如静态激光散射。

本实验将高分子化学的合成和高分子物理的表征相结合，以理论指导实验，培养学生综合运用理论知识的能力；以现有的实验条件，克服实验过程中遇到的技术难题，培养学生解决实际问题的能力，同时使学生养成细致严谨的实验习惯。通过阅读扩展，帮助学生探究更深层次的科研问题。

二、实验的背景知识

聚丙烯酰胺和聚丙烯酸等水溶性高分子是使用广泛的精细化工产品，在许多场合下高分子量有利于高使用性能的获得。对聚丙烯酰胺和聚丙烯酸而言，分子量高于 10^6 称为高分子量，超过 10^7 称为超高分子量。市售的高、超高分子量的水溶性高分子往往通过引入疏水基团以提高分子链的缠结，来获得很高的表观黏度，但不是分子量的真实体现。[1]

自由基聚合中分子量控制的理论依据是大家熟知的 Mayo 方程[2]：

$$\frac{1}{\overline{X_p}} = \frac{(2-y)(2k_t R_i)^{1/2}}{2k_p[M]} + C_M + C_I\frac{[I]}{[M]} + C_S\frac{[S]}{[M]} \tag{6.1}$$

其中，$\overline{X_p}$为数均聚合度，速率常数（k_p 与 k_t）、链转移常数（C_M、C_I 与 C_S）和引发速率（R_i）是温度的函数。随着聚合温度的降低，链转移程度减弱，聚合度增加，这是冷冻聚合获得高分子量产物的理论依据。对于氧化还原引发体系，$R_i = k_d[Red][Ox]$，[Red]和[Ox]分别为还原剂和氧化剂的浓度。再根据式(6.1)，可以知道单体、引发剂浓度影响分子量的定量关系。

在自由基聚合的本体聚合、溶液聚合、悬浮聚合和乳液聚合等实施方法中，由于独特的聚合机理，乳液聚合是获得高分子量聚合物的首选方法，特别是微乳液聚合。但是，微乳液聚合需要使用占体系总量 10%以上的乳化剂，给产物的分离和纯化带来很多困难。

聚合的实施方法是将聚合原理应用于实践并获得有实用高分子材料的关键，它也一直是高分子科学领域备受关注的课题。冷冻聚合（cryo-polymerization）是由 Lozinsky 等[3]率先研究的一种聚合方法，它在聚合体系冰点以下温度进行，具备独特的优点。例如，可以获得分子量高达 1.3×10^7 的聚丙烯酰胺[4]，对聚合原料的纯度要求远低于反相微乳液聚合；聚合体系简单，水的链转移常数低，对环境无污染，产物无需特殊的后处理工序；热量容易散去，不会发生暴聚。学生对冷冻聚合所需时间产生质疑，我们引导学生查阅文献，了解冷冻聚合机理和过程。冷冻聚合的反应场所是未凝固的液态微区，单体富集在其中[5]，在提高分子量的同时，也弥补了因低温导致的聚合速率的降低。在 −15 ℃进行丙烯酰胺的冷冻聚合，14 h 时基本结束，单体转化率接近 100%[4]。

黏均分子量（M_η）是表征高分子的分子量的重要参数之一，黏度法测定分子量简单易行，不需要复杂的仪器，因此为工业界和实验室所常用。测定黏均分子量的理论依据是高分子稀溶液理论，将稀溶液的比黏度或增比黏度对浓度作图，浓度外推到零，得到特性黏数（$[\eta]$），再根据 $M_\eta \sim [\eta]$的经验关系式，得出分子量。高分子的稀溶液定义为临界缠结浓度（C^*）以下的溶液，此时溶液中高分子链未发生相互交叠与缠结[5]。C^* 有很强的分子量依赖性，分子量越高，C^* 越小。因此，测定高、超高分子量的高分子溶液黏度时，需保证溶液浓度在 C^* 之下。

三、实验内容及其实施方案

实验内容包括冷冻聚合制备水溶性高分子和表征分子量两个部分。内容看似简单，但是要高质量完成，需要结合理论知识确定合适的实验条件，同时需要解决许多技术难题。

1. 引发体系的选择

冷冻聚合在低温下进行，自由基必须以合适的速率生成，因此氧化还原引发体系是首选。对于丙烯酰胺的聚合，过硫酸铵（APS）和四甲基乙二胺（TMEDA）是合适的。对于丙烯酸（AA）的聚合，TMEDA会与AA反应，还原能力降低，因此需使用抗坏血酸作为引发体系的还原组分。理解这种选择，就必须了解两种氧化还原对的引发机理。

2. 丙烯酰胺的精制

可使用氯仿或水作为溶剂，利用重结晶法进行丙烯酰胺的精制。使用氯仿，收率高，纯化单体易干燥，纯度较高。但是，氯仿易挥发，过滤过程中母液易析出晶体，丙烯酰胺还有一定的皮肤过敏性。因此，建议在通风柜中进行结晶操作，使用一次性薄膜手套。过滤时，采取少量多次、保持溶液温度和使用漏斗加热套等方式，保证过滤的顺利。在实验开设的初期，学生们还使用过预热的漏斗，并及时更换，有条不紊地进行实验操作。重结晶的母液留给下组学生使用，最后一组学生将其倒入含卤溶剂废液桶中，养成了良好的环保意识。

3. 聚合低温环境的获取

长时间保持恒定的低温环境，不是冰水浴和低温盐浴所能达到的。在没有低温反应浴的情况下，冰箱的冷冻室或冰柜是低温环境的较好选择。为此，学生们使用低温温度计和低温传感器，通过反复测量，标定了冰箱冷冻室的温度和控制旋钮的位置关系。

4. 痕量引发剂的准确获取

为探讨引发剂浓度对分子量的影响，需进行不同条件下的冷冻聚合，如表6.1所示。

表6.1　丙烯酰胺冷冻聚合的试剂用量

丙烯酰胺(g)	蒸馏水(mL)	过硫酸铵(mg)	四甲基乙二胺(mg)
0.53	5.00	1.15	1.15
0.53	5.00	1.55	1.55
0.53	5.00	2.30	2.30
0.53	5.00	3.45	3.45
0.53	5.00	4.60	4.60

如何用0.1 mg乃至1 mg精度的天平准确称取如表6.1所需量的引发剂？学生们设计了两种方法，一是配制以mg/g为单位的引发剂的水溶液，再采用增量法称量；二是配制以mg/mL为单位的引发剂的水溶液，再采用移液法获取。通过对比，学生们发现，利用电子分析天平，前者更为方便。为了减少称量误差，并结合物料混合情况，学生们通过计算选择较为合适的引发剂浓度，并计算出需要加入的引发剂溶液质量，列入表6.2。实验教学时，指导老师讲明称量要求，具体过程是由学生们独立完成的。

表 6.2 冷冻聚合的物料量和温度(实验记录一)

物料加入量				聚合温度
AM(g)	额外的水(mL)	APS 溶液(mL)[a]	TMEDA 溶液(mL)[b]	

a. APS 溶液的浓度：　　　(请记录)；b. TMEDA 溶液黏度：　　　(请记录)

5. 物料混合和封管

丙烯酰胺溶解于水时放热，而且质量分数为 15% 的丙烯酰胺水溶液会发生自聚，短时间内溶液失去流动性，这是学生在实验过程观察到的。因此额外水的量和单体的溶解温度需注意，操作之前额外水的加入量已由学生算出，溶解和混合物料时学生已经准备好冰浴。对于引发剂的加入顺序，学生们选择了先加 TMEDA 溶液，除考虑到 KPS 能独自产生自由基外，一些学生的失败尝试也验证了这种选择的正确性。对于这种明知是失败的尝试，授课老师不应该去阻止。

聚合的容器是细长的玻璃聚合管。当将不同引发剂溶液加入时，开始时不少学生不留意物料的充分混合。聚合结束，玻璃管上部有凝胶状产物形成，下部仍是可流动的单体溶液。在实验讲评时和以后的教学中，我们把不同外观的产品展示给学生观看，启发他们分析问题发生的原因，使学生们了解在细长管内均匀混合物料的有效方法。

聚合管不密封，聚合可正常进行，但是表层产物不透明，应弃去。正规的封管方式是熔融密封，但是过程较为复杂。学生们想出一些简单可行的密封方式，如聚合管开口处套小段橡皮管，橡皮管上加旋夹，聚合时旋紧。

6. 特性黏数的测定

特性黏数表征高分子的分子量，其理论依据是高分子的溶液性质和高分子溶液的流变性质，需要在稀溶液和极稀溶液中进行[6]。所谓的稀溶液，是高分子浓度低于临界缠结浓度(C^*)的溶液，而 C^* 有很强的分子量依赖性。因此，在测定特性黏数之前，引导学生查阅相关文献，确定待测高分子溶液的起始浓度(C_0)的估算值。

以过硫酸钾(KPS)和抗坏血酸(ASA)为引发体系，丙烯酸和水的体积比为 1∶2，设定 $[KPS]_0=[ASA]_0=0.958$ mg/mL，考察聚合温度和引发剂浓度对聚丙烯酸分子量的影响。以 0.1 mol/L 的 NaOH 水溶液作为溶剂，测定聚丙烯酸的特性黏数。根据文献提供的 $M_\eta \sim [\eta]$ 经验式[7]，$[\eta]=3.38\times10^{-3}\times P^{0.43}$($P$ 为聚合度，$[\eta]$ 的单位为 L/g)，可计算出 M_η。对于具有最高 $[\eta]$ 值(0.714 L/g)的聚丙烯酸，$M_\eta=2.4\times10^7$，超过经验式的分子量适用范围，所以仅以特性黏数来比较聚合产物的分子量，如图 6.1 所示。

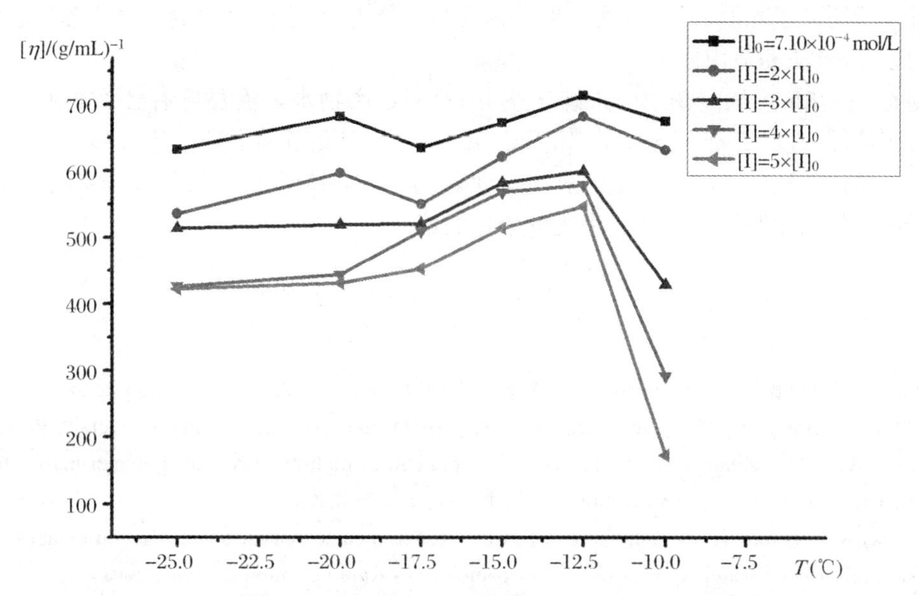

图 6.1　冷冻聚合法制备的聚丙烯酸特性黏数([η])对聚合温度的依赖性

四、实验的思考和拓展

在整个实验课的教学过程中,我们积极引导学生思考实验所涉及的理论知识和实验技术的问题,鼓励他们提出解决方案并勇于实践,通过实践验证自己的设想,在实践中锻炼应用知识、提出问题、分析问题和解决问题的能力,取得了良好的教学效果。

问题 1　Mayo 方程对本实验的指导作用是如何体现的?了解聚合方式与分子量大小及其分布的关系,并用基础知识加以解释。(解答略)

问题 2　查阅文献,理解冷冻聚合的特点,分析其应用前景。(解答略)

问题 3　在实验过程中往往会遇到实验条件不齐备的情况,结合本实验和其他高分子化学实验遇到的同类问题,提出解决问题的变通方法。

解答　苯乙烯单体的精制需使用减压蒸馏操作,实验室能够提供的减压设备是真空循环水泵,学生们观察到其真空计读数不准确,同时无缓冲装置,不易控制实验操作。学生们想出了一些行之有效的方法,提高了纯单体的收率,节约了操作时间。搭好减压蒸馏装置后,空抽检查气密性和水泵真空计的最高读数。维持最高真空计读数后,缓缓加热,直至液体沸腾、有馏分凝出,这样可以防止液体暴沸溢出。粗品苯乙烯所含杂质为阻聚剂,洗涤后基本为纯净物,因此不需要收集过多前馏分。

问题 4　查阅资料,加深对高分子稀溶液理论的了解,阐明黏度法测定分子量对溶液浓度要求的理论依据。

解答　常见的高分子物理教科书对临界缠结浓度(C^*)描述很少,无 C^* 计算公式,需要学生查阅文献[6]。

问题 5　本实验能够获得不同分子量的聚丙烯酰胺和聚丙烯酸。欲建立更宽分子量范围的 $M_\eta \sim [\eta]$ 的经验关系式,我们还需完成哪些工作?

解答 采用静态光散射方法，测定聚合物的绝对分子量，这需要学生了解静态光散射测定分子量的原理、方法和适用性。

问题6 如在聚丙烯酰胺中引入疏水组分，对测定产物水溶液黏度有什么影响？测定聚丙烯酸水溶液的浓度，二价金属离子（如 Ca^{2+}）的引入会对测量结果产生什么影响？

解答 通过对高分子溶液性质的进一步理解，学生们知道黏度法表征分子量的溶液条件，明白分子链之间的相互作用会导致表观分子量的偏高。

参考文献

[1] Odian G. Principles of Polymerization [M]. Fifth Edition. Hoboken: John Wiley & Sons Press, 2004.

[2] Flory P J. Principles of Polymer Chemistry [M]. Ithaca and London: Cornell University Press, 1953.

[3] Wan F, He W D, Zhang J, et al. Scale-up development of high-performance polymer matrix for DNA sequencing analysis [J]. Electrophoresis, 2006, 27: 3712 - 3723.

[4] Lozinsky V I, Ivanov R V, Kalinina E V, et al. Redox-initiated radical polymerisation of acrylamide in moderately frozen water solutions [J]. Macromolecules Rapid Communication, 2001, 22: 1441 - 1446.

[5] (a) Viovy J L, Duke T. DNA electrophoresis in polymer solutions-Ogston sieving, reptation and constraint release [J]. Electrophoresis, 1993, 14: 322 - 329. (b) 周丹，王延梅. 毛细管电泳无胶筛分介质分离 DNA 的机理[J]. 化学进展，2006，18(7/8)：987 - 994.

[6] Gusev D G, Lozinsky V I, Bakhmutov V I. ^{1}H-NMR and ^{2}H-NMR studies of the formation of cross-linked polyacrylamide cryogels [J]. European Polymer Journal, 1993, 29: 49 - 55.

[7] Brandrup J, Immergut E H, Grulke E A. Polymer Handbook [M]. Fifth Edition. New York: John Wiley & Sons, 1999.

[8] 杨海洋，朱平平，何平笙. 高分子物理实验 [M]. 2 版. 合肥：中国科学技术大学出版社，2008.

[9] 大森英三. 丙烯酸酯及共聚合物 [M]. 朱传棨，译. 北京：科学工业出版社，1987.

实验五十二 自由基共聚反应竞聚率的测定

一、实验开设的目的

共聚反应是由多种单体参与的、生成含多种重复结构单元的聚合反应，其产物称为共聚物。共聚物可分为无规共聚物、交替共聚物、嵌段共聚物和接枝共聚物四种类型。通过共聚反应的研究能够确定单体、自由基、碳阳离子和碳阴离子的活性，通过共聚还可以改进聚合物的性能，从而可以得到性能各异、种类繁多的高分子材料。

多种单体同时参与共聚反应，生成的产物基本上是无规共聚物，共聚物的组成分布和序列结构分布强烈依赖于共聚单体的竞聚率。尽管在聚合物手册上能查到共聚单体对的竞聚率、单体的 Q 值和 e 值，但是对于一种新的单体或者一个新的共聚反应，需要测定出它的竞聚率数据，由此推知共聚物的结构信息。测定共聚反应竞聚率的理论依据是共聚组成方程的微分式或积分式，两者对单体转化率的要求不一样，合成实验进行的方式有差异，数据处理也不一致。

测定共聚反应竞聚率，有必要分离出纯净聚合产物，并对聚合产物的化学组成进行准确的测定，由此需要借助不同的化学成分分析技术，了解它们的原理、仪器操作和实验结果的解析。

通过本实验，强化学生对基本理论适用范围的认识以及对核磁共振氢谱技术的掌握。

二、实验的背景知识

共聚物组成与单体浓度和单体的竞聚率有关，其关系可用共聚组成方程的微分式和积分式来表示。共聚组成方程的微分式表示在共聚反应的某一时刻，瞬时生成共聚物的组成与该时刻单体组成之间的关系，其成立条件为链增长反应不可逆，增长链自由基的活性仅仅取决于末端单元种类。就转化率而言，共聚组成微分方程的适用范围是低的转化率变化，如从反应开始到5%的单体转化率，这是因为此条件下物种的浓度可视为常数。

$$\frac{d[M_1]/dt}{d[M_2]/dt}=\frac{[M_1](r_1[M_1]+[M_2])}{[M_2](r_2[M_2]+[M_1])}\quad\Rightarrow\quad\frac{\overline{n_1}}{n_2}=\frac{[M_1](r_1[M_1]+[M_2])}{[M_2](r_2[M_2]+[M_1])}$$

在共聚组成方程的积分式中，等式左侧代表单体的总转化率，等式右侧的数学式很复杂，同时 f_1 和 f_2 代表的是某个时刻不同结构单元在共聚物的摩尔分数，而它们的值需结合各单体的转化率通过复杂计算才能得到。总之，利用共聚物组成方程积分式测定竞聚率，虽然可以简化聚合实验，但是需要更多的结构和组成分析，还需要借助计算程序，计算量很大。

$$1-\frac{M}{M_0}=1-\left[\frac{f_1}{(f_1)_0}\right]^{\alpha}\left[\frac{f_2}{(f_2)_0}\right]^{\beta}\left[\frac{(f_1)_0-\delta}{(f_1)_0}\right]^{\gamma}$$

测定共聚反应的竞聚率，首先要确定单体的组成，如果取共聚起始时刻作为测定的起点，则单体的投料比为起始的单体摩尔比（$X=[M_1]/[M_2]$）；在低的转化率下（<5%）停止共聚反应，分离出共聚产物，使用核磁共振谱、红外光谱和元素分析等手段，测定出共聚物的平均组成（$\overline{m_1}/\overline{m_2}$），以此作为共聚产物的瞬时组成（$Y=d[M_1]/d[M_2]$），将共聚组成的微分方程改写为竞聚率之间的函数式，得

$$\frac{X(Y-1)}{Y}=\frac{X^2}{Y}r_1-r_2$$

令 $G=X(Y-1)/Y$，$F=X^2/Y$，得到

$$G=r_1F-r_2$$

以不同单体组成，进行多次共聚实验，得到至少六组（F，G）值，以 G 对 F 作图，利用 Orign 软件通过最小二乘方法进行数据处理，从斜率和截距可以分别得到 r_1 和 r_2。这就是竞聚率测定的 Fineman-Ross 作图法。[1]

在二元共聚中，数据处理时两个单体应该是对称的，即对换数据处理的自变量和因变量，得到的竞聚率结构应该是一致的；但是 Fineman-Ross 作图法在对换单体序号时，得到两组竞聚率数据会相差较大，这是该法的缺陷之一[2,3]。此外，数据处理时使用新变量 G 和 F，组成的误差以非线性的方式引入新变量中，因此最终使用的线性最小二乘方法不合适，但是使用非

线性最小二乘方法处理数据，过程很复杂，采用的很少[2,3]。

Kelen 和 Tüdos 引入三个变量[4]：$\eta = G/(\alpha + F)$、$\zeta = F/(\alpha + F)$ 和 $F = (F_m \times F_M)^{0.5}$，对 $G = X(Y-1)/Y$ 进行变换，得

$$\eta = (r_1 + r_2/\alpha)\zeta - r_2/\alpha$$

其中，F_m 和 F_M 分别为实验数据中 F 的最大值和最小值，以 η 对 ζ 作图，则在 $0 \leqslant \zeta \leqslant 1$ 内，数据点均匀分布。由 $\zeta = 1$，得到竞聚率 r_1；由 $\zeta = 0$，得到竞聚率 r_2。变换单体序号，得到的竞聚率结果能够保持一致。[5]

完成一个完整的高分子合成实验，不是只涉及瓶瓶罐罐中的化学反应，也不是只有合成实验的操作和技巧，还涉及对产物的结构分析和表征，以及对实验数据的分析和处理，因此需要具备数学基础，熟悉常见的结构成分分析技术。

三、实验内容及其实施方案

实验内容包括共聚反应、测定共聚物的组成和数据处理三个部分。

1. 共聚反应

以苯乙烯(St)和甲基丙烯酸甲酯(MMA)为例。为了排除溶剂对共聚反应的影响，选择本体聚合方式，以过氧化苯甲酰作为引发剂，在封管进行共聚反应。聚合温度设定在 60 ℃，聚合时间约 30 min。

按照表 6.3 配制出单体混合物，每个配比的单体混合物质量为 5.00 g，然后加入 5 mg 过氧化苯甲酰，搅拌使引发剂溶解。按照第一章所述封管聚合的方法，将单体混合液加入到封管中，加入一颗小磁子，封管后，置于 60 ℃油浴中，电磁搅拌，反应 30 min。

待封管充分冷却后，小心敲开封管，取少许混合液做核磁氢谱分析，以测定单体的总转化率(问题 1)；余下部分准确称重后(问题 2)，以 100 mL 乙醇为沉淀剂得到共聚产物，过滤，用乙醇充分洗涤沉淀，必要时可以重新溶解—沉淀，进行进一步纯化。最后，在 50 ℃真空烘箱中干燥 6 h，计算共聚物的收率(问题 3)。

表 6.3 苯乙烯-甲基丙烯酸甲酯共聚反应

编号	X(St/MMA) 单体摩尔比	St(g)	MMA(g)	转化率	Y(St/MMA) 共聚物组成	F	G	η	ζ
1	9/1								
2	8/2								
3	7/3								
4	6/4								
5	5/5								
6	4/6								
7	3/7								
8	8/2								
9	1/9								

2. 测定共聚物的组成

对于聚苯乙烯-co-甲基丙烯酸甲酯,使用核磁共振氢谱可以确定出共聚物的组成。以氘代氯仿为溶剂,在核磁共振氢谱中,苯乙烯结构单元的苯环质子峰和甲基丙烯酸甲酯结构单元的甲氧基质子峰可作为特征峰。但是,苯环的质子峰分为两组,其中之一与氘代氯仿的溶剂峰有重叠,需分开积分。与小分子化合物相比,聚合物的核磁共振信号相对较宽、强度较弱,这与高分子链运动特性相关。各类质子皆处于高分子链中,同类的质子所处的化学环境因高分子的结构特点而存在细微差异,因此导致信号峰变宽;受高分子链运动缓慢的限制,质子运动的弛豫时间相对较长,因此信号强度变弱。要想获得理想的聚合物核磁共振谱,聚合物的浓度不宜过大,特别在核磁溶剂不是聚合物较好的良溶剂情况下,其缘由可从高分子溶液理论中寻找(问题 4)。

对于其他类型的共聚体系,可采取其他的成分分析手段测定出共聚物的组成。例如,对丙烯腈与苯乙烯的共聚物,可以通过元素分析法测定氮元素的含量,由此得到共聚物的组成。红外光谱也是进行仪器定量分析的常用方法,在测定共聚物组成之前,需确定不同结构单元的特征信号峰,由两种均聚物的混合物的红外光谱图,确定组成与特征信号峰强度比的工作曲线,分析过程较为复杂(问题 5)。

3. 数据处理

将实验的原始数据和计算数据列入表 6.3 中,以 G 对 F 作图、η 对 ξ 作图,得到不同的竞聚率结果;再将单体对的序号对换,重复计算。比较不同的计算结果。

四、实验的思考和拓展

问题 1 查阅文献资料,了解苯乙烯、甲基丙烯酸甲酯及其聚合物各类质子的核磁共振氢谱的化学位移,提出利用核磁共振氢谱确定单体总转化率的方法。

问题 2 如何测定封管中剩余共聚混合液的质量?请预先设计好实验方案。

问题 3 可否用共聚物的收率代替单体总转化率?为什么?(提示:在聚合物的沉淀纯化过程中,因沉淀剂的选择和沉淀条件,一些低分子量的聚合物有可能在沉淀条件下依然处于溶解状态,如何避免?这涉及高分子物理的相关知识。)

问题 4 从高分子的溶液理论,分析确定聚合物核磁共振氢谱的溶液条件。查阅文献,了解利用双亲性共聚物的核磁共振氢谱确定其胶束化行为的理论依据。

问题 5 查阅文献,了解共聚物组成测定的其他方法。

参考文献

[1] Fineman M, Ross S D. Linear method for determining monomer reactivity ratios in copolymerization [J]. Journal of Polymer Science, 1950, 5(2): 259 - 262.

[2] Tidwell P W, Mortimer G A. An improved method of calculating copolymerization reactivity ratios [J]. Journal of Polymer Science Part A-General Papers, 1965, 3: 369 - 387.

[3] Tidwell P W, Mortimer G A. Science of determining copolymerization reactivity ratios [J]. Journal of Macromolecular Science-Reviews in Macromolecular Chemistry, 1970, 4: 281 - 287.

[4] Kelen T, Tudos F. Analysis of linear methods for determining copolymerization reactivity ratios. 1. new improved linear graphic method [J]. Journal of Macromolecular Science-Chemistry, 1975, A9 (1): 1-27.
[5] 方月娥,韩艳春,赵霞,等.谷氨酸乙酯-NCA与谷氨酸苄酯-NCA共聚反应和竞聚率的测定[J].安徽大学学报(自然科学版),1997,1: 93-97.

实验五十三　纳米药物载体的制备和药物释放

一、实验开设的目的

一个课题的完成涉及许多基础理论知识和实验技能,需要依据课题的具体情况,灵活运用所学。本综合性实验关联到的基础知识有:① 内酯开环聚合的机理,为了得到结构确定、分子量分布窄的嵌段共聚物 PEG-b-PCL,需严格控制 PEG-OH、$Sn(Oct)_2$ 和单体的相对用量,对聚合机理的了解有助于确定合适的聚合条件;② 嵌段共聚物的自组装,在非选择性溶剂中两亲性嵌段共聚物可以自组装成不同结构的聚集体,包括球状胶束、囊泡等,溶剂的性质、嵌段共聚物的组成和长度、混合条件和温度等对自组装过程皆有影响;③ 表/界面的物理化学性质,两亲性化合物具备特殊的表/界面性质,包括溶液中的胶束化行为和本体中的界面增容。

本综合性实验关联到的表征分析方法有:① 核磁共振氢谱,通过化学位移和积分高度,可以确定嵌段共聚物的组成;通过质子弛豫时间,可以得知链段运动信息,从而了解嵌段共聚物的自组装过程;② 紫外可见光谱,紫外可见光谱是定量分析的常用谱学方法,确定工作曲线时特别要关注吸光度-浓度的依赖关系,确定线性关系的浓度范围;③ 动态光散射,该技术是测定纳米分散物尺寸的有效方法,通过对散射光频率分布的测定获知散射高分子链或扩散粒子的平动扩散系数,进一步推知散射点的流体力学尺寸;对高分子而言,由于链段的溶剂化作用程度不同,高分子链的构象存在差异,因此测得的流体力学尺寸也能反映出高分子链的构象情况,同时流体力学尺寸与电镜测定的尺寸不尽相同。

在进行实验之前,需要根据已有知识,确定共聚物的结构,设计好合成路线、合成步骤和实验方案。

二、实验的背景知识

高分子载体药物是药物学、生物材料科学和临床医学相结合而发展出的给药技术。虽然小分子药物具有疗效高、使用方便等优点,但是存在许多不利:① 小分子药物在给药后的短时间内,血液中药物的浓度往往高于治疗所需浓度,有时甚至高于最低中毒浓度;② 有些小分子药物在人体内代谢速度快、半衰期短、易排泄,血药浓度会很快降低到最低药效浓度;③ 药物在体内缺乏选择性,对正常器官和组织造成伤害。

高分子载体药物是以高分子作为载体,通过分子间弱相互作用和化学键合或者制剂结构设计,形成的具有控制药物释放功能的药物制剂。高分子载体药物在具备延长药物作用时间和降低药物毒性特点的同时,还应该具备选择性释放的特点,即载体把药物输送到体内确定的部位(靶向作用)(问题1)和按需释放(响应性释放)(问题2)。作为载体的高分子材料必须满足组织、血液、免疫等生物相容性的要求,应用于静脉给药的高分子载体还应具备生物可降解性和生物可吸收性,不会在体内长时间积累。目前,天然高分子(如淀粉、纤维素和甲壳素)和合成高分子(如聚乳酸、合成多肽等)被用作高分子载体,而两亲性高分子材料因其独特的理化性质以及在胶束、微球、载药膜等新型给药系统中的优异表现而受到了广泛的关注[1,2]。

双亲性聚合物由于各个链段对选择性溶剂的亲和性不同,所以能够在这些溶剂中发生缔合形成聚合物胶束。与小分子表面活性剂这类两亲性化合物相比,双亲性聚合物具有很低的临界胶束浓度,聚合物胶束有较大的增溶空间,胶束结构相对稳定。依据聚合物疏溶剂链段的化学结构和性质,可以通过化学、物理或静电作用等方法包裹药物,也可实现环境响应的解聚以促进药物的释放,还可以对胶束进行化学修饰以增强胶束稳定性和环境响应能力。因此,双亲性聚合物在药物载体领域具有广泛的应用前景[3,4]。

聚 ε-己内酯(PCL)具有生物相容性和生物降解性,已被广泛应用于生物医学领域,如组织医学工程和药物释放体系。聚己内酯的结晶度较高,不易降解,体内的循环时间短。作为药物载体,疏水的 PCL 纳米颗粒在体内液体环境中的分散稳定性低,且易被网状内皮细胞捕获,因此对 PCL 纳米颗粒进行表面亲水修饰是必要的[5]。聚乙二醇(PEG)是具有优良生物相容性的非离子型水溶性聚合物,是被允许使用的人体植入材料。使用 PEG 对 PCL 进行嵌段改性,能够改善材料的生物降解性、延长体内循环时间,并对药物释放起到调控作用[6]。

三、实验内容及其实施方案

1. 合成

以聚乙二醇单甲醚(PEG-OH)为引发剂,在辛酸亚锡($Sn(Oct)_2$)的催化下,合成聚乙二醇-b-聚己内酯(PEG-b-PCL)两亲性嵌段共聚物,如反应式(6.2)所示。通过核磁共振氢谱确定共聚物的组成和嵌段长度,利用凝胶渗透色谱表征共聚物的分子量分布。

$$CH_3O[CH_2CH_2O]_nCH_2CH_2OH + \varepsilon\text{-caprolactone} \xrightarrow[130\ ^\circ C]{Sn(Oct)_2} CH_3O[CH_2CH_2O]_nCH_2CH_2O[C(=O)(CH_2)_5O]_mH \quad (6.2)$$

PEG-OH　　　　PEG-b-PCL

(1) 试剂纯化

在己内酯开环聚合中,微量水的存在会延缓聚合反应、降低分子量,并导致分子量分布变宽(问题3),因此需对单体、引发剂和聚乙二醇进行除水、纯化处理。

聚乙二醇具有良好的亲水性,长时间放置会吸收一定水分,除水的方式有直接真空干燥和甲苯共沸蒸馏两种方法。采用直接真空干燥法时应留意 PEG 的熔化温度,后者更适合于己内酯的溶液开环聚合。辛酸亚锡也还含有微量水分,且辛酸亚锡容易被空气中氧和水蒸气氧化分解，因此可考虑用甲苯稀释后加入氢化钙，低温搅拌充分反应，减压蒸馏除去部分甲苯。己内酯经氢化钙搅拌后，减压蒸馏。

(2) 嵌段聚合物的合成

选用数均分子量为2000的PEG-OH，设计合成PCL嵌段分子量分别为4000和8000的PEG-b-PCL，PEG-OH的用量为1.0 g，辛酸亚锡的用量宜不低于PEG物质的量的1/10(问题4)，根据设计的分子量并假定单体转化率为80%，计算出己内酯的需要量。称取所需试剂，将数据记录于表6.4中。

由于物料量少，建议使用封管进行聚合；聚合温度设定在130 ℃，处于单体、聚合物的熔点之上；为保证物料混合和聚合均匀，封管内加入一颗小磁子。聚合时间约需3.5～4 h，聚合结束后冷却、切开封管，用少量四氢呋喃溶解固体，倾出溶液，再用四氢呋喃清洗封管，尽量收集产物，建议溶剂总量不超过8 mL。尝试乙醚、甲醇和乙醇等溶剂作为沉淀剂，确认最佳沉淀剂和沉淀温度，进行共聚物的沉淀纯化，纯化的目的在于除去未反应单体和聚乙二醇(问题5)。

表6.4 聚乙二醇-b-聚己内酯的合成

编号	PEG-2000 (g)	$Sn(Oct)_2$		CL	转化率[a]	共聚物		
		溶液体积 (mL)	物质的量 (mol)			EG/CL[b]	N_{CL}[b]	M_w/M_n[c]
1	1.0							
2	1.0							

a. 由质量法测定；

b. 共聚物乙二醇和己内酯结构单元摩尔比(EG/CL)和聚己内酯嵌段的聚合度(N_{CL})，由核磁氢谱测定；

c. 分子量分布指数，由凝胶渗透色谱测定。

2. 结构表征

以氘代氯仿为溶剂，测定聚乙二醇和纯化的嵌段共聚物核磁共振氢谱图，确定共聚物中乙二醇和己内酯的摩尔比，确定聚乙二醇和聚乙二醇-b-聚己内酯的核磁分子量。嵌段共聚物的核磁分子量可通过两种数据处理方式求得，其一结合PEG的分子量和EG/CL摩尔比，其二是核磁的端基分析。对所测得的核磁共振氢谱进行峰的归属和数据分析，给出第二种数据处理方式的实验步骤。

以四氢呋喃为流动相，做不同聚合物的GPC测试，观察峰形，获得分子量分布指数，了解聚合和纯化情况。

3. 纳米药物的制备和药物释放

取100 mg嵌段共聚物PEG-b-PCL，溶解于10 mL的THF中，加入一定量的双氯芬酸(50～100 mg，数据列入表6.5中)，搅拌，得到澄清溶液。取200 mL蒸馏水，置于烧杯中，在电磁搅拌下，使用注射泵在1 h内将上述四氢呋喃溶液缓慢加入蒸馏水中，观察体系的变化。

表 6.5　纳米药物的制备和药物释放

编号	PEG-b-PCL (mg)	双氯芬酸 (mg)	药物负载率[a]	药物释放率(3 h,37 ℃)[b]		
				pH=7.0	pH=8.0	pH=9.0
1	100					
2	100					
3	100					
4	100					
5	100					

a. 药物负载量/药物加入量；

b. 药物释放量/药物负载量。

如体系出现不溶物，或过滤，或离心，除去固体物质，得到半透明至白色分散液，进行如下表征和测试：

(1) 粒径测定：取少量分散液，经适当稀释，使用激光粒度测定仪测定分散液中载药颗粒的粒径。

(2) 药物释放：取 10 mL 载药颗粒分散液，装入半透袋中，置于不同 pH 的磷酸缓冲溶液(200 mL)中，温度设定为 37 ℃，经 3 h 后，测定缓冲溶液的吸光度。

(3) 药物负载量测定：剩余载药颗粒分散液(准确测定体积或质量)经冷冻、干燥完全除去水分，得到固体溶解于 pH=9.0 的缓冲溶液，过滤除去固体，用容量瓶定容，进行紫外分析。

使用不同 pH 的磷酸缓冲溶液配置一定浓度的双氯芬酸溶液，利用紫外-可见光谱测定缓冲溶液中的双氯芬酸的含量，需建立工作曲线，即建立不同缓冲溶液中双氯芬酸浓度和吸光度的定量关系。参阅分析化学实验和文献资料，设计实验方案，做出紫外分析的工作曲线。

四、实验的思考和拓展

问题 1　对肿瘤药物而言，需要其特异作用于肿瘤部位，而对正常组织和细胞无作用，但是常规药物在体内呈非特异分布，正常组织和细胞中也会有肿瘤药物。肿瘤细胞和正常细胞在细胞结构和化学组成上存在差异，以此可实现肿瘤药物的特异性作用，查阅文献，了解高分子载体肿瘤药物的靶向作用的原理和具体方法。

问题 2　糖尿病(diabetes)的基本症状是血糖浓度过高，胰岛素能有效降低血糖浓度，所以糖尿病病人需定时注射胰岛素。体内的血糖浓度随时间而变化，要求胰岛素的浓度能适应这种变化，因此人们设计出响应性的胰岛素载药体系。查阅文献，了解这方面的研究进展。

问题 3　查阅己内酯开环聚合的文献，了解聚合机理，解释微量水对聚合反应的影响。

问题 4　查阅文献，了解辛酸亚锡和 PEG-OH 在己内酯开环聚合中的真正作用，解释控制辛酸亚锡用量的原因。

问题 5　根据纯化目的，需要了解单体、聚乙二醇和共聚物的溶解性质的差异，从文献资料和尝试实验中，你确定的最佳沉淀纯化条件是什么？为什么会如此？

参考文献

[1] Allen C, Maysinger D, Eisenberg A. Nano-engineering block copolymer aggregates for drug delivery [J]. Colloids and Surfaces B-Biointerfaces, 1999, 16(1-4): 3-27.
[2] Kataoka K, Harada A, Nagasaki Y. Block copolymer micelles for drug delivery: design, characterization and biological significance [J]. Advanced Drug Delivery Reviews, 2001, 47(1): 113-131.
[3] de Groot J H, Zijlstra K T, Kuipers H W, et al. Meniscal tissue regeneration in porous 50/50 copoly (L-lactide/epsilon-caprolactone) implants [J]. Biomaterials, 1997, 18: 613-622.
[4] Mora-Huertas C E, Fessi H, Elaissari A. Polymer-based nanocapsules for drug delivery [J]. International Journal of Pharmaceutics, 2010, 385(1-2): 113-142.
[5] 邵芳可,施斌,张琰.聚乙二醇-聚己内酯的合成及其自组装纳米粒子的理化性质 [J].复旦大学学报(自然科学版),2008,47(4): 419-423.
[6] 樊国栋,杨锐,程蝉,等.H型两亲性嵌段共聚物的合成与表征 [J].塑料,2011,40(2): 46-49.

实验五十四 pH和温度双重敏感高分子的制备和性质

一、实验开设的目的

环境响应性高分子能感知环境刺激并作出反应,是一类智能性材料,受到科学界和工业界的广泛关注。环境刺激可以分为两大类,一是物理因素,包括热、光、电、磁和力;二是化学因素,包括pH、盐浓度和化学物质等。当高分子由具有不同响应性的嵌段构成时,就可以对两种或者两种以上外界环境刺激同时作出响应,形成多重响应性的高分子材料。

构建多重响应性高分子的方法有多种:嵌段和接枝属于纯化学法,不同组分间以化学键结合,相分离的尺度在微观上,因而组分的分布相对均匀;简单的物理共混法,由于不同组分的不相容性,难以获得混合均一的多重响应性高分子体系,对环境的响应性也会是各向异性的;互穿聚合物网络法,不同组分以各自独立的交联结构相互贯穿,达到纳米尺度的均匀混合,但是组分间不存在化学键连接,因而是独特的化学/物理构建法。

在本实验中,以聚丙烯酸作为pH响应性组分,以Lutrol® F127(聚环氧乙烷-b-聚环氧丙烷-b-聚环氧乙烷)作为温度响应性组分,通过在Lutrol® F127上接枝聚丙烯酸构建双重响应性高分子。在过氧化物作用下,Lutrol® F127的叔碳被氧化而形成自由基,可引发丙烯酸单体发生接枝聚合,产物中有接枝共聚物和线形均聚物,在不影响性能的情况下不需要分离纯化。对于温度/pH双重响应性高分子,在不同条件下体系的温度或者pH响应性行为会存在差异。

二、实验的背景知识

环境响应性高分子在外界环境的刺激下产生结构上的变化,导致其性质产生改变,这种对环境变化而产生响应的性能被称为环境响应性(responsiveness)或者环境敏感性(sensitivity)。这些外界刺激包括温度、pH、离子强度和特异化学物质等与生理活动相关的因素,也包括电场、磁场、力场和光等因素;结构变化涉及化学结构、交联结构和聚集态结构等方面。这类智能材料受到广泛的关注,在控制释放体系、记忆元件开关、传感器、分子分离体系和活性酶的包埋等方面具有巨大的应用前景[1-3]。

温度响应性高分子一般含有疏水性基元和亲水性基元,其整体对水的亲和性随温度而有明显变化,微观上导致高分子链的构象发生变化,宏观上引起体积的改变。大多数温度响应性高分子的亲水性基元基本上是因氢键作用而具备良好的亲水性,疏水基元则是较小的烃基,因而在室温下温度响应性高分子表现出良好的亲水性,非交联的能够溶解在水中,高分子链呈舒展的线团构象,交联高分子(水凝胶)能够吸纳大量水分。当温度升高时,温度响应性高分子与水的氢键作用削弱,疏水基元的疏水缔合作用占主导地位,非交联的不再以分子状态溶解于水,高分子链呈塌缩的线团构象,分子链间的聚集程度严重,交联高分子难以容纳较多的水分。因此,这一类温度响应性高分子随温度变化皆会发生相转变行为,对应于存在低临界溶解温度(lower critical solution temperature,LCST),在此温度以上高分子链表现为疏水。典型的这类高分子有聚 N-异丙基丙烯酰胺(poly N-isopropylacrylamide,PNIPAM)、聚甲基乙烯基醚、聚乙烯基己内酰胺(PVCL)和环氧乙烷与环氧丙烷的嵌段共聚物等,其 LCST 因高分子结构不同而存在差异,详见表 6.6。

表 6.6　纳米药物的制备和药物释放

名　　称	缩写	LCST(℃)
聚 N-异丙基丙烯酰胺	PNIPAM	32
聚甲基乙烯基醚	PVME	40[a]
聚乙二醇或聚环氧乙烷	PEG 或 PEO	120
聚 1,2-丙二醇或聚环氧丙烷	PPG 或 PPO	50
聚乙烯醇	PVA	125
聚乙烯基吡啶	PVP	160
聚 N,N-二乙基丙烯酰胺	PDEA	32～34
环氧乙烷与环氧丙烷的嵌段共聚物	PEO-b-PPO	20～85

a. 也有文献称 37 ℃。

具有高临界溶解温度(upper critical solution temperature,UCST)的温度响应性高分子基本上是高分子聚电解质,如丙烯酸-丙烯酰胺的共聚物、聚磺丙基甜菜碱丙烯酰胺和聚磺基甜菜碱丙烯酸酯,后两者为两性离子聚合物,阴离子官能团为季铵离子,阳离子官能团为磺酸根。

最常见的 pH 敏感性高分子是聚电解质,利用酸、碱基团的电离平衡来改变高分子的溶解度,侧基为可逆进行质子化-去质子化的羧酸根和氨基,其平衡常数一般不高,因此在不同 pH 水溶液中使高分子的亲水性存在差异。如聚(甲基)丙烯酸,当 pH 较高时,羧基电离程度上升,亲水性强的羧酸根离子占优势,故亲水性增强;当 pH 较低时,羧酸根质子化,亲水性弱的羧基占优势，故疏水性增强。对聚甲基丙烯酸N，N-二甲氨基乙酯而言，叔氨基在酸性条件下质子化为铵离子，亲水性增加；在碱性条件下，铵离子去质子化，叔氨基的亲水性相对较弱，因而高分子链的亲水性降低。聚乙烯基吡啶、聚赖氨酸、聚乙烯基亚胺、甲壳胺和聚谷氨酸也属于这类酸碱响应性高分子，可逆响应pH变化是它们的共同特征。诸如缩醛（酮）和席夫碱等基团，当pH改变时，结合键发生不可逆的断裂，含有这些基团的高分子具备不可逆的pH响应性。[4]

光敏性高分子的主链或者侧链含有光致异构化的功能结构，在适当波长的照射下，或发生构型转变（如偶氮苯基团），或发生化学键的重组（如螺苯并吡喃基团），导致分子极性、共轭程度和分子去向排列等的变化，从而使高分子的光谱、力学和光学等性质发生改变。[5,6]光响应高分子具有响应过程的可逆性。

此外，还有电场响应性、磁场响应性、压力响应性和化学物质响应性高分子，大多是基于上述刺激响应性而工作的。例如，葡萄糖响应性高分子由pH敏感性高分子与葡萄糖氧化酶组成，葡萄糖受葡萄糖氧化酶的作用变为葡萄糖酸，导致pH下降，进一步引起pH敏感性高分子的变化。

泊洛沙姆（Poloxamer）是由环氧乙烷（EO）和环氧丙烷（PO）构成的PEO-b-PPO-b-PEO三嵌段共聚物的总称，其中PPO的聚合度大于14，已注册的泊洛沙姆商标有Pluronic、Synperonic和Tetronic等。聚环氧乙烷的相对亲水性和聚环氧丙烷的相对亲油性使泊洛沙姆具有表面活性，是一类重要的非离子型表面活性剂。非离子型表面活性剂存在浊点温度，高于该温度，聚合物从水溶液中析出，即表现出温度敏感性。泊洛沙姆随环氧乙烷的比例下降，浊点迅速降低；随分子量增加，浊点下降。作为一类优良的药物制剂新辅料，泊洛沙姆现已广泛用于制药工业。本实验使用的泊洛沙姆是BASF公司的Lutrol® F127，根据《欧洲药典（第5版）》（*European Pharmacopoeia*，5th Edition）的记载，其数均分子量约为12600，PPO的嵌段程度为54～60，两个PEO的嵌段长度为95～105，22 ℃下其HLB值为22。

三、实验内容及其实施方案

实验内容包括接枝聚合、结构表征和性能测定三个部分。

1. 接枝共聚

在装有机械搅拌器、回流冷凝管和温度计的250 mL三颈瓶中加入5 g F127和50 mL蒸馏水，在室温下搅拌直至F127全部溶解。升高温度到70 ℃，加入49.5 mg过硫酸铵，溶解后保持5～10 min，体系保持透明状态。（问题1）将3.0 mL丙烯酸溶解于10 mL蒸馏水中，在搅拌下加入F127的溶液中，保持70 ℃，继续反应3.5 h。随反应时间的推移，体系透明度不断下降，随后逐渐有不溶物形成，最终不溶物聚集成团状固体（问题2），液相基本澄清。在搅拌下缓慢降低温度，40 ℃时大块固体开始溶解，液相变浑浊；31 ℃时全部固体溶解消失，体系透明；12 ℃时（通过冰水浴实现），体系呈白色浑浊。

2. 温度/pH双重响应性的定性观察

在室温下，取大约10 mL透明的混合液，加入具塞聚合管中，然后置于70 ℃的热水浴中。现象稳定后，再将其置于冰浴中。70 ℃下，体系失去流动性，成为凝胶，即使聚合管倒置，凝胶也不流下。随后，将聚合管置于3℃的水浴中，冷却5 min后取出聚合管，管中为清澈透明的溶液，底部沉积有一些白色粉状沉淀。再将聚合管放入70℃的水浴中，体系再次成为凝胶。此过程能够反复可逆进行。(问题3)

在70℃，向混合液中缓慢滴加质量分数为5%的NaOH溶液，乳白色浑浊立刻消失，成为澄清透明的溶液；加入的NaOH溶液的量越多，消失的白色浑浊越多。待体系澄清后，再缓慢滴加稀盐酸，澄清的溶液中立刻出现白色浑浊；滴加的盐酸越多，白色浑浊也越多。

3. 温度/pH双重响应性的定量研究

对温度响应性高分子而言，其响应性行为可以通过共聚亲水性单体或疏水性单体进行，如共聚疏水性单体将降低温度响应性高分子的LCST；对于共聚亲水性单体，其LCST则有所增加。对本实验而言，丙烯酸的接枝量将影响共聚物的温度响应性行为。分组进行合成实验，探讨丙烯酸加入量对接枝共聚物响应性行为的影响，如表6.7所示。

表6.7　F127-g-PAA的合成

编号	F127(g)	丙烯酸(mL)	过硫酸铵(mg)	聚合温度(℃)	单体转化率	共聚物组成
1	5	1	16	70		
2	5	2	33	70		
3	5	3	50	70		
4	5	4	66	70		
5	5	5	83	70		

如何测定单体的转化率?

在定量研究接枝共聚物的响应性行为时，需要将产物中的丙烯酸均聚物分离出。根据上述实验现象，利用接枝共聚物和聚丙烯酸的温度响应性的差异，设计出可行的分离方法。

在特定的pH下，利用变温紫外可见分光光度计测定产物的LCST。将产物配制成适当浓度的透明溶液(～10 mg/mL)，使用pH计测定溶液的pH；连续改变温度，测定不同温度下在$\lambda = 500$ nm处的透光率，得到一条透光率-温度曲线，根据曲线确定LCST。将数据列入表6.8中。

将表6.8中同一温度、不同pH的数据进行组合。作出透过率-pH曲线，确定产物发生相转变的临界pH。

表6.8　F127-g-PAA的响应性

编号	共聚物组成	pH	温度	透过率
1				
2				
3				
4				
5				

四、实验的思考和拓展

问题 1 为什么加入过硫酸铵后,不立即加入丙烯酸单体,而是几分钟后?

问题 2 写出 F127-g-PAA 的结构式。从接枝共聚物的结构和两亲性共聚物在溶液中自组装的知识分析,提出通过改变接枝聚合条件避免团状固体物形成的方法。

问题 3 聚乙二醇的 LCST 是 120 ℃,聚丙二醇的 LCST 是 50 ℃[7],而 PEO-b-PPO 嵌段共聚物在水溶液中的相转变温度在 20～85 ℃[8]。对于产物混合液,在 12 ℃呈透明状,在 3 ℃为浑浊状,解释这个现象。

问题 4 从理论上进行分析,预测接枝共聚物的温度响应性行为(如 LCST)随 pH 会发生怎样的变化。

参考文献

[1] Gil E S, Hudson S M. Stimuli-reponsive polymers and their bioconjugates [J]. Progress in Polymer Science, 2004, 29(12): 1173 - 1222.

[2] Kumar A, Srivastava A, Galaev I Y, et al. Smart polymers: Physical forms and bioengineering applications [J]. Progress in Polymer Science 2007, 32(10): 1205 - 1237.

[3] Qiu Y, Park K. Environment-sensitive hydrogels for drug delivery [J]. Advanced Drug Delivery Reviews, 2001, 53: 321 - 339.

[4] Gao W W, Chan J M, Farokhzad O C. pH-Responsive Nanoparticles for Drug Delivery [J]. Molecular Pharmaceutics, 2010, 7(6): 1913 - 1920.

[5] Dai S, Ravi P, Tam K C. Thermo-and-photo-responsive polymeric systems [J]. Soft Matter, 2009, 5 (13): 2513 - 2533.

[6] Ercole F, Davis T P, Evans R A. Photo-responsive systems and biomaterials: photochromic polymers, light-triggered self-assembly, surface modification, fluorescence modulation and beyond [J]. Polymer Chemistry, 2010, 1(1): 37 - 54.

[7] Jeong B, Kim S W, Bae Y H. Thermosensitive sol-gel reversible hydrogels [J]. Advanced Drug Delivery Reviews, 2002, 54(1): 37.

[8] Schmaljohann D. Thermo-and-pH-responsive polymers in drug delivery [J]. Advanced Drug Delivery Reviews, 2006, 58(16): 1655.

附　　录

附录一　常见单体的物理常数

单体	分子量	密度(20 ℃)(g/mL)	熔点(℃)	沸点(℃)	折光指数(20 ℃)
乙烯	28.05	0.384(－10 ℃)	－169.2	－103.7	1.363(－100 ℃)
丙烯	42.07	0.5193(－20 ℃)	－185.4	－47.8	1.3567(－70 ℃)
异丁烯	56.11	0.5951	－185.4	－6.3	1.3962(－20 ℃)
丁二烯	54.09	0.6211	－108.9	－4.4	1.429(－25 ℃)
异戊二烯	68.12	0.6710	－146	34	1.4220
氯乙烯	62.50	0.9918(－15 ℃)	－153.8	－13.4	1.380
乙酸乙烯酯	86.09	0.9317	－93.2	72.5	1.3959
丙烯酸甲酯	86.09	0.9535	<－70	80	1.3984
丙烯酸乙酯	100.11	0.92	－71	99	1.4034
丙烯酸正丁酯	128.17	0.898		145	1.4185
甲基丙烯酸甲酯	100.12	0.9440	－48	100.5	1.4142
甲基丙烯酸正丁酯	142.20	0.894		160～163	1.423
丙烯酸羟乙酯	116.12	1.10		92(1.6 kPa)	1.4500
甲基丙烯酸羟乙酯	130.14	1.196		135～137(9.33 kPa)	
双甲基丙烯酸乙二醇酯	198.2	1.05			
丙烯腈	53.06	0.8086	－83.8	77.3	1.3911
丙烯酰胺	71.08	1.122(30 ℃)	84.8	125(3.33 kPa)	
苯乙烯	104.15	0.90	－30.6	145	1.5468
2-乙烯基吡啶	105.14	0.975		48～50(1.46 kPa)	1.549
4-乙烯基吡啶	105.14	0.976		62～65(3.3 kPa)	1.550

续表

单体	分子量	密度(20 ℃)(g/mL)	熔点(℃)	沸点(℃)	折光指数(20 ℃)
顺丁烯二酸酐	98.06	1.48	52.8	200	
乙烯基吡咯烷酮	113.16	1.25			1.53
环氧丙烷	58	0.830		34	
环氧氯丙烷	92.53	1.181	-57.2	116.2	1.4375
四氢呋喃	72.11	0.8818		66	1.4070
己内酰胺	113.16	1.02	70	139(1.67 kPa)	1.4784
己二酸	146.14	1.366	153	265(13.3 kPa)	
癸二酸	202.3	1.2705	134.5	185～195(4 kPa)	
邻苯二甲酸酐	148.12	1.527(4 ℃)	130.8	284.5	
己二胺	116.2		39～40	100(2.67 kPa)	
癸二胺	144.3				
乙二醇	62.07	1.1088	-12.3	197.2	1.4318
双酚 A	228.20	1.195	153.5	250(1.73 kPa)	
甲苯二异氰酸酯	174.16	1.22	20～21	251	

附录二　常见聚合物的溶剂和沉淀剂

聚合物	溶剂	沉淀剂
聚丁二烯	脂肪烃、芳烃、卤代烃、四氢呋喃、高级酮和酯	醇、水、丙酮、硝基甲烷
聚乙烯	甲苯、二甲苯、十氢化萘、四氢化萘	醇、丙酮、邻苯二甲酸甲酯
聚丙烯	环己烷、二甲苯、十氢化萘、四氢化萘	醇、丙酮、邻苯二甲酸甲酯
聚异丁烯	烃、氯代烃、四氢呋喃、高级脂肪醇和酯、二硫化碳	低级酮、低级醇、低级酯
聚氯乙烯	丙酮、环己酮、四氢呋喃	醇、己烷、氯乙烷、水
聚四氟乙烯	全氟煤油(350 ℃)	大多数溶剂
聚丙烯酸	乙醇、二甲基甲酰胺、水、稀碱溶液、二氧六环/水(8∶2)	脂肪烃、芳香烃、丙酮、二氧六环
聚丙烯酸甲酯	丙酮、丁酮、苯、甲苯、四氢呋喃	甲醇、乙醇、水、乙醚

续表

聚合物	溶剂	沉淀剂
聚丙烯酸乙酯	丙酮、丁酮、苯、甲苯、四氢呋喃、甲醇、丁醇	脂肪醇(C≥5)、环己醇
聚丙烯酸丁酯	丙酮、丁酮、苯、甲苯、四氢呋喃、丁醇	甲醇、乙醇、乙酸乙酯
聚甲基丙烯酸	乙醇、水、稀碱溶液、盐酸(0.02 mol/L,30 ℃)	脂肪烃、芳香烃、丙酮、羧酸、酯
聚甲基丙烯酸甲酯	丙酮、丁酮、苯、甲苯、四氢呋喃、氯仿、乙酸乙酯	甲醇、石油醚、己烷、环己烷
聚甲基丙烯酸乙酯	丙酮、丁酮、苯、甲苯、四氢呋喃、乙醇(热)	异丙醚
聚甲基丙烯酸异丁酯	丙酮、乙醚、汽油、四氯化碳、乙醇(热)	甲酸、乙醇(冷)
聚甲基丙烯酸正丁酯	丙酮、丁酮、苯、甲苯、四氢呋喃、己烷、正己烷	甲酸、乙醇(冷)
聚乙酸乙烯酯	丙酮、苯、甲苯、氯仿、四氢呋喃、二氧六环	无水乙醇、己烷、环己烷
聚乙烯醇	水、乙二醇(热)、丙三醇(热)	烃、卤代烃、丙酮、丙醇
聚乙烯醇缩甲醛	甲苯、氯仿、2-氯乙醇、苯甲醇、四氢呋喃	脂肪烃、甲醇、乙醇、水
聚丙烯酰胺	水	醇类、四氢呋喃、乙醚
聚甲基丙烯酰胺	水、甲醇、丙酮	酯类、乙醚、烃类
聚 N-异丙基丙烯酰胺	水(冷)、苯、四氢呋喃	水(热)、正己烷
聚 N,N-二甲基丙烯酰胺	甲醇、水(40 ℃)	水(溶胀)
聚甲基乙烯基醚	苯、氯代烃、正丁醇、丁酮	庚烷、水
聚丁基乙烯基醚	苯、氯代烃、正丁醇、丁酮、乙醚、正庚烷	乙醇
聚丙烯腈	N,N-二甲基甲酰胺、乙酸酐	烃、卤代烃、酮、醇
聚苯乙烯	苯、甲苯、氯仿、环己烷、四氢呋喃、苯乙烯	醇、酚、己烷、丙酮
聚 2-乙烯基吡啶	氯仿、乙醇、苯、四氢呋喃、二氧六环、吡啶、丙酮	甲苯、四氯化碳
聚 4-乙烯基吡啶	甲醇、苯、环己酮、四氢呋喃、吡啶、丙酮/水(1∶1)	石油醚、乙醚、丙酮、乙酸乙酯、水
聚乙烯基吡咯烷酮	(溶解性依赖于是否含少量水)氯仿、甲醇、乙醇	烃类、四氯化碳、乙醚、丙酮、乙酸乙酯
聚氧化乙烯	苯、甲苯、甲醇、乙醇、氯仿、水(冷)、乙腈	水(热)、脂肪烃
聚氧化丙烯	芳香烃、氯仿、醇类、酮	脂肪烃
聚氧化四甲基	苯、氯仿、四氢呋喃、乙醇	石油醚、甲醇、水
双酚 A 型聚碳酸酯	苯、氯仿、乙酸乙酯	石油醚、甲醇、乙醇
聚对苯二甲酸乙二醇酯	苯酚、硝基苯(热)、浓硫酸	醇、酮、醚、烃、卤代烃

续表

聚合物	溶剂	沉淀剂
聚芳香砜	N,N-二甲基甲酰胺	甲醇
聚氨酯	苯酚、甲酸、N,N-二甲基甲酰胺	饱和烃、醇、乙醚
聚硅氧烷	苯、甲苯、氯仿、环己烷、四氢呋喃	甲醇、乙醇、溴苯
聚酰胺	苯酚、硝基苯酚、甲酸、苯甲醇(热)	烃、脂肪醇、酮、醚、酯
三聚氰胺甲醛树脂	吡啶、甲醛水溶液、甲酸	大部分有机溶剂
天然橡胶	苯	甲醇
丙烯腈-甲基丙烯酸甲酯共聚物	N,N-二甲基甲酰胺	正己烷、乙醚
苯乙烯-顺丁烯二酸酐共聚物	丙酮、碱水(热)	苯、甲苯、水、石油醚
聚 2,6-二甲基苯醚	苯、甲苯、氯仿、二氯甲烷、四氢呋喃	甲醇、乙醇
苯乙烯-甲基丙烯酸甲酯共聚物	苯、甲苯、丁酮、四氯化碳	甲醇、石油醚

附录三 常见聚合物的英文名称、缩写

聚合物名称	聚合物英文名称	英文缩写
聚烯烃	Polyolefin	PO
低密度聚乙烯	Low density polyethylene	LDPE
高密度聚乙烯	High density polyethylene	HDPE
线形低密度聚乙烯	Linear low density polyethylene	LLDPE
超高分子量聚乙烯	Ultrahigh molecular weight polyethylene	UHMWPE
氯化聚乙烯	Chlorinated polyethylene	CPE
聚丙烯	Polypropylene	PP
聚异丁烯	Polyisobutylene	PIB
聚苯乙烯	Polystyrene	PS
高抗冲聚苯乙烯	High impact polystyrene	HIPS
聚氯乙烯	Poly(vinyl chloride)	PVC
氯化聚乙烯	Chlorinated polyvinylchloride	CPVC
聚四氟乙烯	Poly(tetrafluoroethylene)	PTFE
聚三氟氯乙烯	Poly(trifluoro-chloro-ethylene)	PCTFE
聚偏二氯乙烯	Poly(vinylidene chloride)	PVDC
聚乙酸乙烯酯	Poly(vinyl acetate)	PVAc
聚乙烯醇	Poly(vinyl alcohol)	PVA
聚乙烯醇缩甲醛	Poly(vinyl formal)	PVFM

续表

聚合物名称	聚合物英文名称	英文缩写
聚丙烯腈	Polyacrylnitrile	PAN
聚丙烯酸	Poly(acrylic acid)	PAA
聚丙烯酸甲酯	Poly(methyl acrylate)	PMA
聚丙烯酸乙酯	Poly(ethyl acrylate)	PEA
聚丙烯酸丁酯	Poly(butyl acrylate)	PBA
聚丙烯酸β-羟乙酯	Poly(hydroxyethyl acrylate)	PHEA
聚丙烯酸缩水甘油酯	Poly(glycidyl acrylate)	PGA
聚甲基丙烯酸	Poly(methacrylic aicd)	PMAA
聚甲基丙烯酸甲酯	Poly(methyl methacrylate)	PMMA
聚甲基丙烯酸乙酯	Poly(ethyl methacrylate)	PEMA
聚甲基丙烯酸正丁酯	Poly(n-butyl methacrylate)	PnBMA
聚丙烯酰胺	Polyacrylamide	PAAM
聚 N-异丙基丙烯酰胺	Poly(N-iopropylacrylamide)	PNIPAM
聚乙烯基吡咯烷酮	Poly(vinyl pyrrolidone)	PVP
聚乙烯基咔唑	Poly(vinyl carbazole)	PVK
天然橡胶	Natural rubber	NR
丁二烯橡胶	Butadiene rubber	BR
异戊橡胶	Isoprene rubber	IR
顺式-聚异戊二烯	*cis*-polyisoprene	CPI
反式-聚异戊二烯	*trans*-polyisoprene	TPI
丁基橡胶	Butyl rubber	BIR
丁腈橡胶	Nitril-butadiene rubber	NBR(ABR)
丁苯橡胶	Styrene-butadiene rubber	SBR(PBS)
氯丁橡胶	Chloroprene rubber	CR
乙丙橡胶	Ethylene-propylene copolymer	EPR
SBS 树脂	Polystyrene-*b*-polybutadiene-*b*-polystyrene	SBS
ABS 树脂	Acrylonitril-butadiene-styrene copolymer	ABS
涤纶纤维	Poly(ethylene terephthalate)	PET
聚酰胺(尼龙)	Polyamide(Nylon)	PA
聚己二酰己二胺(尼龙-66)	Poly(hexamethylene adipamide)(Nylon)	PA-66
聚己内酰胺(尼龙-6)	Polycaprolactam(Nylon)	PA-6

续表

聚合物名称	聚合物英文名称	英文缩写
聚甲醛	Polyoxymethylene	POM
聚碳酸酯	Polycarbonate	PC
不饱和树脂	Unsaturated polyesters	UP
聚酰胺	Polyamide	PA
聚氨酯	Polyurathane	AU(PUR)
环氧树脂	Epoxy resin	EP
脲醛树脂	Urea-formaldehyde resins	UF
三聚氰胺-甲醛树脂	Melamine-formaldehyde resins	MF
酚醛树脂	Phenol-fomaldehydc rcsins	PF
聚硅氧烷	Silicones	SI
聚苯醚	Poly(phenylene oxide)	PPO
聚苯硫醚	Poly(phenylene sulfide)	PPS
聚醚醚酮	Poly(ether ether ketone)	PEEK
聚芳砜	Polyarylsulfone	PASU
聚酰亚胺	Polyimide	PI
聚苯并咪唑	Polybenzimidazole	PBI
聚氧化乙烯/聚乙二醇	Poly(ethylene oxide) 或 Poly(ethylene glycol)	PEO/PEG
聚氧化丙烯	Poly(propylene oxide)	PPO
乙酸纤维素	Cellulose acetate	CA
硝酸纤维素	Cellulose nitrate	CN
羧甲基纤维素	Carboxymethyl cellulose	CMC
甲基纤维素	Methyl cellulose	MC

附录四　常见溶剂的物理参数

溶剂	英文名称	分子量	介电常数（20 ℃）	沸点（℃）	密度（g/mL，20 ℃）	折射率	表面张力（10^{-3} N/m，20 ℃）	黏度（10^{-3} Pa·s，20 ℃）	水中溶解度（g/100 g H_2O，20 ℃）
乙酸	Acetic acid	60.05	6.15	117.9	1.048	1.3716	27.8	1.30（18 ℃）	∞
乙腈	Acetonitrile	41.05	36.0	81.6	0.786	1.3442	29.30	0.345（25 ℃）	∞
丙酮	Acetone	58.08	21.45	56.2	0.791	1.3588	23.32	0.358	∞
苯	Benzene	78.11	2.284	80.1	0.879	1.5011	28.87	0.654	0.07
苯甲醇	Benzyl alcohol	108.14	13.5	205.4	1.045	1.5404	39.96	6.5	3.5
正丁醇	n-Butyl alcohol	74.12	17.4	117.9	0.810	1.3992	24.8	2.8	7.81
丁酸	Butyric acid	88.12	2.97	168.5	0.958	1.3980	26.8	1.540	∞
正丁胺	n-Butylamine	73.14	5.3	77.8	0.741	1.4031	19.7		∞
二硫化碳	Carbon disulfide	76.14	2.65	46.3	1.263	1.6280	26.75	0.363	0.3
四氯化碳	Carbon tetrachloride	153.82	2.205	76.8	1.549	1.4601	32.25	0.969	0.08
氯乙酸	Chloroacetic acid	94.50	20	187.8	1.403	1.4351（55 ℃）	35.4（25.7 ℃）		易溶
氯苯	Chlorobenzene	112.56	5.59	131.68	1.106	1.5241	33.25	0.801	0.05
氯仿	Chloroform	119.38	4.785	61.2	1.489	1.4458	27.2	0.566	0.815

续表

溶剂	英文名称	分子量	介电常数（20 ℃）	沸点（℃）	密度（g/mL，20 ℃）	折射率	表面张力（10^{-3} N/m，20 ℃）	黏度（10^{-3} Pa·s，20 ℃）	水中溶解度（g/100 g H_2O，20 ℃）
乙醚	Diethyl ether	74.12	4.24	34.5	0.714	1.3527	17.1	0.242	6.896
N,N-二甲基甲酰胺	N,N-Dimethylformamide	73.10	37.6	153.0	0.949	1.4292		0.85	∞
二氯乙烷	Dichloroethane	99.0	10.45	83.5	1.253	1.4447	32.23	0.84	0.842
环己烷	Cyclohexane	84.0		81	0.779	1.426			
1,4-丁二醇	1,4-Butanediol	90.12	31.1	228	1.017	1.4445		89.1	∞
1,4-二氧六环	1,4-Dioxane	88.11	3.25	101.3	1.034	1.4224	33.74	1.37	∞
丙醚	Di-n-propyl ether	102.18	3.4	90.1	0.749	1.3809	20.53	0.42	0.51
乙醇	Ethanol	46.07	25.00	78.3	0.789	1.3616	22.32	1.194	∞
乙醇胺	Ethanolamine	61.08	37.7	171.1	1.016	1.4539	48.9	24.1	∞
乙酸乙酯	Ethyl acetate	88.011	6.4	76.8	0.901	1.3724	23.95	0.452	8.7
乙二胺	Ethylene diamine	60.11	12.9	116.5	1.900	1.4568			易溶
乙二醇	Ethyleneglycol	62.07	38.66	197.9	1.114	1.4318	46.49	21	∞
甲酸	Formic acid	46.03	58.1	100.7	1.220	1.3714	37.6	1.804	∞
甲酰胺	Formamide	45.04	111.5	210	1.133	1.4475	58.35	3.764	∞
甘油	Clycerol	92.10	41.14	290	1.261	1.4740	63.4	1.410	∞
正己烷	n-Hexane	86.18	1.890	68.74	0.659	1.3749	18.42	0.31	0.014
正己醇	n-Hexyl alcohol	102.18	13.75	157.5	0.820	1.4174	26.55	5.32	0.58
异戊醇	Isoamyl alcohol	88.15	14.7	132.0	0.809	1.4967	24.32	4.3	2.85

续表

溶剂	英文名称	分子量	介电常数（20 ℃）	沸点（℃）	密度（g/mL，20 ℃）	折射率	表面张力（10^{-3} N/m，20 ℃）	黏度（10^{-3} Pa·s，20 ℃）	水中溶解度（g/100 g H_2O，20 ℃）
甲醇	Methanol	32.04	32.35	64.5	0.791	1.3286	22.55	0.5945	∞
甲乙酮	Methyl ethyl ketone	72.11	18.51	79.6	0.805	1.3785	24.50	0.448	27.83
二甲亚砜	Dimethyl suloxide	78.13	46.7	189	1.104	1.4783			∞
硝基苯	Nitrobenzene	123.11	35.96	210.9	1.203	1.5524	43.35	1.98	0.19
硝基甲烷	Nitromethane	61.04	38.2	100.0	1.130	1.3819	36.98	0.66	9.7
1-丙醇	1-Propanol	60.10	20.81	97.2	0.804	1.3856	23.70	2.26	∞
2-丙醇	2-Propanol	60.10	18.62	82.4	0.7864	1.3771	21.35	2.43	∞
1,3-丙二醇	Propane-1,3-diol	76.10	35.0	214.7	1.0538	1.4397	45.62		∞
吡啶	Pyridine	79.10	13.3	115.58	0.9832	1.5094	37.25	0.96	∞
硫酸	Sulfuric acid	98.08	101	338	1.84		55.1	25.4	∞
四氢呋喃	Tetrahydrofuran	72.11	7.35	66	0.8818	1.4070		0.55	∞
甲苯	Toluene	92.14	2.335	110.62	0.8669	1.4969	28.52	0.587	0.047
三氯乙酸	Trichloroacetic acid	163.39	4.5	197.55	1.62	1.4603（61 ℃）	27.8（80.2 ℃）		易溶
三乙醇胺	Triethanolamine	149.19		360	1.1242				∞
三氟乙酸	Trifluoroacetic acid	114.02	8.22（17 ℃）	72.4	1.5351				
水	Water	18.04	80.37	100	0.9970	1.3325	73.05	0.01002	

附录五　常用引发剂的重要数据

引发剂	反应温度(℃)	溶剂	分解速率常数 $k_d(s^{-1})$	半衰期 $t_{1/2}$(h)	分解活化能(kJ/mol)	储存温度(℃)	一般使用温度(℃)
过氧化苯甲酰	49.4	苯乙烯	5.28×10^{-7}	364.5	124.3	25	60～100
	61.0		2.58×10^{-7}	74.6			
	74.8		1.83×10^{-6}	10.5			
	100.0		4.58×10^{-6}	0.42			
	60.0	苯	2.0×10^{-6}	96.0	124.3		
	80.0		2.5×10^{-6}	7.7			
	85.0		8.9×10^{-6}	2.2			
过氧化二(2-甲基苯甲酰)	50	苯乙酮	6.0×10^{-6}	3.2	113.8	5	
	70		9.02×10^{-6}	2.1			
	80		2.15×10^{-6}	0.09			
过氧化二(2,4-二氯苯甲酰)	34.8	苯乙烯	3.88×10^{-5}	49.6	117.6	20	30～80
	49.4		2.39×10^{-5}	8.1			
	61.0		7.78×10^{-5}	2.5			
	74.0		2.78×10^{-4}	0.69			
	100		4.17×10^{-3}	0.046			
过氧化二月桂酰	50	苯	2.19×10^{-6}	88	127.2	25	60～120
	60		9.17×10^{-6}	21			
	70		2.86×10^{-5}	6.7			
过氧化二碳酸二环己酯	50	苯	5.4×10^{-5}	3.6		5	
过氧化二碳酸二异丙酯	40	苯	6.39×10^{-6}	30.1	117.6	－10	
	54		5.0×10^{-6}	3.85			
过氧化特戊酸叔丁酯	50	苯	9.77×10^{-6}	19.7	119.7	0	
	70		1.24×10^{-4}	1.6			
	85		7.64×10^{-4}	0.25			
过氧化苯甲酸叔丁酯	100		1.07×10^{-5}	18	145.2	20	
	115		6.22×10^{-5}	3.1			
	130		3.50×10^{-4}	0.6			
叔丁基过氧化氢	154.5		4.29×10^{-6}	44.8	170.7	25	20～60(常与还原剂一起使用)
	172.3		1.09×10^{-6}	17.7			
	182.6		3.1×10^{-5}	6.2			

续表

引发剂	反应温度（℃）	溶剂	分解速率常数 $k_d(s^{-1})$	半衰期 $t_{1/2}$(h)	分解活化能（kJ/mol）	储存温度（℃）	一般使用温度(℃）
异丙苯过氧化氢	125 139 182		9.0×10^{-6} 3.0×10^{-6} 6.5×10^{-5}	21 6.4 3.0	101.3	25	
过氧化二异丙苯	115 130 145		1.56×10^{-6} 1.05×10^{-5} 6.86×10^{-4}	12.3 1.8 0.3	170.3	25	120～150
偶氮二异丁腈	70 80 90 100	甲苯	4.0×10^{-5} 1.55×10^{-4} 4.86×10^{-4} 1.60×10^{-3}	4.8 1.2 0.4 0.1	121.3	10	50～90
偶氮二异庚腈	69.8 80.2	苯	1.98×10^{-4} 7.1×10^{-4}	0.97 0.27	121.3	0	20～80
过硫酸钾	50 60 70	0.1 M KOH	9.1×10^{-7} 3.16×10^{-6} 2.33×10^{-6}	212 61 8.3	140	25	50(与还原剂一起使用)

附录六 某些单体和聚合物的密度及折光率

单体名称	密度(g/mL,25 ℃)			折光指数(20 ℃)	
	单体	聚合物	体积变化(%)	单体	聚合物
氯乙烯	0.901	1.406	34.4	1.380(15 ℃)	1.5415(15 ℃)
丙烯腈	0.800	1.17	31.0	1.3888(25 ℃)	1.518(25 ℃)
偏二溴乙烯	2.178	3.053	28.7		
偏二氯乙烯	1.213(20 ℃)	1.71(20 ℃)	28.6	1.424	1.654
溴乙烯	1.512	2.075	27.3		
甲基丙烯腈	0.800	1.10	27.0	1.401(25 ℃)	1.520(25 ℃)
丙烯酸甲酯	0.952	1.223	22.1	1.4021	1.4725
乙酸乙烯酯	0.934	1.191	21.6	1.3966	1.4667
甲基丙烯酸甲酯	0.940	1.179	20.6	1.4147	1.492
琥珀酸二烯丙酯	1.056	1.30	18.8		
甲基丙烯酸乙酯	0.911	1.11	17.8	1.4143	1.435

续表

单体名称	密度(g/mL,25℃)			折光指数(20℃)	
	单体	聚合物	体积变化(%)	单体	聚合物
马来酸二烯丙酯	1.077	1.30	17.2		
丙烯酸乙酯	0.919	1.095	16.1	1.4068	1.4685
丙烯酸正丁酯	0.894	1.055	15.2	1.4190	1.4634
甲基丙烯酸正丙酯	0.902	1.06	15.0	1.4191	1.484
苯乙烯	0.905	1.062	14.5	1.5438	1.5935
甲基丙烯酸正丁酯	0.889	1.055	14.3	1.4239	1.4831
异戊二烯	0.6810	0.906	24.8	1.4220	1.4220

附录七 常见的链转移常数

(1) 引发剂的链转移常数(C_I)

引发剂	单体	温度(℃)	链转移常数(C_I)
过氧化苯甲酰	苯乙烯	60	0.101
		70	0.12
		80	0.13
	甲基丙烯酸甲酯	60	0
	顺丁烯二酸酐	75	2.63
		60	0.09
偶氮二异丁腈	苯乙烯	50	0
		60	0.012
	甲基丙烯酸甲酯	60	0
2,4-二氯过氧化苯甲酰	顺丁烯二酸酐	60	0.17

(2) 溶剂或分子量调节剂的链转移常数(C_S)

	苯乙烯	甲基丙烯酸甲酯	乙酸乙烯酯
苯	0.018×10^{-4}	0.04×10^{-4}	1.07×10^{-4}
甲苯	0.125×10^{-4}	0.17×10^{-4}(80℃)	20.9×10^{-4}

续表

	苯乙烯	甲基丙烯酸甲酯	乙酸乙烯酯
乙苯	0.67×10^{-4}	1.35×10^{-4}(80 ℃)	55.2×10^{-4}
环己烷	0.024×10^{-4}	0.10×10^{-4}(80 ℃)	7.0×10^{-4}
二氯甲烷	0.15×10^{-4}	0.76×10^{-4}	4.0×10^{-4}
三氯甲烷	0.5×10^{-4}	0.45×10^{-4}	0.0125
四氯化碳	92×10^{-4}	5×10^{-4}	0.96
正丁硫醇	22	0.67	～50
正十二硫醇	19		

(3) 单体的链转移常数(C_M)

单体	温度(℃)	链转移常数(C_M)
苯乙烯	27	0.31×10^{-4}
	50	0.62×10^{-4}
	60	0.79×10^{-4}
	70	1.16×10^{-4}
	90	1.47×10^{-4}
甲基丙烯酸甲酯	50	0.15×10^{-4}
	60	0.18×10^{-4}
	70	0.23×10^{-4}
	80	0.25×10^{-4}
	100	0.38×10^{-4}
丙烯腈	60	0.26×10^{-4}
氯乙烯	60	12.3×10^{-4}
顺丁烯二酸酐	75	750×10^{-4}
乙酸乙烯酯	50	0.25×10^{-4}
	60	2.5×10^{-4}

附录八　自由基共聚的竞聚率

单体1	单体2	r_1	r_2	$r_1 r_2$	T(℃)
苯乙烯	乙基乙烯基醚	80±40	0	0	80
	异戊二烯	1.38±0.54	2.05±0.45	2.83	50
	乙酸乙烯酯	55±10	0.01±0.01	0.55	60
	氯乙烯	17±3	0.02	0.34	60
	偏二氯乙烯	1.85±0.05	0.085±0.01	0.157	60
丁二烯	丙烯腈	0.3	0.02	0.006	40
	苯乙烯	1.35±0.12	0.58±0.15	0.78	50
	氯乙烯	8.8	0.035	0.31	50
丙烯腈	丙烯酸	0.35	1.15	0.40	50
	苯乙烯	0.04±0.04	0.40±0.05	0.016	60
	异丁烯	0.02±0.02	1.8±0.2	0.036	50
甲基丙烯酸甲酯	苯乙烯	0.46±0.026	0.52±0.026	0.24	80
	丙烯腈	1.224±0.10	0.150±0.08	0.184	80
	氯乙烯	10	0.10	1.0	68
氯乙烯	偏二氯乙烯	0.3	3.2	0.96	60
	乙酸乙烯酯	1.68±0.08	0.23±0.02	0.39	60
四氟乙烯	三氟氯乙烯	1.0	1.0	1.0	60
顺丁烯二酸酐	苯乙烯	0.015	0.040	0.006	50

附录九　聚合物的特性黏数-分子量关系式（$[\eta]=KM^{\alpha}$）的常数

聚合物	溶剂	温度(℃)	K(×10³)	α	是否分级	测定方法	分子量范围(×10³)
聚乙烯(低压)	十氢萘	135	67.7	0.67	—	LS	3～100
聚乙烯(高压)	十氢萘	70	38.7	0.738	分	OS	0.26～3.5
		135	46	0.73	分	LS	2.5～64

续表

聚合物	溶剂	温度（℃）	K（$\times 10^3$）	α	是否分级	测定方法	分子量范围（$\times 10^3$）
聚丙烯（无规立构）	十氢萘	135	15.8	0.77	分	OS	2.0～40
聚丙烯（等规立构）	十氢萘	135	11.0	0.80	分	LS	2～62
聚丙烯（间规立构）	庚烷	135	10.0	0.80	分	LS	10～100
聚氯乙烯	环己酮	25	204	0.56	分	OS	9～45
	四氢呋喃	25	49.8	0.69	分	LS	1.9～15
		30	63.8	0.65	分	LS	3～32
聚苯乙烯	苯	25	9.18	0.743	分	LS	3～70
		25	11.3	0.73	分	OS	7～180
	氯仿	25	11.2	0.73	分	OS	7～150
		30	4.9	0.794	分	OS	19～273
	甲苯	25	13.4	0.71	分	OS	7～150
		30	9.2	0.72	分	LS	4～146
聚苯乙烯（阴离子聚合）	苯	30	11.5	0.73	分	LS	25～300
聚苯乙烯（阳离子聚合）	甲苯	30	8.81	0.75	分	LS	25～300
聚苯乙烯（等规立构）	甲苯	30	11.0	0.725	分	OS	3～37
聚甲基丙烯酸甲酯	氯仿	25	4.8	0.80	分	LS	8～140
	苯	25	4.68	0.77	分	LS	7～630
	丁酮	25	7.1	0.72	分	LS	41～340
	丙酮	20	5.5	0.73	—	SD	4～800
		25	7.5	0.70	分	LS，SD	2～740
		30	7.7	0.70	—	LS	6～263
聚乙酸乙烯酯	丙酮	25	19.0	0.66	分	LS	4～139
	苯	30	56.3	0.62	分	OS	2.5～86
	丁酮	25	42	0.62	分	OS，SD	1.7～120
聚丙烯腈	二甲基甲酰胺	25	16.6	0.81	分	SD	4.8～27
		25	24.3	0.75	—	LS	3～26
		35	27.8	0.76	分	DV	3～58
聚乙烯醇	水	25	459.5	0.63	分	黏度	1.2～19.5
		30	66.6	0.64	分	OS	3～12

续表

聚合物	溶剂	温度(℃)	K(×10^3)	α	是否分级	测定方法	分子量范围(×10^3)
聚丙烯腈	二甲基甲酰胺	25	16.6	0.81	分	SD	4.8~27
		25	24.3	0.75	—	LS	3~26
		35	27.8	0.76	分	DV	3~58
硝化纤维素	丙酮	25	25.3	0.795	分	OS	6.8~22.4
	环己酮	32	24.5	0.80	分	OS	6.8~22.4
天然橡胶	苯	30	18.5	0.74	分	OS	8~28
	甲苯	25	50.2	0.667	分	OS	7~100
丁苯橡胶(50℃乳液聚合)	苯	25	52.5	0.66	分	OS	1~100
	甲苯	25	52.5	0.667	分	OS	2.5~50
		30	16.5	0.78	分	OS	3~35
聚对苯二甲酸乙二酯	苯酚-四氯乙烷(1∶1)	25	21.0	0.82	分	E	0.5~3
聚二甲基硅氧烷	甲苯	25	21.5	0.65	—	OS	2~130
	丁酮	30	48	0.55	分	OS	5~66
聚碳酸酯	氯仿	25	12.0	0.82	分	LS	1~7
	二氯甲烷	25	11.0	0.82	分	SD	1~27
聚甲醛	二甲基甲酰胺	150	44	0.66	—	LS	8.9~28.5
聚环氧乙烷	甲苯	35	14.5	0.70	—	E	0.04~0.4
	水	30	12.5	0.78	—	LS	10~100
		35	16.6	0.82	—	E	0.04~0.4
尼龙-66	邻氯苯酚	25	168	0.62	—	LS,E	1.4~5
	间甲苯酚	25	240	0.61	—	LS,E	1.4~5
	甲酸(90%)	25	35.3	0.786	—	LS,E	0.6~6.5
聚己内酰胺	间甲苯酚	25	320	0.62	分	E	0.05~5
	甲酸(85%)	25	22.6	0.82	分	LS	0.7~12
尼龙-610	间甲苯酚	25	13.5	0.96	—	SD	0.8~2.4

注:测定方法一栏中,OS代表渗透压法,LS代表光散射法,E代表端基滴定法,SD代表超速离心和扩散法,DV代表扩散和黏度法。

附录十　常用加热液体介质

介质	沸点(℃)	介质	沸点(℃)	介质	沸点(℃)
水	100	乙二醇	197	二缩三乙二醇	282
甲苯	111	间甲酚	202	邻苯二甲酸二甲酯	283
正丁醇	117	四氢化萘	206	邻苯基联苯	285
氯苯	133	萘	218	二苯酮	305
间二甲苯	139	正癸醇	231	对羟基联苯	308
环己酮	156	甲基萘	242	六氯苯	310
乙基苯基醚	166	一缩二乙二醇	245	邻联三苯	330
对异丙基甲苯	176	联苯	255	蒽	340
邻二氯苯	179	二苯基甲烷	265	蒽醌	380
苯酚	181	甲基萘基醚	275	邻苯二甲酸二辛酯	370
十氢化萘	190	莰烯	277		

附录十一　常用冷却剂的配方

配方	冷却温度(℃)
冰-水混合物	0
冰(100 份)-氯化铵(25 份)	-15
冰(100 份)-硝酸钠(50 份)	-18
冰(100 份)-氯化钠(33 份)	-21
冰(100 份)-氯化钠(40 份)-氯化铵(20 份)	-25
冰(100 份)-六水氯化钙(100 份)	-29
冰(100 份)-碳酸钾(33 份)	-46
冰(100 份)-六水氯化钙(143 份)	-55
干冰-乙醇	-70
干冰-丙酮	-76
液氮-丙酮	-76

附录十二 常用干燥剂

干燥剂	酸碱性质	特点和使用注意事项
$CaCl_2$	中	脱水量大，作用快，易分离；不可用于干燥醇、胺、酚、酸和酯
Na_2SO_4	中	脱水量大，作用慢，易分离，价格低，效率低
$MgSO_4$	中	比 Na_2SO_4 作用快，效率高；为一般良好的干燥剂
$CaSO_4$	中	脱水量小，作用快，效率高，易分离
$CuSO_4$	中	效率高，价格较贵
K_2CO_3	碱性	脱水量和效率一般，适用于酯和腈类，不能用于酸性化合物
H_2SO_4	酸性	脱水效率高，适用于烷基卤化物和脂肪烃，不能用于碱性化合物
P_2O_5	酸性	参见 H_2SO_4，脱水效率高
CaH_2	碱性	作用慢，效率高，适用于碱性、中性和弱酸性化合物
Na	碱性	作用慢，效率高，不可用于卤代烃、醇、胺等敏感物的干燥
CaO，BaO	碱性	作用慢，效率高，适用于醇、胺
KOH，NaOH	碱性	快速有效，几乎限于干燥胺
3A，4A 分子筛	中性	快速有效，需在 300～320 ℃加热活化